L'AGRICULTURE

ET

LA POPULATION

DU MÊME AUTEUR.

Essai sur l'économie rurale de l'Angleterre, de l'Écosse et de l'Irlande. Troisième édition, 1 vol. in-12.

Corbeil. — Typogr. et stér. de Crété.

L'AGRICULTURE

ET

LA POPULATION

— EN 1855 ET 1856 —

PAR

M. L. DE LAVERGNE

MEMBRE DE L'INSTITUT ET DE LA SOCIÉTÉ CENTRALE D'AGRICULTURE,

ANCIEN DÉPUTÉ.

Laboremus.
L'empereur SÉVÈRE.

PARIS

GUILLAUMIN ET CIE, LIBRAIRES

Éditeurs du Journal des Économistes, de la Collection des principaux Économistes,
du Dictionnaire de l'Économie politique, etc.

Rue Richelieu, 14

1857

PRÉFACE

Je dois m'excuser auprès du public spécial qui veut bien suivre mes travaux avec une indulgence dont je suis profondément touché, de ne lui donner aujourd'hui que ce volume au lieu du *Cours d'économie rurale*, dont j'avais annoncé la publication prochaine ; deux circonstances m'ont détourné.

La première est l'importance particulière qu'ont prise depuis trois ans, en France, les questions agricoles et économiques du moment ; la seconde est l'enquête dont m'a chargé l'Académie des sciences morales et politiques sur la condition des classes rurales.

Je publie aujourd'hui les observations que m'a suggérées la longue crise des subsistances ; elles ont paru successivement dans la *Revue des Deux Mondes*, du 1er juillet 1855 au 1er avril 1857; elles forment ainsi une sorte d'ensemble, qui commence par l'exposition universelle de 1855 et finit par le dénombrement officiel de la population en 1856.

Une partie de ces études m'a engagé dans la polémique; je ne le regrette pas, car les idées que j'ai entrepris de propager pénètrent plus vivement dans les esprits sous cette forme que sous toute autre; j'espère cependant pouvoir m'en tenir là et rentrer plus complétement désormais dans le calme domaine de la science.

« Je ne crois pas, écrivait un jour Diderot à propos de l'*Encyclopédie*, le projet d'affaiblir le luxe, de ranimer le goût des choses utiles, de tourner les esprits vers le commerce, l'agriculture, la population, ni aussi difficile ni aussi dangereux qu'on le croit. Quand il y aurait un inconvénient momentané, qu'importe? on ne guérit pas un malade sans le faire crier. »

Ces paroles écrites il y a un siècle, le 23 août 1759, sont tout aussi vraies de nos jours qu'alors; la prospérité nationale a toujours les mêmes ennemis.

Je reproduis ces études à peu près telles qu'elles ont paru. Sur quelques points j'ai retranché des longueurs; sur d'autres j'ai ajouté de courts développements; mais j'ai cru devoir conserver tout ce qui tient à l'ordre chronologique des faits et des idées, même au risque de tomber dans quelques répétitions ou quelques incohérences apparentes.

On y verra comment j'ai été conduit en quelque sorte pas à pas, sans aucun parti pris d'avance, par le seul examen des faits à mesure qu'ils se sont produits, aux conclusions qui terminent ce travail et qui ont soulevé contre moi tant de clameurs.

L. L.

PEYRUSSE (Creuse), juillet 1857.

L'AGRICULTURE ET LA POPULATION

I

LES RACES DE BÉTAIL

(1er juillet 1855.)

I

De toutes les parties de l'exposition universelle de 1855, celle qui a le plus complétement atteint son but était la plus neuve, celle des animaux reproducteurs. Sous des tentes très-bien disposées au Champ de Mars se rangeaient dans un ordre parfait 1,500 animaux, dont un tiers environ venus des pays étrangers. On n'avait encore vu nulle part, même en Angleterre, un pareil assemblage. Les expositions anglaises, si belles, si complètes, ne contiennent que des animaux anglais. Ici on a pu comparer entre elles les principales races nationales et étrangères, représentées par des échantillons supérieurs. Les Anglais surtout avaient amené leurs plus beaux types, et le nom de leurs premiers éleveurs a retenti dans la distribution des prix tout aussi bien qu'aux derniers concours de Glocester ou de Lincoln. De notre côté, c'est bien quelque chose que d'avoir mis en ligne 1,000 têtes de choix appartenant à nos variétés na tionales; une telle réunion eût été impossible il y a quelques années.

Ce résultat est dû, il faut le reconnaître, au système suivi avec persévérance par l'administration de l'agriculture. J'aime assez peu en général l'intervention de l'autorité dans les matières industrielles et agricoles; mais il n'y a pas de règle sans exception, et quand l'initiative personnelle fait défaut, il n'est pas mal que l'action publique la remplace. L'administration a commencé par la base : elle a institué d'abord des concours régionaux. La France a été partagée en huit régions; j'en aurais mieux aimé quinze ou seize, car les circonscriptions actuelles me paraissent trop étendues, mais ce n'est là qu'une question de détail (1); chaque région a tous les ans son concours spécial, qui se tient tantôt dans une ville, tantôt dans une autre, pour faciliter à tous les points du territoire l'accès de ces solennités champêtres; puis à Paris a lieu un concours général; une somme suffisante pour exciter l'émulation sans imposer une charge sérieuse aux contribuables, se distribue en prix. Cette organisation a réussi.

Je ne dis pas que ce succès soit bien profond : il commence à peine, il n'a pas eu le temps de se généraliser; tout est concentré encore dans un petit monde plus ou moins officiel, et l'effet réel sur la production nationale est usqu'ici peu sensible. Il faut du temps pour tout, pour l'agriculture en particulier, qui marche d'autant plus len-

(1) Depuis que ceci a paru, le nombre des régions a été porté à dix, à partir de 1858; ce n'est pas encore assez; dès qu'une circonscription comprend plus de cinq ou six départements, les distances deviennent trop grandes, et les différences culturales et économiques trop marquées.

tement qu'elle a de plus grands intérêts à remuer. Chaque année on fait un pas ; les vrais cultivateurs arrivent peu à peu, le nombre des animaux exposés dans chaque région s'accroît, leur qualité s'améliore, une discussion publique s'établit sur les meilleurs moyens de tirer du bétail le plus grand profit, les idées pénètrent et s'infiltrent goutte à goutte. Le programme des concours se perfectionne lui-même par l'expérience, une foule de questions s'y rattachent, qui tiennent en éveil les hommes spéciaux. L'année dernière, on a admis les femelles qu'on avait exclues à tort auparavant ; cette année, on a introduit des catégories d'âge qui manquaient ; l'année prochaine, ce sera probablement autre chose, car il y a encore beaucoup à dire ; le principe est bon, c'est l'essentiel.

L'année 1855 marquera dans l'histoire de cette institution naissante. L'idée de l'exposition universelle était une innovation hardie ; si elle avait échoué, l'avenir des concours, même nationaux, eût été compromis ; heureusement c'est le contraire qui est arrivé. On a osé faire payer à la porte pour entrer, et le public n'en est pas moins venu ; 80,000 curieux en trois jours ont apporté leur petit tribut, bien que la chaleur fût excessive, et le théâtre de l'exposition très-éloigné du centre de Paris. Dans cette ville de spectacles, le concours d'animaux reproducteurs a été un spectacle de plus, accueilli et recherché par la foule. Il entre sans doute beaucoup de frivolité dans cet empressement, il faut bien prendre le public français comme il est, et le conduire à l'utile par l'amusement.

Essayons, quant à nous, de nous rendre compte des enseignements sérieux qu'apporte avec elle une exhibition de cette importance. Ce n'est pas une petite affaire que de se tenir au courant de cette science nouvelle et grandissante qu'on appelle la Zootechnie. Mon ancien collègue à l'Institut national agronomique, M. Baudement, dont cette science est la spécialité, et qui la cultive avec un grand esprit d'observation, peut seul en parler en pleine connaissance de cause. Je ferai le moins possible excursion dans son domaine, et je chercherai surtout le côté économique du sujet, qui m'est plus familier.

La zootechnie est avant tout une division de la physiologie. Elle recherche comment il faut s'y prendre pour faire avantageusement de la viande, du lait, de la laine, de la force vivante, de l'agilité, enfin tout ce qu'on demande aux diverses espèces animales. Elle doit étudier les fonctions de la respiration, de la digestion, dans toutes les situations données, avec leurs effets sur la production. Elle a besoin d'immenses travaux anatomiques, pour constater positivement l'influence des conditions extérieures sur les organes, et l'action spéciale de chaque organe sur chaque produit déterminé. Dans les conditions extérieures sont comprises toutes les variétés d'alimentation; de là des études de physiologie végétale très-compliquées, pour connaître la nature et l'effet de chaque aliment. On peut pressentir par là le nombre et la gravité des problèmes que la zootechnie se pose, et dont la solution profitera quelque jour à l'espèce humaine, car il y a de grands rapports entre l'animal et l'homme; on doit comprendre aussi quelle réserve il convient de s'imposer pour en parler, quand on n'est pas soi-même physiologiste.

Si l'exposition avait été véritablement universelle, ce n'est pas un coin du Champ de Mars, c'est le Champ de Mars tout entier qui aurait à peine suffi pour la contenir.

La seule Europe renferme peut-être cent races distinctes de bêtes à cornes et un nombre plus grand encore de races ovines; la France à elle seule en possède beaucoup. Depuis le petit bœuf du Morvan et la petite vache bretonne jusqu'aux colosses du Cotentin ou de l'Agénois, depuis le mouton rabougri des Landes ou des Ardennes jusqu'au flandrin et au mérinos perfectionné, nous avons une variété de types suffisante pour offrir à l'observation un champ indéfini. C'est qu'en effet les races d'animaux domestiques, souples et malléables comme Dieu les a faites, se moulent avec une docilité merveilleuse sur les besoins et les ressources des lieux où elles vivent.

Deux sortes de circonstances influent sur la constitution d'une race, les conditions physiques, comme la nature du sol et du climat, et les conditions économiques, comme l'état des capitaux et des débouchés. De là cette immense diversité, car les combinaisons possibles de ces deux grands éléments sont innombrables : plaines et montagnes, rochers et marécages, terres granitiques, calcaires, argileuses ou siliceuses, soleil d'Andalousie ou de Norwége, climats excessifs ou tempérés, secs ou humides, variables ou constants; et quand à cette multitude de régions naturelles que forment les différences de latitude, d'altitude, de composition géologique, viennent s'ajouter les différences non moins sensibles qui proviennent de l'histoire politique, du développement de la population et de la culture, de l'état de la civilisation, on comprend ce qui doit en résulter. Les conditions physiques agissent directement sur ce que, dans la langue scientifique, on appelle l'*offre*, les conditions économiques sur ce qu'on appelle la *demande*, et de l'action réciproque de l'*offre* et de la *demande*, c'est-à-dire des ressources de la production et des besoins de la consommation, naissent les familles locales.

Si la nature des choses le veut ainsi, l'art de l'homme n'est pas désarmé. Il peut agir sur la demande par l'ouverture de nouveaux débouchés, il peut modifier l'offre par la création de nouveaux moyens de production, il peut enfin chercher les procédés les plus sûrs et les plus rapides pour proportionner la demande à l'offre ou l'offre à la demande. Tous ces effets se produisent d'eux-mêmes avec le temps ; mais l'homme peut les précipiter, les diriger, quand il sait bien se rendre compte du but qu'il veut atteindre et du chemin qu'il faut suivre pour y arriver. De là l'intérêt de ces concours, bien qu'ils ne présentent pas toujours le tableau complet des faits existants. C'est moins ce qui est que ce qui peut être qu'il s'agit de savoir. Parmi les innombrables espèces d'animaux domestiques répandues sur la surface de l'Europe, les trois quarts n'ont pas d'importance, en ce sens que, si elles sont aujourd'hui ce que veulent les circonstances locales, ces circonstances peuvent changer demain : ce qui importe, ce sont les types supérieurs dans tous les genres, ceux dont les autres doivent se rapprocher le plus possible, et ces types sont peu nombreux. La connaissance de tous n'est nécessaire que pour faire apprécier les difficultés de toute amélioration, la lutte du présent contre l'avenir et du fait contre l'idée. A ce point de vue, l'exposition était à peu près suffisante.

II

D'abord venait l'espèce bovine, représentée par 500 têtes, moitié françaises, moitié étrangères. C'était un spectacle magnifique que ces longues files de beaux animaux, d'une taille énorme pour la plupart, et, comme dit Virgile dans sa langue incomparable, *corpora magna boum.* Ils étaient divisés par races, d'après le programme.

La question du classement n'est pas une des moindres de ces concours; on a critiqué la division par races, on a proposé en échange celle de *variétés de boucherie, variétés de travail, variétés laitières;* ce serait plus conforme à la théorie, mais les faits actuels commandent, à mon sens, l'autre division. La Société royale d'agriculture d'Angleterre l'a adoptée. Les races sont des faits considérables, anciens, résultant de conditions matérielles qu'il n'est pas toujours possible de changer, et qui dans tous les cas résistent au changement; ces faits présentent à l'esprit une idée nette, facile à saisir, qui concorde avec les circonscriptions géographiques de province ou de nationalité, et qui réveille des souvenirs historiques ou pittoresques. Cette division n'a d'ailleurs rien d'exclusif, quand on encourage dans chaque race les améliorations.

La perfection d'un animal réside sans doute dans l'organisation la mieux adaptée à sa destination spéciale; mais les ressources manquent quelquefois pour lui donner complétement cette organisation, et d'un autre côté le débouché peut être tel que la destination la plus profitable soit mixte. Le principe de la *spécialisation,* qui est sans aucun doute celui du progrès, reçoit alors un double échec. Des trois spécialités indiquées, il en est une, le travail, dominante aujourd'hui, qui est destinée à disparaître plus ou moins. Il faut bien l'accepter quand on ne peut pas faire autrement, et la division par races satisfait à cette nécessité, puisque celles qui ne travaillent pas ne sont pas admises à concourir avec celles qui travaillent ; mais il est bon de ne jamais la reconnaître comme fondamentale.

Les races étrangères, et surtout les races anglaises, avaient à l'exposition une supériorité marquée sur les nôtres. Au premier rang de ces espèces améliorées se trouvait celle à *courtes-cornes* de Durham. Tout le monde connaît maintenant, au moins de nom, cette race célèbre qui offre le type le plus parfait du bœuf de boucherie. L'expérience ayant démontré que la facilité à se mettre en chair et à s'engraisser tenait surtout à l'appareil respiratoire, ces bœufs se distinguent par la profondeur de leur poitrine. On admire en même temps la petitesse de leurs os et l'énorme développement des parties de leur corps qui donnent la viande la plus estimée.

Depuis quelques années, la race de Durham se répand en France. Sur les 500 animaux présents au Champ de Mars, une centaine environ appartenaient à cette race, et sur les cent, la moitié étaient nés chez nous. Le premier prix a été obtenu par un taureau né en Angleterre chez un des plus grands éleveurs du Wiltshire, mais acheté, importé en France et présenté au concours par M. le marquis de Talhouet, propriétaire dans la Sarthe. Les deux vacheries nationales du Pin (Orne) et du Camp (Mayenne), qui en avaient exposé une vingtaine hors concours, ne sont plus seules à en avoir ; puisque l'industrie privée a commencé à s'en emparer, on peut dire que la race est désormais naturalisée.

Il n'y a pas beaucoup plus de dix ans que l'on s'en occupe sérieusement. Outre les établissements de l'État, l'honneur de cette initiative appartient à deux éleveurs qui se sont longtemps partagé les prix, M. le marquis d

Torcy (Orne), et M. de Béhague (Loiret). Malheureusement ils étaient l'un et l'autre, M. de Béhague surtout, placés dans des contrées qui se prêtaient peu à l'introduction d'animaux perfectionnés. Le Loiret est un pays peu fertile et peu riche, voisin de régions plus disgraciées encore, où la culture ne fait que de lents progrès. L'Orne est dans des conditions meilleures, mais là se présentait un autre genre de difficultés, l'existence d'une race indigène, ancienne et estimée, qui n'a pas cédé la place aisément. Ces deux circonstances ont fait que, pendant plusieurs années, les *courtes-cornes* ne se sont pas répandus chez nous; les étables de MM. de Torcy et de Béhague n'étaient que des exceptions brillantes.

La question semble résolue aujourd'hui, mais sur un autre point. Les départements de la Mayenne et de Maine-et-Loire sont au nombre de ceux qui, par des circonstances particulières, ont fait dans ces derniers temps les plus grands progrès agricoles. Un des éléments les plus actifs de l'heureuse transformation qui s'y opère a été l'essai du sang durham. Cette contrée possédait une race particulière, la mancelle, qui n'avait pas d'assez grandes qualités pour lutter, et qui paraît destinée à s'absorber rapidement. Les autres conditions agricoles et économiques se sont rencontrées. Aujourd'hui, la race courtes-cornes y pénètre jusque chez les simples métayers. Ce beau résultat est dû surtout à un homme qui soutient avec une rare énergie et une grande originalité d'esprit une véritable croisade en faveur des durham, M. Jamet, ancien représentant; il a été aidé dans ses efforts par le directeur de la vacherie publique du Camp, et par un propriétaire du pays que d'autres succès ont illustré, M. de Falloux.

L'Anjou paraît donc devoir être pour la France ce qu'est en Angleterre le nord du Yorkshire, le centre de la production des *courtes-cornes*. L'émulation s'en mêle ; tous les jours on apprend que, dans les ventes des étables les plus renommées d'Angleterre, des échantillons distingués ont été achetés par des propriétaires angevins, et à des prix élevés. Notre *herd-book* français s'enrichit ainsi rapidement des noms les plus célèbres du *herd-book* anglais, dont les descendants viennent chez nous faire souche.

Pour l'acclimatation, il ne peut rester le moindre doute, quand on a vu les animaux exposés cette année, tant par des éleveurs privés que par les vacheries publiques. Ceux qui avaient été amenés d'Angleterre par le prince Albert, lord Feversham, lord Talbot, M. Richard Stratton, n'étaient pas sensiblement supérieurs. Plusieurs générations se sont succédé déjà sur notre sol, sans qu'on ait vu la moindre apparence de dégénérescence ; nous pouvons dire que nous possédons, même pour la race pure, de quoi rivaliser. Quant aux croisements, c'est toute une carrière nouvelle dont il est impossible de prévoir le terme.

Je ne veux pas entrer ici dans la grande question du croisement et du métissage qui est à coup sûr une des plus obscures et des plus ardues de la zootechnie. Je dirai seulement que toute solution systématique me paraît dangereuse ; je ne voudrais ni proscrire ni recommander en principe la formation de races intermédiaires, tant que l'expérience n'aura pas prononcé. Ce qu'il y a de sûr, c'est que, pour quelques exemples du moins, le métissage paraît en voie de réussir. Il y avait à l'exposition des durham-charolais, des durham-flamands, des durham-normands, des durham-manceaux, des durham-lorrains, des durham-bretons, des durham-suisses, qui semblaient fournir des arguments péremptoires en faveur de semblables tentatives. Ce n'est pas que les races pures ne paraissent en général préférables, quand on peut s'y tenir : avec elles, on sait ce qu'on fait, tandis qu'avec les croisements et les métissages, on marche dans le vague et l'inconnu ; mais, dans ces situations mixtes où l'on veut commencer à sortir de l'ornière sans avoir les moyens de tout changer à la fois, je ne puis m'empêcher de croire que les croisements ont leur valeur, valeur le plus souvent transitoire, j'en conviens, comme la situation qui les provoque, mais qui peut aussi devenir fixe et permanente par la création d'une sous-race, quand les circonstances s'y prêtent, c'est-à-dire quand les deux familles qu'il s'agit d'accoupler ont entre elles des affinités suffisantes pour s'allier intimement.

On dit que des raisons physiologiques s'opposent à la fusion réelle et profonde des races, et que, si un individu né d'un premier croisement présente en apparence un terme moyen entre le père et la mère, ce n'est pas une raison suffisante pour le croire apte à fonder une sous-race réunissant toujours les mêmes caractères. L'expérience prouve en effet que cette création rencontre des difficultés ; l'influence des aïeux est si puissante qu'elle reproduit le plus souvent la plus ancienne des deux races après deux ou trois générations issues d'un seul croisement ; et, ce qui est pis encore, le mélange des germes amène quelquefois des résultats monstrueux qui déconcertent tous les calculs. Que conclure de ces observations ? Qu'il faut être très-prudent avant de rien entreprendre ; mais de ce que le métissage est difficile, je ne puis conclure qu'il soit impossible. Les races les plus fixes et les plus précieuses, comme les *courtes-*

cornes eux-mêmes, sont les produits d'un métissage bien fait. Autrefois on croisait à tort et à travers, sans savoir ce qu'on voulait faire; on est plus avancé aujourd'hui; c'est une raison pour qu'on réussisse plus souvent.

Dans le nord-ouest de la France, où la race bovine est généralement exclue du travail, on peut, je crois, introduire à peu près partout le sang durham avec avantage. Dans beaucoup de cas, le croisement vaut mieux que la race pure; le durham a d'éminents avantages, mais il a un défaut, surtout pour nous : sa viande est d'une qualité inférieure et trop chargée de graisse. Quand il perdrait un peu de sa précocité pour gagner une saveur plus appropriée à nos goûts, il n'y aurait pas grand mal. C'est ce qu'on obtient par des croisements avec les races qui donnent chez nous les meilleures qualités de viande. Quant à nos espèces du Midi, à celles de montagne et en général à celles qui travaillent, c'est tout autre chose. Il est bon d'y regarder à deux fois avant de les croiser. C'est là surtout que l'entreprise du métissage serait illogique et dangereuse ; tout au plus peut-on essayer, quand on se trouve dans des circonstances exceptionnelles, d'un premier croisement. Le plus sûr est de s'en tenir à la race locale, en l'améliorant autant que possible par elle-même, c'est-à-dire en se servant de reproducteurs de choix. Il faut se garder d'altérer mal à propos le tempérament nécessaire à la destination des animaux par un mélange avec des races molles et lymphatiques créées pour d'autres besoins.

Cette réserve faite, la part qui reste chez nous à la race de Durham est encore belle. Elle peut s'implanter dès à présent dans un quart de la France, soit comme race pure, soit comme source féconde de croisements et de métissages, et dans l'avenir elle pourra pénétrer partout où le travail de l'espèce bovine reculera. Sans les établissements de l'État, tels que le Pin, le Camp, l'Institut agronomique, elle aurait été plus lente à se répandre ; c'est un service important que l'agriculture française devra à ces établissements, et qui prendra rang un jour à côté de ceux qu'a rendus dans d'autres temps la bergerie nationale de Rambouillet.

Auprès des durham, les autres races bovines anglaises perdent beaucoup de leur intérêt. Celles de Hereford et de Devon étaient représentées à l'exposition par une trentaine d'animaux presque tous venus d'Angleterre. C'est lord Berwick qui a eu le prix des *hereford* et M. George Turner celui des *devon ;* ces deux éleveurs sont en effet aujourd'hui les premiers de l'Angleterre pour ces deux races, et remportent les prix dans les concours nationaux. Comme importation, elles ont l'une et l'autre peu de succès, et elles ne paraissent pas destinées à en avoir jamais beaucoup; mais comme exemples, elles méritent l'attention, en ce qu'elles montrent comment d'anciennes races de travail, qui ne sont pas toujours dans les meilleures conditions d'alimentation, peuvent être transformées, par des soins persévérants, pour acquérir presque des qualités égales à celles des durham. Ceux de nos éleveurs qui ont entrepris d'améliorer nos races par elles-mêmes, n'ont rien de mieux à faire que d'étudier et d'imiter.

J'en dirai autant de la race noire sans cornes, d'Angus en Écosse, que représentait un magnifique animal envoyé par lord Talbot ; on a donné un prix à lord Talbot pour cette unique tête, et on a eu raison.

Comme on voit, les Anglais eux-mêmes ne mettent pas

partout du sang durham. Ils ont conservé un petit nombre de races locales qui se perfectionnent et se développent à part. Depuis quelque temps, les durham gagnent du terrain ; presque partout, même en Écosse, on commence à les voir pénétrer dans des contrées qui leur avaient été fermées jusqu'ici, à mesure que le *high farming* fait des progrès. Néanmoins on peut affirmer que de longtemps ils n'envahiront la Grande-Bretagne tout entière ; ils ne peuvent prospérer véritablement que dans des conditions qui, même en Angleterre, ne se rencontrent pas toujours. L'amour-propre local résiste, aussi bien chez nos voisins que chez nous. L'Écosse tient à ses bœufs noirs sans cornes comme au costume pittoresque de ses montagnards ; ils font partie de ses traditions et de son histoire ; leur disparition devant les durham serait pour elle comme une nouvelle conquête. Le nord du Devonshire n'a pas tout à fait les mêmes raisons patriotiques, mais cette jolie race est une des plus élégantes qui existent ; elle est parfaitement appropriée au sol et arrivée à un haut point de perfection. Les hereford persistent par d'autres causes ; ils s'élèvent dans une région déterminée, et vont s'engraisser ailleurs, comme il arrive à beaucoup de nos variétés françaises.

Ces trois races habitent des montagnes, et, dans leur lutte contre le durham, elles ont un avantage que j'ai déjà signalé chez plusieurs des nôtres, la qualité de leur viande. Dans la plupart des fermes anglaises appartenant à des grands seigneurs, on engraisse des durham pour la vente, mais on a en même temps des angus ou des devon pour la table du maître.

Il est une autre variété anglaise qui paraît reçue chez nous avec autant de faveur que les durham, je veux parler de la race laitière du comté d'Ayr en Écosse. 30 de ces animaux figuraient à l'exposition, presque tous nés en France ou appartenant à des Français. 3 provenaient du domaine impérial de Villeneuve-l'Étang, où leurs parents avaient été transportés après la suppression de l'Institut agronomique; les autres avaient été présentés par trois amateurs principaux qui se sont partagé les prix, M. le marquis de Vogué, M. le marquis de Dampierre, et M. Bella, directeur de l'École d'agriculture de Grignon. Le prince Albert avait envoyé une vache.

La race d'Ayr n'est connue en France que depuis cinq ans environ; on voit qu'elle a fait en peu de temps de sensibles progrès. Elle continuera probablement à en faire, car elle a pour elle, outre ses qualités productives, le charme irrésistible de la grâce. Sa supériorité sur les nôtres pour la quantité et la qualité du lait est contestée; je crois cependant que, somme toute, elle doit l'emporter. L'examen anatomique de ses organes a démontré en elle la meilleure machine organisée pour la production du lait. Si elle a paru quelquefois inférieure à nos cotentines ou à nos flamandes, c'est parce qu'elle est d'une plus petite taille; elle convient mieux qu'elles à des pays d'une fertilité médiocre, comme ses montagnes natales; il est vrai que sous ce dernier rapport, elle rencontre chez nous une rivale redoutable dans notre petite race bretonne, mais elle offre plus de ressources pour la boucherie. L'expérience est en bonnes mains; d'ici à peu d'années nous saurons à quoi nous en tenir.

Deux autres pays étrangers seulement avaient pris part à l'exposition, la Hollande et la Suisse. Ce sont en effet les seuls dont les races nationales aient de grands mérites, la

Hollande surtout. Je ne vois jamais sans un profond sentiment d'admiration ces magnifiques vaches, que je regarde comme la souche commune du plus beau bétail de l'Europe. Presque tous les caractères que l'art a cherché à reproduire ailleurs se présentent naturellement, et avec une ampleur exceptionnelle, chez ces énormes bêtes, qui donnent à la fois des montagnes de viande et des fleuves de lait, et qui ont inspiré, par leur beauté native, des artistes comme Paul Potter, Berghem ou Ruysdael. Malheureusement la race pure paraît avoir besoin, pour prospérer, des riches pâturages et de l'air salin qui lui ont donné naissance. Quelques importations ont été essayées en France ; elles ont laissé peu de traces.

Il en est de même, au moins sur la plus grande partie du territoire, de ces belles espèces suisses de Berne et de Fribourg ; on ne peut en importer que dans le Jura français, où elles retrouvent à peu près leurs conditions premières. Rien n'est plus regrettable assurément, car ces deux familles sont superbes ; leur aspect fait rêver des digues de la Hollande et des vallées des Alpes, ces premiers boulevards de la liberté moderne ; on se demande par quelle loi mystérieuse les plus beaux produits sont dus aux peuples les plus forts et les plus fiers. Les vaches suisses ont l'air d'avoir, comme leurs pâtres, le sentiment de l'indépendance nationale ; chacune d'elles portait une ceinture aux armes de son canton, et suspendue au cou, la lourde cloche qui sert à guider le troupeau au milieu des rochers et des précipices.

Il y a quelques années, la race de Schwitz était en France assez en faveur ; on espérait y trouver la meilleure réunion connue du travail, de la viande et du lait. Aujourd'hui les idées ont changé ; on s'attache moins à cette union, qu'on regarde avec raison comme difficile ou même impossible, et on aime mieux des animaux qui poussent très-loin une qualité spéciale.

L'Allemagne n'avait rien envoyé, non plus que le nord et le midi de l'Europe. Il ne paraît pas qu'on y ait beaucoup perdu.

III

Parmi les variétés bovines françaises, il n'y avait que les dix principales, mais ces dix peuvent suffire pour donner une idée générale de nos richesses.

En tête venait la race normande ou cotentine, la plus renommée de toutes, sinon la plus irréprochable. Depuis longtemps en possession d'alimenter Paris en viande et en beurre, c'est elle qui fournit habituellement le bœuf gras, et pour cette circonstance extraordinaire elle a produit des animaux dont le poids s'est élevé jusqu'à près de 2,000 kilog. Quant au beurre, il suffit de nommer Isigny et Gournay pour donner une idée de sa qualité et de sa quantité. La race normande s'étend sur cinq ou six départements ; elle se partage en deux variétés, la grande, qui est préférée pour la boucherie, la petite qui est la laitière par excellence. Trois circonstances ont contribué à la développer à ce point, l'excellence des pâturages, l'ancienneté du débouché de Paris, l'absence à peu près complète de travail. Les connaisseurs lui reprochent de s'être formée d'elle-même, sans que les éleveurs se soient proposé, comme les Anglais, un but raisonné ; il en est résulté que ni la grande ni la petite ne satisfont complétement par leur conformation : la grande est encore trop osseuse, elle n'a pas ces formes cylindriques qu'on admire dans les durham, et la petite n'est pas tout à fait aussi bien constituée pour la laiterie que la vache d'Ayr.

On peut porter remède à ces défauts de deux façons, ou par des croisements avec des races anglaises, ou par un choix désormais mieux entendu d'animaux reproducteurs, pris dans la race elle-même. Ces deux procédés sont maintenant employés concurremment. Les meilleurs agronomes normands préfèrent le premier comme plus expéditif, et le prix des croisements a été obtenu par un durham-normand exposé par M. Grégoire (Orne) ; mais le plus grand nombre préfèrent le second, et on a déjà obtenu dans cette voie de beaux résultats. Les animaux de race pure présentés à l'exposition, déjà primés pour la plupart dans les concours régionaux de Rouen et de Caen, ne laissaient plus que peu de chose à désirer. Au fond, le résultat est le même ; le chemin est un peu plus long pour y arriver, mais accessible à un grand nombre, ce qui est bien quelque chose. Soit pure, soit croisée, la race normande est une des mieux nourries, des mieux exploitées en vue du profit ; elle gardera ces avantages.

J'estime que la Normandie doit produire annuellement environ 100,000 bœufs gras, d'un poids moyen considérable, ou le quart environ de la viande consommée en France. La moitié vient se faire manger à Paris ; le reste sert à la consommation locale. Ces cinq départements nourrissent en outre 500,000 vaches, et leur population bovine doit être en tout d'un million de têtes, ou le dixième de la France entière. Relativement à la superficie, c'est la même proportion qu'en Angleterre, ou une tête sur trois hectares. Outre la Normandie proprement dite, la race cotentine s'étend encore dans les départements qui entourent Paris, et y forme une autre population de 3 à 400,000 têtes. Ces départements, n'ayant pas de race à eux et n'entretenant de vaches que pour le lait, s'approvisionnent surtout en Normandie, et y ouvrent ainsi un nouveau débouché.

On ne comptait à l'exposition que cinq échantillons de la race mancelle. Cette race a pourtant beaucoup d'importance ; elle fournit de temps immémorial pour le marché de Paris presque autant de bœufs gras que la normande, et elle couvre quatre départements des plus riches en bétail. On aura sans doute pensé qu'étant destinée à disparaître, elle ne devait figurer que pour mémoire.

La Flandre n'a pas tout à fait les mêmes conditions que la Normandie. Beaucoup plus peuplée, elle trouve en elle-même son propre débouché, et, comme tous les pays d'extrême population, elle recherche moins la viande que le lait. La race flamande est principalement laitière; comme telle, elle est à peu près arrivée à la perfection. Je ne crois pas qu'il soit possible de trouver beaucoup mieux, même dans la race d'Ayr, que la plupart des flamandes exposées. Tout en elles était fin, délicat, féminin, et je suis sûr que leurs douces mamelles laissent facilement échapper plus de 3,000 litres de lait par an. J'aurais, pour mon compte, plus de respect pour la race flamande que pour la cotentine ; je serais plus disposé à la préserver de tout croisement. La Flandre française est un pays plus productif qu'aucune région de l'Angleterre ; nulle part dans le monde il n'y a plus de bétail, et de meilleur, de même que nulle part il n'y a une agriculture plus intensive. Ces deux faits se suivent et sont la conséquence l'un de l'autre. Les cinq départements de la Flandre et de l'ancienne Picardie contiennent 600,000 vaches ; le département du Nord à lui seul en possède près de 200,000. Dans l'arrondissement de Lille, on est arrivé à une tête bovine par hectare, et chacune de ces têtes nourrit une famille : c'est le *maximum* connu de la production. Depuis quelque temps, la vache flamande lutte, comme laitière, sur le marché de Paris, avec la cotentine, et elle doit finir par l'emporter. Elle se répand dans le Nord, partout où il devient possible de lui donner les conditions de soin et d'alimentation qui lui sont nécessaires.

Les cinq départements de la péninsule de Bretagne figurent parmi les points de la France et du monde qui possèdent le plus de bêtes bovines. On n'y compte pas moins de 1,500,000 têtes sur une superficie totale de 3 millions et demi d'hectares, soit près d'une tête par deux hectares. La Normandie et l'Angleterre n'en ont pas autant ; il est vrai que, pour la grosseur et le produit, une tête bovine bretonne est tout au plus la moitié d'une normande ou d'une anglaise. Pendant longtemps, cette race a été dédaignée, à cause de sa petite taille ; mais depuis que des idées plus justes en zootechnie se sont répandues, on a ouvert les yeux sur sa valeur, et on peut dire maintenant qu'elle est à la mode. Qui ne connaît et n'aime ces jolies bêtes, au pelage noir et blanc, aux jambes et à la tête fines, à l'air doux et intelligent [1] ?

Cette petite race est par excellence celle des landes ari-

[1] Voir la note A à la fin du volume.

des ; elle trouve le moyen de vivre et de pulluler où les autres mourraient de faim. Les vaches donnent beaucoup de lait relativement à la nourriture consommée, et ce lait est excellent, surtout pour le beurre. Le beurre de Bretagne a depuis longtemps une réputation faite. A ces qualités déjà connues est venue depuis peu s'en ajouter une qu'on ne soupçonnait pas à cette race : on a découvert que dans de meilleurs pâturages, avec une nourriture plus choisie, elle engraissait rapidement, et finissait par faire à peu de frais des bœufs de boucherie, d'un rendement extraordinaire et d'une exquise qualité. Dès ce moment, sa fortune a été faite, tout le monde en a voulu, et le prix de ces petits animaux a doublé dans les lieux de production. Outre ses mérites particuliers, elle a celui de se prêter sans difficulté à tous les genres de croisement ; elle s'unit à merveille avec la race d'Ayr et celle de Durham. L'école d'agriculture de Grand-Jouan (Seine-Inférieure) avait exposé des échantillons vraiment admirables de ces deux croisements ; le dernier surtout paraît avoir un succès exceptionnel.

Un peu au sud de la péninsule bretonne, et séparée d'elle par la Loire, mais unie encore par de grandes conformités de sol et de climat, se trouve l'ancienne Vendée. Là s'est développée une autre race dont les types principaux portent les noms de Chollet (Maine-et-Loire) et de Parthenay (Deux-Sèvres). C'est une de celles qui fournissent le plus de bœufs gras à Paris ; elle vient, sous ce rapport, immédiatement après la mancelle, comme la mancelle après la normande. Ces bœufs sont d'une taille moyenne, faciles à engraisser, et leur viande est d'une qualité excellente. L'un des prix a été obtenu par le supérieur du monastère de la Trappe, à Meilleraye (Loire-Inférieure), où l'on se livre avec grand succès à l'élève du gros bétail. Là comme à la Grande-Chartreuse et chez les trappistes de Staouéli, en Afrique, on aime à voir reprendre la tradition des anciennes abbayes, qui, en France comme partout, ont rendu de si grands services à l'agriculture.

La race de Parthenay a des partisans fanatiques ; il est à remarquer que, parmi les nombreux essais de croisement envoyés à l'exposition, elle ne jouait aucun rôle. Je ne serais pas tout à fait aussi exclusif, mais je reconnais volontiers que, dans l'immense majorité des cas actuels, il y aurait danger à y rien changer. Le patriotisme vendéen s'attache à tout, même à la couleur des animaux. Respectons ce sentiment conservateur qui sert à faire reconnaître les races pures : celle de Parthenay est brune, avec le bout des cornes noir. De toutes celles du nord-ouest, c'est la seule qui travaille ; voilà son caractère principal, celui qui doit le plus la défendre contre toute tentative de croisement. Si jamais elle cessait de travailler, ce qui viendra bien quelque jour, il n'en serait pas tout à fait de même ; mais n'essayons pas de prévoir ce temps, qui sera pour la fidèle Vendée, le pays aux traditions tenaces, aussi douloureux qu'une révolution.

La race vendéenne est la dernière de cette région : elle touche au midi. Si l'on tire une ligne droite de l'embouchure de la Charente dans l'Océan aux sources de l'Oise sur la frontière de Belgique, en passant par Paris, on enferme une sorte de péninsule dont la Bretagne forme la pointe, et qui contient, avec cette province, la Vendée, la Flandre, la Picardie, la Normandie, le Maine, l'Anjou et l'Ile-de-France, soit une vingtaine de départements ou le quart du territoire. Là se trouvent réunis les quatre dixièmes du bétail national, ou quatre millions de têtes, divisées entre les trois grandes familles normande, bretonne et flamande, et leurs deux annexes, la mancelle et la vendéenne ; là viennent s'engraisser, par une série de migrations, un grand nombre de bœufs d'autre origine ; là se concentrent jusqu'ici presque toutes les importations d'animaux de race étrangère, et presque toutes les tentatives de croisement ; là enfin s'obtient la moitié du lait et de la viande produits en France.

Toutes les autres variétés bovines de France sont plus ou moins employées au travail, et par conséquent inférieures sous les autres rapports.

Les vingt départements qui forment l'angle du nord-est comprennent deux millions et demi de têtes : c'est la région la plus riche après le nord-ouest. Cette population se concentre surtout dans la partie montagneuse qui forme les dix départements des Vosges, du Haut et du Bas-Rhin, de la Haute-Saône, du Doubs, du Jura, de l'Ain, de la Côte-d'Or, de Saône-et-Loire et de l'Yonne. On la divise en plusieurs familles distinctes, dont les principales sont la charolaise, la lorraine et la comtoise. La lorraine, bien qu'une des plus importantes, n'était représentée que par cinq individus, mais qui ont presque tous été primés. La comtoise se divise en deux branches, celle de plaine, qui sert avant tout au travail, et celle de montagne, qui est principalement laitière. Cette dernière a été modifiée par des croisements avec les races suisses, et n'a presque plus les caractères de la race pure, elle n'en vaut que mieux. Cette partie de notre territoire mérite le nom de Suisse française : je ne vois pas pourquoi elle ne serait pas aussi riche en beau bétail que la véritable Suisse, puisque les mêmes conditions de sol et de climat s'y rencontrent à peu près.

Dès qu'une province se trouve hors du rayon habituel de l'approvisionnement de Paris, on dirait qu'elle cesse de nous intéresser; aujourd'hui ce rayon s'étend : il n'était autrefois que de cinquante à soixante lieues, il arrive maintenant bien au delà, et quand il ne s'étendrait pas, Paris n'est pas toute la France. On consomme aussi ailleurs, quoique beaucoup moins en proportion. Ce sont aussi des Français, et de bons Français, que les habitants de l'est. Moins avancée que dans la région du nord-ouest, par suite de causes anciennes, la culture y est cependant assez florissante. A mesure que le travail des chevaux s'étend et que les cultures fourragères s'accroissent, la race comtoise peut faire, comme les autres, de grands pas comme race de boucherie; la variété laitière n'est pas non plus à négliger, car elle sert en grand à la fabrication du fromage dit de *gruyère*, et le fromage n'est pas moins que la viande un élément important de la nourriture des peuples.

De toutes les races de l'est, la plus connue à Paris, parce qu'elle arrive sur ses marchés, est la charollaise, ainsi nommée de l'ancien comté de Charolles, qui donnait autrefois son nom aux héritiers du duché de Bourgogne. Cette race a pris en effet naissance dans le Charollais, où son développement a été favorisé par le voisinage du marché de Lyon ; elle s'est maintenant étendue à tous les pays voisins, comme le Nivernais et une partie du Berry, et elle couvre autant de départements que la cotentine. Elle est blanche, de grande taille et d'une constitution vigoureuse. Elle s'est primitivement formée pour le travail ; depuis quelque temps, de nouveaux débouchés s'étant ouverts par le perfectionnement des communications, elle a pris un essor remarquable pour la boucherie. Cette région n'envoyait pas autrefois de bétail gras à Paris ; aujourd'hui elle en fournit presque autant que la Normandie elle-même. La race tend à se dédoubler ; une moitié reste affectée au travail, l'autre ne travaille presque plus, et on y développe les qualités de précocité et de rendement qui donnent le plus de viande.

Au point où ils sont aujourd'hui parvenus, grâce à des soins intelligents et persévérants, les charollais élevés exclusivement pour la boucherie serrent de près les races anglaises. M. Louis Massé, du Cher, le plus habile de ceux qui ont entrepris cette tâche, avait exposé un taureau et une vache de race pure, très-semblables à des durham. De tous les animaux d'origine française présents à l'exposition, ceux-là s'approchaient le plus du type idéal du bœuf de boucherie. Je ne veux pas dire par là qu'il n'y ait aucun profit à croiser, quand on est dans des conditions convenables; je constate seulement que ce n'est pas nécessaire, et que les charollais présentent par eux-mêmes de grandes ressources. En agriculture comme en tout, un résultat médiocre obtenu en grand vaut mieux qu'un résultat supérieur obtenu en petit. N'oublions pas que cette race qui alimente à la fois les deux plus grands marchés de France, Paris et Lyon, avec les populations intermédiaires, doit produire tous les ans environ 50,000 bœufs gras, ou le dixième de la France entière. Le département de Saône-et-Loire, son point de départ, est un des plus riches de France en gros bétail.

La race charollaise a d'ailleurs cet avantage, qu'étant

connue, nombreuse, toute portée, elle peut plus sûrement absorber les variétés locales qui lui sont inférieures. Il y avait autrefois dans les montagnes du Morvan une petite espèce de bœuf de travail d'une énergie particulière, qui servait à des transports de bois par des chemins affreux ; cette race n'a pas encore tout à fait disparu, mais elle n'a plus la même raison d'être, depuis que les communications se sont améliorées. La charollaise tend à la remplacer, comme plus productive. Toutes les autres variétés du Bourbonnais et de la Bourgogne se fondent plus ou moins dans le même type, ce qui n'arriverait pas aussi vite, s'il s'agissait d'une importation étrangère.

IV

Si de l'est nous passons au centre, nous trouvons encore une réduction dans l'effectif. Cette région ne contient plus que 2 millions de têtes sur une superficie égale à celle qui en nourrit 4 dans le nord-ouest, et 2 et demi dans l'est ; la nature de son sol et de son climat est cependant des plus favorables au gros bétail ; mais ici les causes économiques ont agi avec une puissance funeste. Si nous avons dans la Flandre, la Normandie, la Picardie, l'Ile-de-France, l'analogue des contrées les plus riches de l'Europe, nous avons dans les provinces du centre l'analogue des plus pauvres. Le tiers de cette immense surface reste inculte et couvert de bruyères ; les deux autres sont misérablement cultivés. La terre vaut en moyenne 500 fr. l'hectare, et à ce prix elle est payée le plus souvent trop cher, non à cause de sa valeur propre, mais de l'état où elle est. La population, bien que peu nombreuse, car on n'y compte qu'une tête humaine par deux hectares, et bien que composée en grande partie de petits propriétaires, vit dans un affreux état de misère, qui la force à demander à l'émigration des ressources supplémentaires et encore insuffisantes.

D'où vient cette triste condition de tout un quart de la France, tandis qu'en Angleterre des régions absolument analogues, comme les comtés de Devon, de Nottingham, de Derby, les *lowlands* d'Écosse, et en France même le Cotentin et une partie de la Bretagne, sont dans la situation la plus florissante? De plusieurs causes qu'il serait trop long d'énumérer, mais dont la principale est le défaut séculaire de communications. Le Centre n'a pas, comme le Nord et le Midi, un magnifique développement de côtes, de larges fleuves et de vastes plaines; situé loin de la mer, il ne possède pas une rivière navigable, et sa plus grande partie est toute hérissée de montagnes impraticables. Les hommes l'ont encore plus maltraité que la nature; pendant que le reste du territoire se couvrait de routes, de canaux, de chemins de fer, il est resté délaissé; il a payé pendant des siècles des impôts dont il ne profitait pas; chacune de ses vallées a été jusqu'à nos jours comme un monde à part où rien n'arrivait du dehors, et qui n'entendait parler du gouvernement central que pour lui payer tribut.

C'est l'espèce bovine qui a sauvé cette région d'une ruine totale. N'ayant pas et ne pouvant pas avoir d'industrie, faute de moyens de transport, car tous les autres éléments d'un grand développement industriel s'y trouvent, la partie montagneuse a dû avoir recours à la seule production qui, se transportant d'elle-même, pût se passer de communications faciles. On sait d'ailleurs que l'air et le sol des montagnes sont presque aussi avantageux à l'espèce bovine que les rives humides de l'Océan. Bien qu'infiniment moins nombreuse qu'elle ne pourrait l'être, la production du bétail est la première et presque la seule richesse de cette contrée. Trois races principales s'y sont formées de longue main, toutes trois fort différentes de celles du Nord, celle de l'Auvergne, dont le plus beau type est originaire de la petite ville de Salers, celle du Limousin, et celle de l'Aveyron.

Les trois départements du Puy-de-Dôme, du Cantal et de la Haute-Loire nourrissent environ 500,000 têtes de bétail, presque toutes réparties sur les montagnes volcaniques qui les traversent dans tous les sens et dont les principaux pics s'élèvent à près de 2,000 mètres au-dessus du niveau de la mer. Si le reste en avait autant en proportion, le centre n'aurait rien à envier à la Normandie. La race d'Auvergne est pour le moment une de nos plus précieuses. Ce n'est pourtant pas la spécialité qui la distingue : elle sert à la fois au travail, à la laiterie et à la boucherie ; mais c'est précisément cette absence de spécialité qui fait sa valeur, parce qu'elle répond à des besoins anciens et profonds. La haute Auvergne, produisant peu de céréales, emploie peu de bœufs de travail ; elle a aussi très-peu de ressources pour l'engraissement, tandis que ses pâturages produisent naturellement un lait nourrissant et fortement chargé de caséum. En même temps s'étendent au pied de ses montagnes des régions que la nature a peu douées de pâturages, et qui, dans l'état de leur culture, ont besoin de faire venir d'ailleurs leurs bœufs de charrue. Un peu plus loin, en se rapprochant de la mer, reparaissent des pâturages propres à l'engraissement, avec des cultures meilleures et des débouchés plus sûrs pour la viande grasse. De là tout un système organisé depuis des siècles et parfaitement lié dans toutes ses parties.

L'Auvergne nourrit principalement des vaches; quand les veaux naissent, on en sacrifie un sur deux, ce qui permet d'utiliser la moitié du lait; avec ce lait, on fait des fromages bien connus en France ; puis, quand les veaux sont grands, on garde les femelles pour remplacer les mères, avec le petit nombre de taureaux nécessaire, et on vend les autres mâles après les avoir châtrés. Ceux-là vont traîner la charrue dans les provinces voisines qui ne font pas d'élèves; puis, quand ils ont atteint l'âge de sept ou huit ans, ils sont revendus aux herbagers de l'ouest, qui les engraissent pour Paris. De leur naissance à leur mort, ils parcourent ainsi un demi-cercle d'environ deux cents lieues.

Je ne crois pas que ce commerce puisse durer toujours sans modification; il repose tout entier sur la demande de bœufs de travail pour la région intermédiaire. Si jamais la culture fait assez de progrès dans cette région pour amener le remplacement des bœufs par les chevaux, ou si l'extension des cultures fourragères lui permet de produire elle-même ses bêtes bovines, tout s'écroule; mais nous sommes encore loin de ce moment, et en attendant, la demande de jeunes bœufs de travail ne cesse pas. Une autre cause peut aussi tout bouleverser : c'est le cas où le producteur auvergnat trouverait de lui-même plus de profit à faire du fromage avec tout son lait qu'à élever des veaux. La race deviendrait alors exclusivement laitière, elle subirait des transformations destinées à la rendre plus productive dans ce sens. Il n'en est rien encore. Tant que ces nouveaux besoins ne se seront pas produits, elle continuera à être exploitée sous le triple point de vue du travail, de la laiterie, de la boucherie ; c'est ainsi qu'il faut la juger dans son état actuel, il est juste de reconnaître qu'elle y répond admirablement. Les animaux qui passent leur jeunesse sur ces montagnes y puisent une vigueur qui les rend propres à tout. La race de Salers est rouge et de grande taille.

Les montagnes du Limousin sont moins élevées que celles d'Auvergne ; l'air y est moins vif, le climat moins humide, le sol moins propre à la végétation de l'herbe sur les hauteurs. En revanche, les bas-fonds abondent en excellentes prairies qu'arrosent d'innombrables sources, et la terre s'y prête davantage à la culture des racines et des plantes fourragères. L'espèce bovine s'y trouve donc dans des conditions un peu différentes, mais qui ne seraient point inférieures en somme, sans deux circonstances fâcheuses, nées toutes deux de l'absence de débouchés : l'une est une culture de céréales trop étendue pour la nature du sol, l'autre l'emploi presque général des vaches pour le travail. De là une diminution sensible, soit dans le nombre des bêtes, soit dans leurs produits.

Les trois départements que peuple la race limousine, la Haute-Vienne, la Creuse et la Corrèze, contiennent environ 400,000 têtes, c'est-à-dire un cinquième de moins que les trois départements auvergnats. De plus, la race est plus petite, moins vigoureuse, nullement laitière, suite inévitable de l'excès de travail et de l'insuffisance de nourriture. Elle rachète ces défauts par une grande docilité et une bonne qualité de viande. Paris consomme à peu près tous les ans 20,000 bœufs limousins, dont les deux tiers lui arrivent directement du pays de provenance, et le reste après avoir passé par les herbages de la Vendée ou de la Normandie. C'est à peu près toute la production de la race en bœufs gras, car la contrée d'où elle vient n'est pas assez riche pour consommer beaucoup de viande, surtout de la viande de bœuf. Les limousins sont estimés sur le marché de Paris. Leur pelage est couleur de blé.

Rien n'est plus facile que de doubler ou de tripler la production de la viande en Limousin, même sans rien changer à la race. Il suffit de multiplier les irrigations, qui sont déjà très-bien entendues, de mieux soigner les prés et surtout les pacages, généralement abandonnés aux mauvaises herbes et aux eaux croupissantes, d'améliorer par des sarclages et autres soins le pâturage des terres incultes, d'étendre considérablement la culture des racines et surtout des turneps, connue et pratiquée depuis un temps immémorial, de réduire le plus possible aux meilleures terres la culture des céréales, de diminuer d'autant le travail des bêtes et surtout des vaches, de mieux nourrir les élèves dans le jeune âge et de les faire moins vieillir sous le joug, enfin de s'attacher à bien choisir les reproducteurs qui présentent les formes les plus rondes et la peau la plus souple. Tout cela se fait déjà peu à peu et se fera de plus en plus à mesure que la demande de viande pénétrera plus profondément.

Je connais moins la race de l'Aveyron, qui tire son nom de l'ancienne abbaye d'Aubrac, et qui n'était représentée à l'exposition que par quatre têtes. On la dit bonne à la fois, comme les salers, pour le travail, la laiterie et la boucherie, ce qui veut dire apparemment que, comme les salers, elle n'excelle dans aucune spécialité, mais les réunit toutes trois assez pour donner en somme un bon produit. Celle-là aussi doit convenir tout à fait aux besoins actuels du pays qu'elle habite, et ce serait grand dommage d'y toucher sans nécessité pour satisfaire au principe théorique de la *spécialisation* des animaux. Elle est encore peu nombreuse, les départements voisins de l'Aveyron, comme le Lot, la Lozère, l'Ardèche, ne possèdent que bien peu de gros bétail. Cette partie des montagnes du Centre est de beaucoup celle qui en a le moins, sans doute parce qu'elle était la plus isolée, la plus éloignée des débouchés, et que le climat, plus méridional, commence à être plus sec, moins favorable à la pousse de l'herbe. Puisqu'elle a à sa portée une race satisfaisante, il est bien à désirer qu'elle en profite pour augmenter sa production. La race d'Aubrac est trapue ; son pelage est d'un gris foncé.

Outre sa partie montagneuse proprement dite, la région du Centre contient le Berry, le Forez, le Poitou, l'Angoumois et le Périgord : la population bovine de ces provinces n'a rien d'original ; leurs bœufs de travail sont presque tous nés dans les montagnes voisines.

Vient enfin la quatrième région, le Midi ; celle-là possède encore moins de bétail que le Centre, puisque ses vingt départements ne contiennent en tout que 1,500,000 têtes, et la production en viande et en lait y est encore moins importante en proportion. On s'y sert très-peu de beurre pour la préparation des aliments, on le remplace par la graisse et l'huile ; on y consomme aussi peu de lait proprement dit, les paysans n'en ont pas l'habitude, ils le remplacent par du vin. Ces différences dans la consommation ont été d'abord des effets, et ont fini par devenir des causes. La demande a commencé par se régler sur l'offre, l'offre s'est ensuite limitée sur la demande. En fait de viande, on mange plus habituellement de la volaille, qui est un des produits les plus abondants et les plus spontanés ; du mouton, qui, ayant moins de volume, se débite plus aisément ; du porc, qui se conserve par la salaison ; et, ce qui est plus grave, on consomme moins de viande sous toutes les formes, d'abord parce que la population est moins nombreuse, ensuite parce qu'elle est moins riche, enfin parce que le besoin d'une nourriture animale est moindre dans les pays chauds. On jugera de ce qu'était dans le Midi la demande de viande de bœuf par les prix qu'elle atteignait il y a quelques années. A Toulouse, elle se vendait sur l'étal 85 centimes le kilo, après avoir acquitté les droits d'entrée, les frais de tout genre et les bénéfices de boucher ; à Bayonne, 66 centimes seulement. Ces prix, dans l'intérieur des villes, supposent pour le producteur une moyenne de 50 centimes. Il est bien évident qu'à ce taux on n'avait aucun avantage à en faire.

Quand même l'intérêt eût été plus grand, l'entreprise était difficile. Le climat est un sérieux obstacle, non pas également partout, mais sur beaucoup de points. Les départements riverains de l'Océan, ceux qui forment la riche vallée de la Garonne, ceux qui s'échelonnent sur la pente des Pyrénées, peuvent encore produire assez facilement les végétaux nécessaires à la nourriture des animaux ; mais dès qu'on arrive sur les bords du Rhône et de la Méditerranée, la sécheresse devient excessive. Les dix départements qui vont des Pyrénées-Orientales au Var peuvent figurer parmi les pays du monde les plus pauvres en gros bétail, et sur ces dix il en est quatre, les Bouches-du-Rhône, le Gard, l'Hérault et Vaucluse, dont on peut presque dire qu'ils n'en ont pas du tout.

Dans l'autre moitié elle-même, les circonstances locales ne sont pas toujours bonnes ; les variétés y sont nombreuses et inégales, bien que pouvant être ramenées à un type commun. La plus belle est dite *agénoise*, parce qu'elle s'est développée dans les fertiles plaines de l'Agénois ; c'est sans contredit, grâce à la riche alimentation qu'elle reçoit, une des plus grandes, des plus fortes et des plus massives de France. Puis vient la *gasconne*, nourrie sur les coteaux du Gers, et par conséquent moins puissante ; la *bazadaise*, plus petite encore, parce qu'elle approche des Landes, mais mieux faite pour la boucherie ; la *landaise* proprement dite, qui a quelque rapport avec celle du Morvan ; la *béarnaise*, qui peuple les pâturages des Pyrénées de l'ouest, etc. Il en est parmi ces races énergiques à qui peut justement s'appliquer cette boutade spirituelle d'un de nos agronomes : « Nous excellons à produire des bœufs de course et des chevaux de boucherie. » Ce sont en effet de véritables bœufs de course que quelques-uns de ces agiles animaux des Landes et des Pyrénées, qui prennent le trot comme des chevaux, et qui, dans les jeux populaires du pays, luttent de légèreté avec les jeunes *écarteurs*.

Maintenant que la demande devient plus active par l'ouverture des chemins de fer, quelques-unes de ces variétés peuvent être développées au point de vue de la viande ; d'autres, comme la béarnaise, ont des qualités laitières ; mais en règle générale elles sont plus propres à donner de la force. La nature du travail l'exige aussi bien que le climat.

Les terres du Midi sont plus dures à remuer que celles du Nord, et outre les travaux des champs proprement dits, les bœufs y sont employés à des transports pénibles. Une des meilleures solutions de la difficulté, tant que la nécessité du travail subsistera, serait la distinction en deux classes, les bêtes de travail et celles de rente. Si cette distinction s'établit, le sud-ouest pourra produire, en étendant ses cultures fourragères, plus de viande et de lait, et essayer avec profit de quelques croisements ou de quelques importations étrangères; pas avant.

Les races bovines du Midi manquaient presque toutes à l'exposition; il y a trop loin de Paris aux Pyrénées, sous tous les rapports.

V

Les moutons forment le second capital de l'agriculture, et sur beaucoup de points, leur importance égale ou dépasse celle du gros bétail. La supériorité des Anglais sur nous est ici plus marquée ; ils possèdent trois fois plus de moutons en proportion et d'une bien plus grande valeur moyenne. Il ne faut pas croire cependant que nous soyons tout à fait dépourvus. La répartition de la population ovine sur notre sol est beaucoup plus égale que celle de l'espèce bovine ; chaque région possède à peu près son contingent numérique, le Midi même rachète en partie par le nombre de ses moutons ce qui lui manque pour l'espèce bovine, mais il y a moutons et moutons, et ceux du Nord l'emportent de beaucoup sur ceux du Centre et du Midi. Cet utile animal se trouve à la fois au point de départ et au point culminant de l'agriculture.

L'exposition contenait 600 béliers ou brebis, ce qui formait un assez beau troupeau, dont un quart environ en espèces étrangères. Comme pour les bœufs, les principaux types étaient seuls représentés. Il était venu de Prusse un bélier et cinq brebis de la célèbre race mérine de Saxe, qui produit une laine si estimée ; il était venu aussi des mérinos d'Angleterre, descendus pour la plupart du troupeau importé en 1806 par George III et lord Somerville ; si les saxons ont paru à la hauteur de leur réputation, les autres étaient bien inférieurs à nos mérinos.

Les Anglais ont pris leur revanche avec leurs races nationales ; ils avaient envoyé une quarantaine de *dishleys,* une vingtaine de *south-downs* et autant de *cotswolds.* Jamais la puissance de l'homme sur la nature vivante n'a été plus visible que dans ces merveilleux animaux, pétris à volonté comme l'argile. Il y avait surtout un bélier cotswold d'un an, un des plus beaux animaux que j'aie jamais vus ; entre le poids de ce bélier et celui d'une vache bretonne, la différence ne doit pas être bien sensible. Cette race de cotswold est une des plus nouvellement perfectionnées, et elle promet de dépasser toutes les autres. Il devient impossible de prévoir où s'arrêtera chez nos voisins cette refonte systématique de l'espèce ovine.

Comme pour les bœufs durham et les vaches d'Ayr, nous possédons maintenant en France un assez grand nombre de sujets de ces races artificielles pour espérer de les naturaliser. M. Allier, directeur de la colonie agricole et pénitentiaire de Petit-Bourg, qui paraît s'être donné la mission d'importer en France ce qu'il y a de mieux ailleurs, avait exposé des dishleys, des cotswolds et des south-downs achetés chez les premiers éleveurs d'Angleterre. On pouvait compter en tout une centaine de béliers ou brebis d'origine anglaise appartenant à des Français, sans compter ceux qui composent la bergerie nationale de Montcavrel (Pas-de-Calais), dont les produits, vendus tous les ans aux enchères, commencent à être recherchés.

Parmi nos variétés nationales, la première place était occupée de plein droit par les mérinos, qui comptaient près de 200 têtes, tous issus, de près ou de loin, de la belle race formée dans la bergerie de Rambouillet. Cette bergerie existe maintenant depuis trois quarts de siècle ; la richesse qui en est sortie est incalculable. Tous les pays voisins, et en particulier la Brie et la Beauce, doivent leur prospérité agricole à ces mérinos ; les départements de Seine-et-Marne, Seine-et-Oise, Oise, Aisne, Eure-et-Loir, en possèdent 4 millions de têtes sur 3 millions d'hectares. Ce n'est pas tout à fait autant qu'en Angleterre, mais pour nous c'est beaucoup.

Sans doute la richesse produite eût été plus grande encore, si, au lieu de s'attacher principalement à la laine, on s'était attaché à la viande, comme en Angleterre ; mais au temps où s'est formée la race de Rambouillet, la laine fine était plus demandée que la viande en France. On peut s'en assurer en comparant le prix de l'une et de l'autre à cette époque. Maintenant que la demande de viande s'est accrue, et que celle de la laine fine a plutôt diminué, les conditions changent ; mais la bergerie de Rambouillet n'en a pas moins l'honneur d'une création qui rivalise presque avec celle de Bakewel, quoique destinée à rendre d'autres services. On n'a qu'à comparer le mérinos pur, tel qu'il a été importé d'Espagne, à celui de Rambouillet, pour voir le progrès accompli en taille et en laine.

C'est une variété de la même race que celle à laine soyeuse, dite de Mauchamp, produit d'un accident habilement exploité, qui montre une fois de plus ce qu'on peut obtenir avec quelque persévérance.

Le programme confondait dans une seule catégorie toutes les races françaises autres que les mérinos, et même les sous-races provenant de croisements quelconques, soit français, soit étrangers. C'est bien peu qu'une seule catégorie pour ce qui forme encore les trois quarts de nos troupeaux. A part quelques brebis berrichonnes, flamandes et picardes, nos races pures n'étaient pas représentées; leur absence était d'autant plus regrettable, que la plupart d'entre elles ne peuvent guère s'améliorer par des croisements. C'est surtout à propos de l'espèce ovine qu'il faut savoir se contenter de ce qui est possible. Parmi nos variétés indigènes, il en est beaucoup dont le mérite principal, comme pour la vache bretonne, consiste à tirer parti des plus maigres pâturages. Celles-là demandent à être examinées et primées à part.

Si elles ne sont remarquables ni par la taille ni par la laine, elles ont un mérite qu'il ne faut pas dédaigner, la qualité de la viande. Les Anglais vantent avec beaucoup de raison leurs races énormes et précoces, faites pour nourrir leurs populations ouvrières; mais ils savent rendre justice au mouton du pays de Galles, qui n'est ni plus gros ni mieux fait que nos ardennais ou nos solognots : un gigot gallois se paie aussi cher qu'un gigot dishley, quoiqu'il pèse beaucoup moins. Est-ce que nous n'estimons pas, nous aussi, nos moutons dits de *présalé?* Paris mange la meilleure viande de bœuf et de veau qui soit au monde, mais la viande de mouton y est mauvaise généralement, parce qu'elle provient de vieux mérinos. N'est-ce pas là un besoin à satisfaire ?

J'ai remarqué une autre lacune non moins fâcheuse, celle des brebis laitières, qui font la fortune du Rouergue. Le fromage de lait de brebis, dont le meilleur type vient de Roquefort (Aveyron), constitue une industrie toute nationale, qui mérite d'être mieux connue. J'aurais voulu aussi voir au moins rappelée par quelque chose l'espèce des moutons dits *transhumans*, qui jouent un rôle si important dans le sud-est. Pour les moutons encore plus que pour les bœufs, le Midi manquait.

Les croisements étaient mieux représentés, surtout celui des dishleys avec les mérinos. Je ne sais si ce mélange est en soi parfaitement entendu, et s'il n'y a pas quelque contradiction entre la spéculation sur la laine, qui suppose la récolte successive de plusieurs toisons, et la précocité pour la boucherie, qui fait le caractère principal des dishleys ; c'est une question que l'expérience ne peut manquer de résoudre, car l'ambition d'unir la viande et la laine se présente si naturellement qu'elle a tenté bon nombre d'éleveurs. A leur tête est M. Pluchet, de Trappes (Seine-et-Oise), dont le troupeau sans pareil, excitait à bon droit, l'admiration. Il y avait aussi des dishleys normands, des dishleys flamands, des south-downs berrichons, etc. : tentatives à mon sens plus rationnelles, quoiqu'elles aient un succès moins éclatant.

Mais ce qui me paraît l'emporter sur tous les essais faits en France jusqu'ici, c'est la sous-race de la Charmoise (Loir-et-Cher), due au regrettable M. Malingié et entretenue avec un soin religieux par ses fils. Voilà une véritable création, tout à fait sur le modèle des races anglaises ;

je ne sais si elle aura beaucoup de durée, car ce qui est abandonné en France à l'initiative individuelle, quelque résolue qu'elle puisse être, a bien des chances contre soi, mais elle mérite de durer et de prospérer, comme le plus grand exemple de l'esprit d'entreprise qui ait été donné encore parmi nous. Cette sous-race a remporté, à plusieurs reprises, le premier prix des moutons gras au concours de Poissy, pour des animaux arrivés à tout leur développement avant l'âge de quatorze mois; elle commence à se répandre dans le centre, qui est son domaine naturel, car elle est sortie de brebis berrichonnes avec des béliers anglais.

Les chevaux n'avaient pas été admis au concours, à cause des questions spéciales qu'ils soulèvent. On a craint de réveiller l'interminable querelle des haras, des courses, du pur sang, etc.

Les porcs étaient peu nombreux, et presque tous de races anglaises. En France comme en Angleterre, le porc n'est élevé que pour sa viande; ni le travail, ni le lait, ni la laine, ne viennent compliquer la question, *animal propter convivia natum*. Les différences de climat et de fertilité ont même pour lui peu d'importance, car il vit peu au grand air, il doit être surtout nourri à l'étable; rien ne s'oppose donc à l'adoption pure et simple des races anglaises par nos cultivateurs. Leur supériorité est plus manifeste que pour les autres espèces animales; tout s'y trouve, la qualité comme la quantité, et quand on a vu une fois un essex, un new-leicester, un coleshill, un hampshire, il n'est plus permis d'hésiter. Autant il me paraît prudent de bien étudier avant d'entreprendre un croisement quelconque pour les bœufs et les moutons, autant l'avantage me paraît immédiat et évident pour les porcs, tant nos races sont défectueuses pour la plupart.

Ceci commence à être compris, car les prix, même pour des animaux de race anglaise, ont été généralement obtenus par des Français, bien que des éleveurs anglais eussent concouru. J'ai vu la porcherie de M. Allier, directeur de Petit-Bourg, et je puis affirmer qu'il n'y a rien de mieux en Angleterre. Il est bien à désirer que cet exemple se propage, car de toutes les spéculations agricoles, celle-ci est la plus simple, la plus sûre, la plus facile ; la viande de porc entre déjà pour un tiers dans notre alimentation nationale.

Quelques boucs et chèvres, appartenant aux races d'Angora et de Cachemire, figuraient à côté des moutons. C'est sans doute une louable entreprise que d'essayer de naturaliser ces élégantes espèces, mais nous avons déjà chez nous un type précieux dont on ne parle pas assez ; c'est tout bonnement la chèvre laitière, l'ancienne Amalthée, qui peut bien nourrir aujourd'hui les hommes, puisqu'elle nourrissait autrefois les dieux. Ce n'est pas sans raison que les anciens avaient fait d'une corne de chèvre la corne d'abondance ; de tous les animaux domestiques, voici peut-être le plus productif. Outre qu'il fournit la matière première d'une de nos industries de luxe, la ganterie, il produit en abondance des fromages recherchés. Pourquoi donc n'avons-nous pas vu quelques-unes des chèvres du mont d'Or, près Lyon, dont on estime le produit brut annuel à 125 francs par tête ?

L'objection contre la chèvre, c'est qu'elle détruit tout, mais on n'est nullement obligé à la laisser paître en liberté ; celles du mont d'Or ne sortent jamais et elles ne s'en portent pas plus mal. Ces chèvres, bien nourries, donnent jusqu'à 600 litres de lait par an; la plupart de nos vaches n'en donnent pas autant et elles consomment beaucoup plus.

Tout le monde connaît le traité célèbre sur l'*Art de se faire avec les lapins* 3,000 *francs de revenu;* il faut croire que cette promesse n'est pas tout à fait illusoire, car il y avait à l'exposition trente familles de lapins dont trois ont été primées. On a raison de ne rien négliger, quand il s'agit de ce qui se mange. L'éducation des lapins est devenue, dans les environs d'Ostende, une industrie très-lucrative ; des milliers de ces animaux y sont embarqués régulièrement pour l'Angleterre. Dans tous les temps on a eu des garennes et des clapiers. Le vieil Olivier de Serres les recommandait il y a deux siècles et demi. La grande objection est la mortalité, mais on peut y échapper en donnant plus d'air et d'espace.

Une exposition d'oiseaux de basse-cour fermait la marche ; poules, canards, oies, dindons, faisans, pigeons et pintades de toute espèce remplissaient environ cent cinquante cages. C'était encore une innovation, car dans les premiers concours on n'avait pas admis ces produits, qui, pour être modestes en apparence, n'en deviennent pas moins par leur nombre d'énormes richesses. J'ai estimé à 200 millions par an le produit des œufs et des volailles en France, et je ne crois pas avoir exagéré. Ici je regarde comme inutile l'importation de types étrangers. Rien dans le monde ne vaut nos volailles.

Depuis quelques années, une variété de poules dite *cochinchinoise* a fait assez de bruit, soit en France, soit en Angleterre, à cause de sa taille extraordinaire ; mais peu à peu l'engouement diminue, et on revient aux anciennes races. La poule cochinchinoise peut avoir quelque mérite comme couveuse, elle peut servir à augmenter par des croisements la taille des nôtres, mais elle est mal faite, et sa chair est inférieure. On parle aussi avec éloges de la poule anglaise dite de Dorkings, du nom d'un district du comté de Surrey, dont elle est originaire. Cette variété obtient maintenant tous les prix en Angleterre, elle n'est pourtant ni supérieure ni même égale à notre poule de Crèvecœur, pas plus qu'à notre variété bressanne, à celle du Mans, à celle de Barbezieux, etc. Nous avons fait depuis longtemps pour nos volailles ce que les Anglais font maintenant pour les bœufs, les moutons et les porcs : nous les avons développées dans le sens de l'engraissement précoce et du rendement supérieur ; nous y avons ajouté la finesse, la blancheur, la saveur exquise, car en fait de goût nous sommes plus délicats, le succès universel de nos cuisiniers en est la preuve.

Ce que les Anglais ont de mieux à faire, au lieu d'aller chercher des espèces extraordinaires sur les bords du Gange, en Chine ou en Malaisie, c'est d'importer nos propres espèces et nos procédés d'engraissement. Ils ont déjà commencé pour les oies ; ils font venir leurs plus belles de notre Languedoc, sous le nom d'*oies de Toulouse*. Pour nous, nous n'avons qu'à persévérer. Une seule cause contrariait chez nous le progrès de cette industrie rurale, le bas prix des produits ; elle n'existe plus.

VI

Telle a été dans son ensemble cette belle exposition. On nous en promet de pareilles pour 1856 et 1857. C'est peut-être bien près ; il est difficile que d'ici à un an on ait à constater quelque résultat sensible. On dit que de nouveaux perfectionnements seront introduits dans le programme. Un des plus importants consisterait à obtenir des administrations de chemins de fer le transport gratuit des animaux, comme en Angleterre. Il paraît qu'on persiste à exclure les chevaux. Cette décision est regrettable ; une exposition d'étalons et de juments compléterait la série des animaux reproducteurs, et ajouterait à l'intérêt des concours. Il y a des espèces de chevaux de trait et de travail qui tiennent de près à l'agriculture, et qui ne donnent pas lieu aux mêmes contestations que les espèces de selle et de course. La Société royale d'agriculture d'Angleterre, qui exclut aussi les chevaux de course, admet les chevaux de trait.

Maintenant gardons-nous de nous exagérer les effets de ces concours : ils sont utiles, sans doute ; mais, comme toute chose au monde, cette utilité a des bornes. Pouvons-nous, par exemple, en attendre à bref délai une baisse sensible dans le prix de la viande ? Je ne le crois pas. Les causes de la cherté sont trop profondes pour céder si vite ; elles sont, comme toujours, de deux sortes : l'une physique, l'autre économique.

Les causes physiques sont la maladie des pommes de terre et les intempéries exceptionnelles de ces trois dernières années.

On ne se rend pas compte suffisamment de la portée du fléau qui a frappé les pommes de terre ; on voit cependant qu'en Irlande il en est résulté la mort d'un million d'hommes et l'expatriation de deux autres millions. En France, le mal, pour être beaucoup moins grave, n'en est pas moins réel. La production annuelle des pommes de terre était évaluée à 100 millions d'hectolitres, et s'élevait probablement plus haut ; une moitié environ servait à la nourriture des hommes, l'autre moitié à celle des animaux. Cette ressource manque plus ou moins depuis bientôt dix ans, et n'a pas encore été remplacée. La pomme de terre entrait, soit par elle-même, soit par sa transformation en viande, pour un dixième environ dans l'alimentation nationale ; en supposant que la perte soit seulement de moitié, c'est un vingtième qui fait défaut, et dans un pays comme le nôtre, qui produisait tout juste ce qui lui était nécessaire, un déficit d'un vingtième n'est pas à dédaigner ; c'est la nourriture de près de deux millions d'hommes.

De plus, je n'apprendrai rien à personne en disant qu'en 1853 et 1854, nous avons eu une température anormale et très-peu favorable à la production. Tout le monde reconnaît un déficit sensible dans la production des céréales ; celle de la viande a diminué par la même cause. Quand les céréales manquent pour la nourriture des hommes, la portion qui sert d'ordinaire à l'engraissement des animaux est plus ou moins détournée pour parer à des besoins plus pressants. Le temps n'a pas été beaucoup plus favorable aux herbages qu'aux céréales ; l'extrême humidité du printemps de 1853 a provoqué de nombreuses épizooties, surtout parmi les moutons. Ce que nous avons perdu en moutons par la cachexie aqueuse est incalculable ; des contrées entières ont vu disparaître presque tous leurs troupeaux. On peut oublier de pareilles crises, mais leurs traces restent profondément marquées dans les faits, et il faut plusieurs années pour réparer le mal produit par une seule.

Les causes économiques ne sont pas moins apparentes. La première est la révolution de 1848 et là période de découragement qui l'a suivie. Ces tristes temps sont encore si près de nous, qu'il devrait être inutile de les rappeler. Au moment où la production avait à faire de grands efforts pour réparer les mauvaises années de 1846 et 1847, l'impôt extraordinaire des 45 centimes, et plus encore la baisse subite de toutes les denrées, amenée par une diminution spontanée de confiance et de consommation, ont porté dans la culture une perturbation profonde. On a vu, sur beaucoup de points, les fermiers abandonner leurs fermes, la plupart des propriétaires endettés ont été ruinés du coup, et la valeur des propriétés rurales a baissé de 50 pour 100. Le mouvement naturel d'une société en progrès s'est arrêté. On a cessé presque partout de faire des avances à la culture ; on a moins bâti, moins semé, moins acheté d'engrais, moins renouvelé son mobilier aratoire et son cheptel. La plupart des bestiaux que nous mangeons aujourd'hui ont dû naître vers cette époque, où l'agriculture vivait sur son capital, et ne songeait à l'avenir que pour s'en épouvanter.

Au moment où nous commencions à nous remettre de ces secousses, la guerre est venue, guerre glorieuse et héroïque, sans doute, mais qui enlève beaucoup de bras à la culture et qui consomme une grande partie du capital national. Avec la meilleure volonté du monde, on ne peut pas tout faire à la fois ; quand le dixième de la population virile est sous les armes, il est impossible que son absence ne se fasse pas sentir dans les travaux productifs ; quand les épargnes du pays servent à faire des canons et des boulets, à transporter des masses d'hommes et de munitions à huit cents lieues de nos frontières, elles ne peuvent être employées ailleurs. Rien ne peut se faire en agriculture sans capitaux, et les capitaux s'éloignent aujourd'hui de la terre, absorbés qu'ils sont par les emprunts publics que la guerre nécessite, et qui offrent un placement plus commode, en même temps qu'ils satisfont un pressant intérêt national.

Il y a donc eu diminution dans la production, je n'en doute pas. Je voudrais croire qu'il y a eu plutôt, comme quelques personnes l'affirment, augmentation dans la demande ; malheureusement je ne le puis. La consommation a sensiblement augmenté à Paris et sur les autres points où se font de grands travaux publics extraordinaires ; dans l'ensemble, elle ne s'est pas accrue. Un fait incontestable le démontre : le progrès de la population s'est à peu près arrêté. De 1841 à 1846, la population avait monté en cinq ans de 1,170,000 âmes ou 234,000 par an ; de 1847 à 1851, elle n'a monté que de 415,000 ou 83,000 par an ; nous ne saurons que l'année prochaine quel aura été le progrès de 1851 à 1856, mais les résultats connus par la comparaison des naissances et des décès permettent d'affirmer qu'il ne sera pas beaucoup plus sensible [1].

Quelles que soient les causes, comment remédier à la

[1] Voir plus bas l'étude sur le dénombrement de la population en 1856.

cherté ? Le gouvernement a supprimé, comme on fait toujours en pareil cas, tous les droits perçus à l'entrée des denrées alimentaires. Cette mesure, excellente en soi, fait disparaître une illusion qui trompait l'agriculture française sur ses véritables intérêts ; mais elle n'a eu et ne pouvait avoir aucun effet sur le prix de la viande et du pain. L'approvisionnement d'une nation comme la nôtre ne peut lui venir que d'elle-même ; c'est ce qui est prouvé aujourd'hui par les faits. En 1850, en rendant compte dans la *Revue des Deux Mondes* de la session du conseil général de l'agriculture et du commerce, dont j'avais eu l'honneur de faire partie, je m'exprimais ainsi : « Il est démontré pour nous, contrairement à toutes les opinions en vogue parmi les agriculteurs, qu'il n'est au pouvoir d'aucun pays étranger d'exercer sur nos marchés une influence appréciable sur le prix de la viande. L'importation pourra satisfaire quelques besoins locaux extrêmement restreints, mais au delà de la zone frontière, l'effet en sera insensible sur l'immensité du marché national. » Ce que je disais alors, je le répète aujourd'hui, avec l'autorité d'une expérience faite dans les conditions les plus décisives.

Un remède plus efficace, le seul qui le soit véritablement, c'est le perfectionnement des communications, qui porte la demande des denrées alimentaires sur tous les points du pays et facilite partout à l'offre des moyens de se produire. Ce perfectionnement continu nous a sauvés depuis dix ans ; sans le progrès des chemins de fer et des chemins vicinaux, les crises que nous avons traversées auraient été plus graves. L'ouverture d'une nouvelle communication, même d'un simple chemin vicinal, et à plus forte raison d'une voie de fer, répare bien des maux. Les principales concessions qui ont eu lieu depuis quelques années, la ligne de Lyon à Avignon, celle de Bordeaux à Cette, celle du Grand-Central avec ses embranchements, auront des conséquences inestimables pour l'agriculture, comme pour le commerce et l'industrie des contrées traversées. Quant aux chemins vicinaux, la loi de 1831 poursuit sans relâche et sans bruit son œuvre bienfaisante ; cette loi est sans comparaison ce qui a été fait de plus utile depuis un demi-siècle pour la prospérité nationale ; elle a fait dépenser un milliard en vingt-quatre ans,et il n'y en a pas eu de mieux placé.

Est-ce assez ? Oui, sans doute, si l'on ne peut pas faire davantage, mais il serait bien à désirer qu'on pût doubler, tripler même ces dépenses fécondes. Tout un ordre de voies nouvelles, les chemins ruraux, réclament impérieusement des allocations ; 10,000 kilomètres de chemins de fer sont concédés, mais 5,000 à peine sont ouverts, et ce n'est pas 10,000 kilomètres qu'il faut à la France, mais 40,000 pour être arrivé au point où en est aujourd'hui l'Angleterre. Si l'on ne va pas plus vite, il ne faudra pas moins de cinquante ans pour les faire. On parle beaucoup des chemins de fer, on ne travaille pas en proportion ; on n'a ouvert que 600 kilomètres nouveaux en 1854, et on n'en ouvrira pas beaucoup plus en 1855.

Espérons que, quand il aura été possible de faire la paix, tous ces travaux seront poussés avec plus d'énergie. Espérons aussi que notre pays ne se passera plus la fantaisie de révolutions radicales.

Les capitaux ne sont pas chez nous puissamment attirés vers l'agriculture ; sa réputation n'est pas bonne sous ce rapport; elle passe pour un gouffre qui absorbe et ne rend rien. Le public français ne sait pas bien faire la distinction entre l'argent placé en terre, qui ne rapporte en effet que 2 ou 3 pour 100, et l'argent placé dans la culture, qui doit rapporter 8 ou 10. Quand on songe en même temps à ce qu'il faut de capitaux pour le moindre progrès agricole, on ne saurait s'étonner de la lenteur de notre marche. Même en supposant un placement à 10 pour 100, ce qui est beaucoup pour une moyenne, il ne faut pas moins de *dix* milliards pour augmenter nos produits agricoles d'un cinquième, il en faut *cinquante* pour les doubler.

On voit qu'une nation ne peut pas se proposer une œuvre plus gigantesque ; il n'en est pas non plus de plus utile. Avec le progrès agricole, tout grandit : le commerce, l'industrie, la population, la puissance ; sans lui, tout est arrêté. Le système des expositions peut contribuer à accélérer le mouvement, il ne peut pas le produire à lui seul. Le concours de cette année prouve du moins que l'agriculture française fait ce qu'elle peut dans les conditions où elle se trouve, et qu'elle est prête à de nouveaux efforts, pour peu que les circonstances générales lui soient propices.

II

LES PRODUITS ET LES MACHINES AGRICOLES

(1er octobre 1855.)

I

A l'exposition universelle de Londres, en 1851, la Russie et l'Amérique du Nord figuraient en face l'une de l'autre. On admirait, dans le compartiment russe, des meubles en malachite, des mosaïques, des étoffes splendides, des tissus d'or et d'argent. Le compartiment américain n'offrait, au contraire, que des balles de coton, des épis de maïs, des tas de porc salé. Jamais contraste plus frappant. Aux yeux du passant superficiel et distrait, tout l'avantage était pour la magnificence apparente de l'un contre la modestie et presque l'indigence de l'autre; mais, pour quiconque réfléchissait un moment, la république américaine reprenait bien vite le pas sur l'empire slave, l'industrie véritablement productive sur l'industrie de luxe et d'apparat. Ces meubles somptueux ne peuvent servir qu'aux palais du tsar et des grands de sa cour, tandis que ce coton, ce maïs, ces jambons, vêtissent et nourrissent une population qui croît à vue d'œil, et alimentent une exportation considérable. La puissance et la richesse des États-Unis reposent sur cette simple base, et qui oserait comparer cette expansion indéfinie de la race humaine du Canada au Mississipi, ces villes qui s'élèvent par enchantement, ces déserts qui se peuplent en une saison, ces vaisseaux innombrables, ces chemins de fer, tout ce tumulte de la vie, à la morne immobilité de la nation rivale?

Je ne veux pas établir tout à fait la même opposition entre les parties de l'exposition française de 1855 consacrées aux objets de luxe et celles qui contiennent les produits agricoles et les matières premières en général. Je sais que le luxe est dans le génie de la France, et que nos arts élégants, en imposant aux autres peuples notre goût et nos modes, ont fini par former un des plus beaux fleurons de notre couronne industrielle. Il faut du luxe dans un grand État, c'est le signe de sa prospérité et la décoration de son travail; seulement il n'en faut pas trop. Le luxe est l'ennemi de la véritable richesse; comme la guerre, il consomme et ne produit pas. De tout temps, nous avons tendu à l'excès en ce genre, nous y tombons aujourd'hui plus que jamais. Quand Voltaire disait sous Louis XV :

> Cette splendeur, cette pompe mondaine,
> D'un règne heureux sont la marque certaine,

il flattait le roi et la cour, mais il mentait : il savait très-bien que le luxe de Versailles et de Paris n'était obtenu qu'aux dépens de la nation tout entière.

Traversons donc ce magnifique étalage de glaces, de tapis, de bronzes, de porcelaines, de dentelles, de diamants, de cristaux, où s'arrête assez sans nous la foule émerveillée, et recherchons, dans les coins les plus reculés, les plus obscurs, les plus abandonnés, de notre exposition universelle, ce qui rend possible cet amas de trésors. L'homme ne vit pas seulement de pain, mais il vit de pain avant tout. Nous savons tous combien était embarrassé de sa personne ce roi de la Fable qui ne pouvait toucher à rien sans le transformer en or, et qui mourait de faim au milieu de ses richesses. Supposez qu'une petite plante bien grêle vienne à manquer, meubles et parures perdront beaucoup de leur intérêt. C'est ce que n'oublie pas la race anglo-saxonne, beaucoup mieux avisée que nous. Partout où elle va, son premier soin est de s'assurer de quoi vivre. Ses industries les plus estimées satisfont à ce besoin vulgaire, mais essentiel. De là la plus grande cause de sa supériorité. D'autres nations, puissantes autrefois, sont tombées en décadence pour l'avoir négligé : elle seule grandit sans cesse et couvre le monde de ses enfants parce qu'elle sait se nourrir. *Cereris sunt omnia munus.*

A tout seigneur tout honneur; commençons par les produits agricoles anglais. La place qui leur est accordée est petite et attire peu les regards. On y voit d'abord d'énormes fromages et de gigantesques jambons. Les Anglais n'entendent pas raillerie sur ces deux articles; ils y mettent un amour-propre national parfaitement justifié. Il n'y a rien de supérieur aux fromages de Glocester et aux jambons du Yorkshire, et il suffit, pour juger de leur abondance, de voir une de ces boutiques anglaises de comestibles où ils forment de véritables montagnes qui font tressaillir d'aise les passants. Le reste de leur bétail est figuré par des têtes de bœufs suspendues le long des murs et appartenant aux principales races de l'Angleterre et de l'Écosse, et par des peintures représentant des moutons comme on n'en aurait jamais cru de possibles, si l'on n'avait vu, cette année même, les modèles en chair et en os à l'exposition des animaux reproducteurs. Je m'étonne qu'ils n'y aient pas joint la représentation de quelque colossal *roast-beef* ou de quelque moitié de mouton rôti comme il en paraît sur leurs tables aristocratiques, et notamment sur celle de la reine, aux fêtes de Noël. Ainsi, dans l'Iliade antique, on mesure l'importance des chefs à l'énormité des parts qu'ils se taillent dans des bœufs qu'ils dépècent eux-mêmes tout entiers.

Une collection complète de leurs laines permet de s'assurer que, s'ils ont renoncé dans un intérêt d'alimentation, et un peu aussi parce qu'ils n'ont pas pu faire autrement, à la production de la laine fine, ils ont, au moins, par le nombre et l'énormité de leurs animaux, conservé la quantité; la plupart de leurs espèces ont des qualités spéciales, c'est ce qu'on appelle des laines longues.

La collection de leurs plantes cultivées a été mise en ordre par les soins de M. Wilson, ancien directeur du Collége royal agricole de Cirencester, maintenant professeur d'agriculture à l'université d'Édimbourg, en remplacement de l'illustre David Low, qui a pris sa retraite l'année dernière. Là même, le nombre n'est pas considérable, faute de place : on est bien loin de l'immense exposition de MM. Peter Lawson à Londres, en 1851, qui ne contenait pas moins de quatre cents variétés de céréales ; mais ce qui s'y trouve suffit. On y voit rangées méthodiquement, représentées par des poignées d'épis et des échantillons de grains, les principales espèces de froment, d'orge et d'avoine cultivées dans les trois royaumes, avec les plantes fourragères et les racines. Une étiquette porte le lieu où chaque échantillon a été recueilli, la quantité de semence et de produit par acre, le poids par boisseau. La plupart viennent des environs d'Édimbourg, où se trouvent les meilleures cultures de la Grande-Bretagne.

Les botanistes distinguent sept espèces de froment, dont quatre l'emportent sur les autres, le froment ordinaire, *triticum sativum*, le gros ou poulard, *triticum turgidum*, le blé dur, *triticum durum*, et l'épeautre, *triticum spelta*. Les Anglais ne cultivent ni le blé dur ni l'épeautre; le premier ne vient que dans les régions les plus méridionales, le second n'est cultivé qu'en Suisse et en Allemagne. Restent le *triticum sativum* et le *triticum turgidum*. Les principales variétés anglaises et écossaises de ces deux espèces sont maintenant bien connues en France comme plus productives que les nôtres, elles commencent à se répandre parmi les cultivateurs de la Flandre et de la Picardie; les meilleures rapportent, sur un sol bien préparé, de 30 à 40 hectolitres à l'hectare.

Un des signes les plus caractéristiques d'une mauvaise culture est l'indifférence sur la qualité des semences. Il en est des espèces végétales comme des animales : si les soins hygiéniques et la bonne nourriture font beaucoup, un bon choix de reproducteurs n'a pas moins d'importance. Quand on confie à la terre des semences avariées, mélangées de substances étrangères et de graines parasites, ou seulement d'une maturité douteuse, d'une nature abâtardie, on doit s'attendre à de grands déficits de récolte. Quand, au contraire, on se sert de semences triées avec soin, parfaitement propres, saines, vigoureuses, appartenant à des espèces supérieures, on est récompensé au centuple. La production et la vente des bonnes semences forment une industrie comme une autre, qui se perfectionne en se spécialisant. Plus la culture est avancée dans un pays, plus le commerce des graines de semence y prospère.

L'expérience de cette année n'a pas été favorable aux blés d'origine anglaise qui s'introduisaient dans le nord de la France. L'hiver ayant été plus rude que ceux de leur île, la plupart ont gelé. C'est une preuve entre mille de l'extrême prudence qu'il faut apporter à toute importation agricole, ce n'est pas une raison pour douter du principe. Cherchons à rendre ces variétés moins sensibles au froid, choisissons parmi les nôtres celles qui produisent le plus ; tous les moyens sont bons, pourvu que le but soit atteint. Tandis que, dans certaines parties de la France, le blé rend six ou sept hectolitres à l'hectare ou trois fois la semence seulement, un propriétaire des environs de Dunkerque, M. Vandercolme, expose cette année un blé d'Australie, venu chez lui, qui lui a donné 66 hectolitres, c'est-à-dire dix fois plus. Si prodigieux qu'il soit, ce rendement ne paraît pas impossible quand on étudie la végétation du froment. On peut voir tel grain, appartenant à la variété la plus productive et placé dans les conditions les plus favorables, produire 100 épis de 100 grains chacun, ou 10,000 grains en tout. Pline parle d'une gerbe envoyée à Auguste qui contenait 400 tiges sorties d'un seul pied.

Les variétés anglaises d'avoine et d'orge présentent les mêmes caractères. Une des avoines exposées, la *blanche de Tartarie*, a donné 80 hectolitres à l'hectare. Toutes ces plantes se distinguent par la force et la longueur de la paille en même temps que par la beauté de l'épi ; il est regrettable qu'on n'ait pas pu montrer les racines : nos cultivateurs auraient vu à quelles profondeurs elles descendent dans un sol suffisamment ameubli.

Parmi les graines fourragères, celle qui figure au premier rang est le *ray-grass* ou ivraie d'Italie, *lolium italicum*. La vogue de cette plante fait toujours des progrès en Angleterre et en Écosse; on en raconte de plus en plus des prodiges. On en a vu, dit-on, qui, coupée six fois dans une année, avait, à chaque coupe, quatre pieds anglais de haut, ce qui fait vingt-quatre pieds en tout. Dans une réunion agricole, M. Caird, l'auteur des *Lettres sur l'agriculture anglaise* publiées par le *Times*, ayant affirmé que, dans la ferme de *Meyer-Mill*, le ray-grass d'Italie avait produit jusqu'à 25 tonnes de foin sec par acre d'Écosse ou 50,000 kilos par hectare, on a crié à l'impossible, même en Angleterre ; vérification faite, il s'est trouvé que si l'assertion n'était pas complétement exacte, elle n'était pas non plus très-exagérée. Qu'il y ait un peu de légende dans tout ceci, c'est possible ; mais pour que les Anglais et les Écossais, qui sont gens positifs, s'enthousiasment comme ils le font, il faut qu'il y ait aussi beaucoup de vrai. Ajoutons que, pour obtenir ces beaux résultats, l'arrosage avec l'engrais liquide est nécessaire.

Ce ray-grass laisse bien loin derrière lui tous les fourrages. Cependant, comme il ne peut pas être cultivé partout, nous trouvons dans la collection les autres plantes moins exigeantes qui composent la plus grande partie des prairies anglaises, tant naturelles qu'artificielles. Tels sont le trèfle, assez estimé pour que l'un des trois royaumes, l'Irlande, l'ait choisi pour emblème; le ray-grass ordinaire, *lolium perenne*, qui forme les célèbres gazons anglais et qui n'a pu être dépassé que par son frère d'Italie; le *Thimothy grass*, qu'on appelle chez nous la fléole des prés; le *fiorin* ou *agrostis* stolonifère, etc. Tout cela sans doute n'est que du foin, et on s'étonnera que, dans une exposition des merveilles de l'industrie, les Anglais aient imaginé de donner une place à ces humbles herbes que nous foulons aux pieds; mais ces herbes qui viennent partout mêlées à d'autres inutiles ou nuisibles, ils les ont choisies, fortifiées, transformées par la culture; ce foin, c'est pour eux de la viande, de la laine, du lait, du fumier, du blé, et, par conséquent, de la population et de la puissance.

Les turneps, les pommes de terre, les féverolles, quelques betteraves champêtres complètent la série. Est-ce là tout? Oui, sans doute. Quoi! pas une plante industrielle? Pas la moindre. Ni betterave à sucre, ni tabac, pas même de colza; c'est à peine s'ils font un peu de houblon, et ils ont laissé à l'Irlande le monopole du lin. Rien ne les détourne de ce puissant enchaînement de la culture alterne, qui accroît dans une proportion indéfinie la production de la viande et du grain, poursuivi avec cet acharnement dans l'idée fixe qui caractérise leur race.

II

L'exposition des produits agricoles français présente un spectacle tout différent. Ici, au contraire, la variété domine.

Laines, soies, grains, huiles, vins, légumes, fruits, plantes textiles, tinctoriales, saccharifères, on ne finirait pas si l'on voulait énumérer tous ces produits. Rien ne montre le génie français sous un jour aussi favorable qu'une exposition ; là en effet la quantité qu'on obtient d'une denrée ne compte pour rien, la qualité et l'originalité sont tout; malheureusement sous ces brillantes apparences se cache une faible richesse réelle, parce que tous ces trésors ne sont que des exceptions. En veut-on un exemple ? Une des plus remarquables collections est celle de la ferme-école de Paillerols, dans les Basses-Alpes. A côté d'une précieuse espèce de froment, appelée *touzelle blanche*, qui donne peut-être la plus belle farine connue, on y voit de superbes échantillons de légumes et de fruits secs, des garances, des huiles, des cocons admirables, des vins de liqueur, enfin tout ce qui annonce la plus riche culture. Le pays d'où viennent ces fruits merveilleux est cependant le plus pauvre de France et un des plus pauvres de l'Europe ; la moitié du sol est incultivable, et l'autre moitié a beaucoup de peine à nourrir une population clair-semée, qui diminue au lieu de s'accroître.

A cela près, je reconnais bien volontiers ce que notre exposition agricole renferme de remarquable. De tous les points de la France, on a envoyé des froments, des orges, des avoines, des maïs et même des riz magnifiques. La plupart des laines, des soies, des huiles, des vins, méritent les mêmes éloges. Parmi les cultures industrielles, la betterave occupe plus que jamais le premier rang. Ce n'est plus seulement du sucre, c'est de l'alcool que cette racine précieuse fournit au génie de nos inventeurs, et elle donne tous ces trésors sans rien perdre presque de ses ressources alimentaires : après avoir livré sa matière sucrée, sa pulpe nourrit un nombreux bétail et rend ainsi à la terre la plupart des éléments qu'elle lui a pris.

Les plus grands de nos établissements agricoles reposent sur elle. Dans le département du Pas-de-Calais, un seul entrepreneur, M. Crespel de Lisse, cultive tous les ans, 1,000 hectares en betteraves, nourrit avec les pulpes 1,000 têtes de gros bétail, et produit ainsi assez d'engrais pour récolter 10,000 hectolitres de blé : il n'y a rien en Angleterre de plus colossal. Dans le département de l'Oise, à Bresles, une société s'est formée, au capital de 800,000 fr., pour une exploitation du même genre ; elle a cultivé l'année dernière 500 hectares en betteraves, dont elle a fait du sucre et de l'alcool, a engraissé avec les pulpes je ne sais combien d'animaux, a récolté 3,000 hectolitres de froment, et après un mouvement de fonds de plusieurs millions en recette et en dépense, a donné, dit-on, à ses actionnaires 15 pour 100 de leur argent. L'État prend sa part de ces énormes produits, car un hectare de betteraves rapporte au fisc, par l'impôt sur le sucre indigène, près d'un millier de francs, et le sucre est à plus bas prix que jamais[1]. Tels sont les prodiges de la chimie moderne.

Voici maintenant le revers de la médaille : cette culture si belle a des bornes assez étroites. Elle couvre tout au plus le millième du sol, et ne peut guère s'étendre au-

[1] Une forte hausse s'est déclarée tout récemment sur les sucres, mais ces variations accidentelles des prix ne font rien aux lois générales.

delà; elle n'a pu réussir jusqu'ici dans la moitié méridionale de la France; elle n'est possible que dans des terres riches, fraîches, parfaitement ameublies; elle suppose des capitaux énormes et souvent renouvelés pour l'établissement des sucreries et distilleries; enfin ses débouchés ne sont pas inépuisables. Les fléaux qui ont atteint la vigne ont pu seuls donner faveur à l'alcool de betteraves; qu'ils viennent à cesser, cette branche de produits sera fort menacée. Rien n'assure non plus que le prix du sucre ne baissera pas encore; il ne peut être comparé, pour l'importance de sa consommation, aux denrées alimentaires. Le véritable objet de l'agriculture, sa base indestructible, c'est la production de la viande et du pain.

Les autres cultures industrielles sont encore plus attaquables sous ce rapport. J'admire comme un autre ces tabacs, ces lins, ces colzas, ces garances, mais je me demande quelquefois si le travail et l'engrais qu'ils consomment ne pourraient pas être plus utilement employés. Leur principal défaut est, dans tous les cas, d'attirer l'attention de nos cultivateurs vers les récoltes qui épuisent plus que vers celles qui fertilisent. On ne se douterait pas, en voyant toutes ces richesses, que le pays qui les produit souffre depuis trois ans d'une disette persistante, et qu'en temps ordinaire il peut à peine nourrir une population spécifique inférieure de moitié à la population anglaise; telle est pourtant la vérité.

Il y a bien des causes à cette anomalie; le goût des cultures exceptionnelles n'y est-il pas pour quelque chose? Moins exclusif que les Anglais, j'admets volontiers ces beaux produits comme le couronnement d'une agriculture perfectionnée, je veux seulement rappeler qu'ils ne peuvent être que des accidents; le fond de la culture est ailleurs, et il faut que nous l'ayons négligé, puisque nous n'arrivons pas au but.

Quelques nouvelles plantes ont fait cette année leur apparition. Au premier rang, il faut placer le sorgho à sucre, rapporté de Chine par M. de Montigny, consul de France à Sanghaï, et qui est déjà devenu l'objet d'essais fort sérieux. On s'en est beaucoup occupé dans le Var et les Bouches-du-Rhône : M. Sicard, de Marseille, a exposé du sucre, de la mélasse, du vin, de l'eau-de-vie, du vinaigre et du cidre de sorgho ; que dis-je? il y a encore de la farine, de la fécule et de la semoule de sorgho, et pour mettre le comble aux qualités de cette plante encyclopédique, de l'acide sorghique, du carmin, de la sépia, des teintures diverses sur soie et laine avec des couleurs tirées du sorgho. Voilà, j'espère, un brillant début. On raconte que Parmentier, voulant populariser la pomme de terre, donna un jour un grand dîner, dont ce tubercule avait fait tous les frais depuis le potage jusqu'au dessert. M. Sicard va du premier coup plus loin que Parmentier. Nous verrons ce que deviendront ces espérances.

Le sorgho sucré est une espèce de millet à balai qui s'élève à plusieurs mètres de hauteur, et dont la culture ne paraît pas difficile. On en a semé sur plusieurs points de la France, il est venu partout. Ses tiges produisent la matière sucrée; la matière farineuse est contenue dans ses graines. Il est depuis longtemps connu des nègres de la Sénégambie, qui en tirent des liqueurs enivrantes et des bouillies alimentaires, d'où l'on peut conclure qu'il réussira surtout en Afrique.

Nous devons encore à M. de Montigny, outre les yaks.

ces bœufs à toison laineuse du Thibet, qu'on tente en ce moment de naturaliser dans les montagnes du Jura, une nouvelle racine, l'igname de Chine, qui pourra, dit-on, remplacer la pomme de terre, si la maladie ne s'arrête pas. Des expériences, faites au Jardin des plantes, paraissent avoir réussi. « Cuite sous la cendre, dit M. Decaisne, elle prend une consistance qui rappelle par l'aspect et la saveur la meilleure pomme de terre ; par la dessiccation, il sera facile de la convertir en une véritable farine, portant avec elle un gluten qui manque à la fécule. »

Je ne demande pas mieux que de croire à tous les mérites de ces nouvelles acquisitions. Je doute cependant que le sorgho sucré vaille mieux que le maïs, qui vient dans les mêmes conditions, et l'igname de la Chine aura peine à dépasser le topinambour, qui remplace très-bien la pomme de terre, au moins pour les animaux.

III

J'ai parlé de la France en quittant la Grande-Bretagne parce que le sentiment national m'a emporté ; *dear, dear land*, comme dit Shakespeare. J'aurais dû, pour être juste, faire passer avant nous les pays qui, sans égaler tout à fait l'Angleterre, nous sont encore supérieurs. La Belgique, les Pays-Bas, la Suisse, la Saxe, la Lombardie, la Bohême, forment un groupe de trente millions d'hectares qui se rapproche beaucoup de la Grande-Bretagne pour la production ; la population moyenne y est de 100 habitants par 100 hectares, tandis que la nôtre n'est que de 68. La France n'occupe en réalité que le troisième rang.

Le produit brut moyen de la Belgique est égal au produit

anglais, bien qu'il soit obtenu par d'autres procédés, car c'est par excellence le pays de la petite propriété et de la petite culture. La viande et le grain y constituent les cinq sixièmes de la production, un sixième est formé de plantes industrielles ; ce sont ces dernières qui ont les honneurs de l'exposition, car on se résout peu en général à exposer de la paille et du foin, comme l'ont fait sans façon les Anglais. Les lins surtout sont d'une beauté rare. On remarque avec plaisir des céréales, des légumes et des fourrages obtenus dans les parties les plus arides de la Flandre et du Luxembourg. La Belgique a entrepris depuis peu de mettre en valeur ses terres incultes, et elle y réussit rapidement, grâce à un ensemble de mesures dont l'exemple serait bon à suivre, si notre orgueil national nous permettait d'emprunter quelque chose à qui nous a tant emprunté. Heureux pays, qui, dans les dernières convulsions de l'Europe, a su conserver l'ordre, la liberté et la paix, et qui ne souffre que du mal des pays prospères, l'excès de population !

La richesse principale des Pays-Bas consiste dans leurs pâturages et conséquemment dans leur bétail ; leur véritable exposition a donc eu lieu au concours des animaux reproducteurs, où leurs vaches, les plus belles du monde, ont excité une légitime admiration. Ils n'ont à peu près rien envoyé au Palais de l'Industrie en fait de produits agricoles. C'est dommage, car la nation hollandaise ne connaît de supérieure en culture que la nation anglaise, et elle a la gloire de l'avoir devancée ; l'Angleterre a tout appris à son école, même la liberté qui est la mère du reste.

La Suisse a pensé aussi que l'exposition de son bétail suffisait. Le royaume de Saxe est représenté par la plus belle de ses productions agricoles, la laine fine. L'Allemagne rhénane a envoyé ses épeautres en grains et en farines, ses tabacs, ses chanvres, ses vins du Rhin, ses houblons, son kirsch de la forêt Noire, ses eaux-de-vie de grains, de prunes, de pommes de terre, ses sucres et ses alcools de betterave, car cette industrie française y est maintenant naturalisée ; la Lombardie, ses riz, ses maïs, ses soies et ses fromages ; la Bohême, ses laines, qui rivalisent avec celles de Saxe, et ses sucres de betterave, qui rivalisent avec les nôtres. Ces échantillons donnent une haute idée de l'état de l'agriculture dans ces contrées.

Déduction faite de la Lombardie, le reste de l'Italie vient, avec la France, au troisième rang. Sur quelques points comme la plaine du Piémont et le duché de Lucques, la culture a atteint un haut degré de perfection ; sur d'autres, comme la Sardaigne et la Sicile, elle languit misérablement. Somme toute, le développement agricole moyen doit être le même que chez nous, la population spécifique est plus nombreuse. Sans l'Académie des géorgophiles de Florence, qui nous a donné une collection complète des produits toscans, l'agriculture italienne serait absente de l'exposition ; son état présent n'est pourtant pas à dédaigner, et quand elle n'aurait rien de nouveau à nous apprendre, le nom de l'Italie ne doit jamais manquer, quand il s'agit d'une revue des œuvres de la civilisation.

Il n'y a pas si longtemps que l'agriculture italienne était la première de l'Europe. Châteauvieux et Sismondi en ont parlé dans les termes les plus enthousiastes. Le portrait tracé par Sismondi était embelli, nous le savons maintenant ; il avait pris un seul point, le val de Nievole, comme type de toute une contrée, et sa passion contre le système de fermage à prix d'argent, qui prévalait en Angleterre, lui a caché les inconvénients du métayage usité en Toscane. Les publications de MM. Ridolfi, dans les actes des géorgophiles, ne laissent plus aucun doute sur ses erreurs. Il n'en reste pas moins beaucoup de vrai dans ce qu'il a écrit, et si l'adoption de l'assolement quadriennal, le développement de la mécanique, de la chimie et des autres sciences appliquées à la culture, l'accumulation des capitaux, ont fini par élever l'agriculture anglaise à une plus grande hauteur, si la France a fait en trente ans de paix et de liberté des progrès qui ont comblé l'intervalle, il n'en est pas moins certain que l'Italie a eu les devants, non-seulement aux quinzième et seizième siècles, mais dans des temps plus rapprochés.

La France et l'Italie terminent la série des pays assez bien cultivés, et comme tout n'y est pas également en valeur, on peut estimer à 40 millions d'hectares le contingent qu'elles apportent à elles deux, de sorte qu'il n'y a dans toute l'Europe que 100 millions d'hectares qui produisent à peu près ce qu'ils peuvent produire dans l'état actuel des connaissances agricoles.

On peut diviser le reste en deux nouveaux groupes qui deviendraient alors le quatrième et le cinquième dans l'ordre décroissant. Le quatrième comprend la péninsule ibérique, c'est-à-dire l'Espagne et le Portugal, toute l'Europe centrale, ou la plus grande partie de l'empire d'Autriche, la Prusse proprement dite, le Hanovre, les deux Mecklembourg, et les États du Nord, c'est-à-dire le Danemark et la partie cultivable de la péninsule scandinave. L'étendue totale de ce groupe est de 200 millions d'hectares, et la population moyenne de 40 habitants par kilomètre carré.

Le sixième et dernier est formé par l'Europe orientale, comprenant la Turquie et la Russie d'Europe, dont l'immense étendue (500 millions d'hectares) ne compte que 15 habitants sur la même surface. La Belgique en a dix fois plus.

Il peut sembler étrange de placer sur la même ligne l'ardent Portugal et le froid Danemark ; la vérité le veut ainsi. La production de ces deux pays ne se compose pas des mêmes éléments; mais dans l'ensemble elle est égale, c'est-à-dire un peu plus de moitié de la nôtre. L'Espagne et le Portugal ont envoyé des maïs, des vins, des légumes secs, des huiles, qui font regretter que ces régions favorisées du soleil soient si délaissées par le travail. L'Espagne y a joint des laines de son ancienne race mérine, la souche de toutes les races à laine fine de l'Europe ; mais soit que les moutons espagnols aient dégénéré, soit qu'ils n'aient eu d'autre tort que de rester stationnaires pendant que leurs descendants étrangers s'amélioraient, ces laines ne peuvent plus soutenir la comparaison, ni avec les nôtres, ni avec celles de Saxe et de Bohême.

La Prusse n'a fourni que peu de produits, qu'elle a abrités sous le grand nom de Thaer, fondateur de l'Institut agricole de Mœglin, dans les sables du Brandebourg. L'Autriche a fait beaucoup plus; c'est après la France l'État qui a pris la plus grande part à l'exposition, ses vins surtout forment une élégante pyramide de bouteilles qui frappe tous les yeux.

Quand on examine cette exposition de la monarchie autrichienne, qui comprend la Lombardie et la Bohême, deux des plus riches pays du monde, et qui contient en même temps des régions aussi fertiles que la

Hongrie, on s'étonne que le développement agricole moyen n'y soit pas plus avancé. Elle aussi possède tous les climats, et si l'agriculture y était partout aussi florissante qu'à ses deux extrémités, elle pourrait nourrir cent millions d'habitants. Elle n'en a pourtant pas beaucoup plus que la France, bien que son étendue soit très-supérieure. Si l'on en juge par les exemples que nous avons sous les yeux, il y règne aujourd'hui une grande émulation. L'aristocratie, qui possède d'immenses terres, paraît avoir l'ambition de marcher sur les traces de la grande propriété anglaise, et à côté des Écoles impériales d'agriculture, figurent sur la liste des exposants les noms des plus grands seigneurs.

L'empire ottoman, plus vaste encore que l'empire d'Autriche, n'est représenté que par un petit nombre d'échantillons plus curieux qu'utiles. Je ne voudrais pas dire trop de mal des Turcs, qui sont aujourd'hui nos alliés ; mais en vérité, quand on songe à ce qu'ils ont fait du plus magnifique territoire, on ne peut s'empêcher de leur en vouloir. *Partout où un Turc met le pied*, dit un proverbe syrien, *la terre reste stérile pendant cent ans*. Il faut espérer qu'à la suite de la guerre actuelle, l'Europe civilisée imposera à la barbarie ottomane d'autres principes de gouvernement, et que les populations chrétiennes, les seules qui travaillent, auront vu enfin sonner l'heure de leur affranchissement définitif. La prospérité de ces belles contrées n'est possible qu'à cette condition.

La pauvre et petite Grèce a voulu offrir son contingent. Malheureusement ce que ses produits ont de plus beau, c'est leur nom ; blés de Sparte, orges de Thèbes, maïs d'Olympie, haricots d'Argos, fèves de Mantinée, garances de Scyros, amandes d'Égine, soies de Messénie, tabacs d'Épidaure, raisins de Corinthe, miels de l'Hymette, vins du Pirée, olives d'Athènes : il est impossible de ne pas tressaillir en lisant sur une humble étiquette ces mots magiques. Plus le passé est grand, plus le présent paraît pénible. Fragment à peine détaché de la Turquie, la Grèce porte encore le sceau funeste que des siècles d'oppression ont imprimé sur elle. Depuis quelques années, elle jouit de la liberté ; mais qu'est-ce qu'un quart de siècle pour réparer des ravages si anciens ! Presque partout la terre a été détruite, et le roc paraît à nu.

La Russie, en guerre avec nous, n'a rien exposé ; ce n'est pas un bien grand malheur. L'agriculture n'y fait pas beaucoup plus de progrès qu'en Turquie. Tout le monde connaît le mot profond de Montesquieu : *Quand les sauvages de la Louisiane veulent avoir un fruit, ils coupent l'arbre au pied et cueillent le fruit ; voilà l'image du despotisme.* Les tsars semblent avoir pris à tâche de justifier cette définition célèbre. Pour entretenir le luxe d'une capitale factice et mal placée, que les eaux débordées de la Néva emporteront quelque jour, pour défrayer en même temps un état militaire excessif, instrument d'une autorité divinisée et d'une ambition sans limites, ils ont épuisé leur empire d'hommes et d'argent, et sacrifié la réalité à l'apparence.

Même dans la Russie méridionale, le faible excédant de céréales qu'on vendait à l'Occident n'est obtenu que par une culture misérable ; la zone qui le produit est si vaste et d'une fertilité telle qu'elle pourrait rapporter de quoi nourrir la population actuelle de l'Europe entière, tandis qu'elle a peine à fournir à l'exportation quatre ou cinq millions d'hectolitres de mauvais blés, souvent supprimés par les hasards des saisons.

Ainsi, sans parler des régions désertes de l'Asie, de l'Afrique et de l'Amérique, la seule Europe pourrait entretenir, avec les produits agricoles les plus ordinaires, cinq ou six fois plus d'habitants qu'elle n'en renferme aujourd'hui. En prenant pour maximum l'état actuel de la Belgique et de l'Angleterre, le reste a d'immenses pas à faire avant de les regagner; l'Italie et l'Allemagne peuvent tiercer leur population, la France doubler la sienne, l'Espagne, le Portugal, la Hongrie, la Pologne, la Prusse, tripler la leur, la Turquie et la Russie presque la décupler, et en supposant, ce qui est vrai, que la Belgique et l'Angleterre puissent faire encore des progrès, une carrière bien autrement vaste s'ouvre devant les autres peuples. D'où vient donc que la population européenne ne marche pas plus vite? Hélas! des erreurs et des passions des hommes, qui font de ce vaste champ, si bien disposé pour le travail, un théâtre éternel de violences.

Quand on jette les yeux sur une carte et qu'on mesure par la pensée le fameux pays de *terre noire* par exemple, qui forme une grande partie de l'Europe orientale et dont la fécondité naturelle passe pour inouïe, on s'étonne que les cinq cent mille émigrants qui partent tous les ans d'Allemagne et d'Angleterre pour l'Amérique et l'Australie ne se tournent pas vers ces régions infiniment plus voisines que rapprochent tous les jours des lignes de chemins de fer et de bateaux à vapeur. Une famille rhénane peut être rendue sur le bas Danube en aussi peu de temps qu'il lui en faut pour s'embarquer à Southampton, et elle n'y va pas; pourquoi? c'est que, même quand la guerre n'y sévit pas comme aujourd'hui, la liberté et la sécurité y manquent. L'insalubrité, compagne de la barbarie, y répand ses invisibles poisons et pour lutter contre la nature sauvage, l'homme a besoin de se sentir défendu contre les fléaux qui viennent des hommes. *Liberty, peace and safety*, voilà la devise américaine qui fait passer les mers.

Les peuples de la vieille Europe tombent presque tous dans la même erreur que ces propriétaires qui aiment mieux accroître l'étendue de leurs terres que leur capital d'exploitation. On veut s'étendre, s'arrondir, et pour avoir le bien d'autrui, on sacrifie son propre héritage. Les révolutions, les tyrannies et les guerres qui ont rempli, remplissent et rempliront l'histoire du monde, n'ont pas d'autre origine. On ne sait pas que la vraie source de la puissance des nations, est moins la grandeur du territoire qui s'achète par la guerre que la multiplication des capitaux qui s'obtient par la paix. La petite Angleterre, avec ses 13 millions d'hectares, est aussi forte que l'immense Russie, qui en a cent fois plus.

L'Espagne de Philippe II a fait, pour arriver à la monarchie universelle, un effort gigantesque et vain qui l'a réduite pour des siècles à l'impuissance. Même quand on réussit, on ne s'en trouve guère mieux. On serait fort mal reçu du gouvernement autrichien, si l'on essayait de lui démontrer que ses sacrifices séculaires pour assujettir l'Italie n'ont pas moins nui à l'Autriche elle-même qu'au peuple vaincu ; rien n'est pourtant plus évident, l'histoire à la main ; elle a perdu par la guerre sur son propre sol plus d'hommes et de capitaux qu'elle n'en a gagné sur le sol voisin.

IV

En attendant que la paix et la justice règnent parmi les hommes, ce qui ne paraît pas près d'arriver, sortons de l'Europe et voyons où en est l'agriculture dans les autres parties du monde. Nous n'apercevrons que quelques points épars habités et cultivés, le reste est le royaume de la solitude. Commençons par ce qui nous touche le plus, les possessions françaises, et, en particulier, la plus proche, la plus grande et la plus récente de toutes, l'Algérie.

L'exposition de ses produits a été arrangée avec un art coquet par les soins du ministère de la guerre ; elle aurait pu, à beaucoup d'égards, se passer de cette parure. La culture fait décidément des progrès dans cette coûteuse colonie ; il commence à en sortir autre chose que les envois du jardin d'essai, si bien dirigé par M. Hardy. En sus de sa propre consommation, l'Algérie en 1854 a exporté 1 million d'hectolitres de blé, 500,000 hectolitres d'orge, 2 millions de kilos de farine, près de 3 millions de kilos de pain et de biscuit. En soi, c'est encore bien peu ; mais quand on songe qu'elle tirait, il y a peu d'années, son pain de l'étranger, on ne peut méconnaître un grand pas.

Les échantillons de ses blés et de ses farines sont les plus beaux peut-être de l'exposition ; il y en a à la fois de blé tendre et de blé dur, mais le blé dur l'emporte comme plus approprié au climat; il ne faut pas s'en plaindre, car la farine qui en provient est plus nourrissante, et elle a une valeur spéciale pour la confection des pâtes alimentaires. De plus, il est bien constaté que la récolte du froment s'y fait dès le commencement de juin, ce qui lui donne une grande avance sur la nôtre, et permet de satisfaire des besoins pressants, quand les greniers de la mère patrie commencent à s'épuiser.

La production actuelle du froment en Algérie est d'environ 5 millions d'hectolitres ; le blé tendre n'y figure que pour 200,000, ou pour un vingt-cinquième environ, il est presque tout entier obtenu par les colons ; le blé dur, au contraire, est presque tout récolté par les indigènes, ce qui donne la proportion entre la culture européenne et la culture arabe ; la première est à la seconde comme un à vingt-cinq. Les deux réunies s'appliquent tout au plus à un million d'hectares, ou au quarantième de la surface totale. Malgré cette exiguïté, la colonie française d'Afrique présente déjà une variété au moins égale à celle de la France elle-même. Outre leurs blés et leurs orges, nos colons ont envoyé des produits empruntés à toutes les régions du monde. La plupart n'ont qu'une valeur fort restreinte ; il en est quelques-uns dont on espère beaucoup, tels que le coton, la soie, l'huile, le tabac et les fruits.

Si l'on jugeait de l'importance d'une culture par la beauté de ses produits, il n'y aurait rien de plus riche que le coton d'Algérie. De l'aveu même des Américains les plus compétents et les plus intéressés, les qualités superfines de coton, dites *sea island*, obtenues en Afrique, égalent les plus belles de la Georgie. On peut dire en même temps que le débouché est indéfini, car la seule Europe absorbe tous les ans pour un milliard de coton. En présence de pareils faits, on comprend toute l'importance que le gouvernement attache à cette production. Malheureusement la question principale, celle du prix de revient, n'est pas résolue. Peu importe au fond qu'on récolte le plus beau coton du monde, si l'on ne peut pas le vendre au prix courant.

Jusqu'à présent, la culture du coton ne couvre pas, dans toute l'étendue de l'Algérie, plus d'un millier d'hectares, malgré les encouragements sans nombre qui lui sont donnés. On ne peut s'empêcher de concevoir de grands doutes sur l'avenir, au moins immédiat, de cette culture, quand on songe à la quantité de main-d'œuvre qu'elle exige sous un ciel brûlant. Il paraît impossible que les bras des colons y suffisent jamais ; qu'on y arrive quelque jour par le moyen des indigènes, ou d'une importation de noirs libres du centre de l'Afrique, c'est plus croyable, mais là encore on entrevoit bien des difficultés. Jusqu'ici le coton n'a véritablement pu prospérer qu'avec l'esclavage. Il serait beau de lui enlever ce triste caractère ; l'Algérie en a-t-elle les moyens ?

Il ne s'élève pas tout à fait le même doute sur la production de la soie ; il s'en faut pourtant de beaucoup que ce soit un fait accompli. Comme les cotons, les soies envoyées d'Afrique sont admirables, et les étoffes dont elles font la matière première ont un merveilleux éclat ; mais c'est l'administration qui achète les cocons et qui fait fabriquer, et, ce qui est plus fâcheux, la production est insignifiante et diminue au lieu de s'accroître. On n'a pu acheter à Alger en 1852 que pour 56,000 fr. de cocons, en 1853 pour 54,000, en 1854 pour 33,000 seulement ; il y a loin de là aux 100 millions de soie que produit la France, et aux autres 100 millions qu'elle importe tous les ans. L'administration n'a pourtant rien négligé pour propager ce produit ; outre l'achat des récoltes au-dessus du cours, on distribue gratuitement les plants de mûrier et la graine de vers à soie.

L'olivier, le tabac et les fruits donnent de meilleurs résultats. L'Algérie a récolté en 1854 pour 12 millions d'huile d'olive. A la bonne heure, voilà un produit, et qui promet de s'accroître vite, car l'olivier y vient naturellement partout. Le tabac a le même succès, la fabrication des cigares a pris un grand essor. Les oranges de Blidah arrivent maintenant jusqu'à Paris. Soit pour les fruits frais, soit pour les confits, l'Afrique a devant elle un bel avenir. Elle commence à faire d'assez bons vins. Sans doute aussi, elle tirera profit de quelques-unes de ces plantes oléagineuses, textiles, tinctoriales ou autres, qui sont maintenant à l'essai. Le crin végétal, extrait du palmier nain, est une invention ingénieuse.

Je m'étonne que, dans cette nombreuse nomenclature, on ne voie figurer à peu près nulle part les produits animaux. Les colons européens, c'est pénible à dire, n'ont que très-peu de bétail. On doit pourtant finir par comprendre que l'Algérie ne fait pas exception à la règle générale, et que là comme ailleurs il n'y a pas de bonne culture sans bétail. Que, dans les premières illusions qui ont suivi la conquête, on se soit imaginé que cette terre privilégiée pouvait se passer de tout, je le comprends; mais la rude leçon de l'expérience est venue, et il n'est plus permis d'ignorer que les lois de l'économie rurale européenne s'appliquent à l'Algérie, qui n'est pas aussi différente de l'Europe qu'on le croyait d'abord. Cette négligence est d'autant plus regrettable, que l'exemple des indigènes, dont toute la richesse est dans leurs troupeaux, aurait dû nous éclairer. Nous avons su, dès le premier jour, que cette terre portait en abondance une herbe nutritive. La végétation spontanée, le manque de bras, le défaut de routes, tout pousse à l'industrie pastorale. J'admets que d'autres causes aient développé autour des villes la culture jardinière : l'une n'exclut pas l'autre. La culture jardinière a des bornes très-étroites dans un pays où les bras européens manquent, tandis que la culture pastorale, qui économise les bras pour utiliser les vastes espaces, peut s'étendre à volonté sur un sol sauvage.

Ce que les Européens ne font pas assez, les indigènes commencent à le faire. Parmi les produits animaux, il en est un, la laine, qui figure déjà au nombre des principales richesses de l'Algérie, puisqu'on peut évaluer la récolte annuelle à 15 millions ; elle provient presque tout entière des troupeaux indigènes, qui comptent de 7 à 8 millions de têtes. Arabes et Kabyles ont, sans aucun doute, des procédés de production aussi barbares qu'eux ; mais après tout, comme ils sont au nombre de 2 ou 3 millions, tandis qu'on n'a pu installer en Afrique, après vingt-cinq ans d'efforts, qu'environ 25,000 cultivateurs européens, ce sont eux qui sont les principaux et presque les seuls producteurs ruraux. Les huiles, les tabacs, les céréales, c'est-à-dire les produits réels, car les autres ne sont que des espérances, viennent d'eux en grande partie, aussi bien que les laines.

Il faut rendre cette justice à l'administration que, tout en exagérant en apparence ses préférences pour les colons, elle n'oublie pas les indigènes. Elle est plus juste et plus libérale envers eux que ne semblerait l'indiquer l'exposition à peu près exclusive des produits coloniaux. Les uns sont un peu pour la montre, les autres pour la réalité. D'un côté, la qualité éblouissante, mais le très-petit nombre; de l'autre, la grossièreté, compensée par la quantité au moins relative. Il n'est plus question, Dieu merci, d'extermination ; les indigènes, traités avec bienveillance, admis à tous les concours, peuvent s'instruire et s'enrichir à notre école. Cette politique a un double effet, elle assied la pacification sur sa véritable base,et elle accélère la seule production rurale qui ait jusqu'ici quelque importance.

Je souhaite que les bras et les capitaux de l'Europe émigrent en abondance en Afrique, mais, à parler franchement, je n'y compte guère ; l'Europe n'a pas trop de ses capitaux pour elle-même, et ses bras surabondants trouvent ailleurs un emploi plus fructueux. Dans tous les cas, que l'émigration européenne devienne nombreuse ou non, ce que l'Algérie a de mieux à faire, c'est de chercher chez elle ses principaux moyens de progrès. Le premier de tous est l'élève du bétail, soit colonial, soit indigène.

> Le trop d'expédients peut gâter une affaire;
> On perd du temps au choix, on tente, on veut tout faire.
> N'en ayons qu'un, mais qu'il soit bon!

Outre les moutons, l'Algérie peut produire des chevaux et des bœufs. Les chevaux indigènes sont célèbres, et ils remontent exclusivement notre cavalerie d'Afrique. La race bovine ne sera jamais laitière, le climat s'y oppose, mais elle ne demande qu'un peu de soin pour donner de bons petits bœufs de travail et de boucherie, et elle compte déjà un million de têtes. Il doit être superflu d'ajouter que le bétail, c'est de l'engrais, et qu'en Afrique comme partout, l'engrais est nécessaire pour les autres productions ; il faut toujours en revenir là.

Un autre intérêt de premier ordre pour l'Algérie, c'est le bois. S'il manque, ce n'est pas précisément la faute du sol et du climat : on y trouve de très-beaux arbres, et les recherches de l'administration ont révélé l'existence d'un million environ d'hectares de bois, dont quelques-uns sont de véritables forêts; mais qu'est-ce qu'un million d'hectares, la plupart en broussailles, pour une étendue totale de 40 millions ? Il en faudrait au moins trois ou quatre fois plus. Les véritables causes du déboisement sont le parcours des troupeaux et l'incendie, les Arabes ayant l'habitude de mettre le feu aux broussailles, pour fumer le sol avec les cendres et se débarrasser des bêtes féroces. Depuis quelques années, un service forestier veille à la conservation de ces richesses naturelles. Mais il ne suffit pas de conserver, il faut semer et planter beaucoup. L'administration y songe, car elle a organisé des compagnies de planteurs.

Somme toute, on peut regarder l'Algérie comme en bonne voie, sinon peut-être pour ce qu'on cherche à faire à grand bruit, au moins pour ce qui se fait à peu près tout seul. Je ne parle pas de ses richesses minérales et industrielles, parce qu'elles ne sont pas de mon sujet. L'exploitation des mines marche péniblement, l'absence de houille et de bois est un grand obstacle; on voit pourtant à l'exposition de beaux échantillons de minerais. Parmi les marbres, l'onyx translucide se distingue par sa rare beauté, comme le thuya parmi les bois. Toutes les industries européennes sont maintenant importées; de nombreux moulins à farine et à huile ont été construits; d'autres usines s'élèvent. Des lignes de voitures desservent les principales routes. Ces différents métiers sont la principale fonction des colons dans la société algérienne. On a essayé de faire violence à la nature des choses en reportant vers la culture un plus grand nombre d'entre eux, on a échoué. La division du travail se fait naturellement entre les Européens et les indigènes, quand on les laisse libres les uns et les autres ; même quand on tente de s'y opposer, elle résiste et finit par l'emporter.

Les colonies anglaises nous offrent à ce sujet des enseignements. On ne voit pas que le gouvernement y cherche à diriger le travail dans un sens opposé au cours naturel, on ne voit pas non plus que les colons se tourmentent l'esprit pour faire autre chose que ce qui leur profite, et ces colonies sont beaucoup plus prospères que les nôtres. Voyez l'Australie : avant la découverte de l'or, on n'y avait guère d'autre produit que la laine, et avec cette seule richesse on a fait des merveilles. Au milieu des envois de ce monde nouveau figurent des esquisses des villes populeuses qui s'y élèvent à vue d'œil ; on ne pouvait rien montrer qui parlât plus haut.

Arrêtons-nous un moment devant une de ces colonies qui a été longtemps française, le Canada. Son exposition compte parmi les plus belles. On sent que les Canadiens ont conservé un attachement filial pour leur ancienne patrie, et qu'ils se sont fait une joie de répondre à son appel. On sent aussi que ces *quelques arpents de neige*, comme disait dédaigneusement Voltaire, ont fait de grand progrès depuis qu'ils ne nous appartiennent plus : leurs 70,000 habitants d'alors sont devenus deux millions. En auraient-ils fait autant s'ils étaient restés sous notre domination ? On est forcé d'en douter quand on songe à toutes les révolutions qui ont bouleversé la France depuis 1763, et qui ont eu dans nos colonies un désastreux retentissement. On en doute encore plus quand on compare le système économique et politique que nous suivons à l'égard de nos possessions avec celui que les Anglais ont adopté pour les leurs. Le Canada est, on le sait, complétement libre aujourd'hui, il a un gouvernement représentatif calqué sur celui de la métropole, et le lien qui le retient encore n'est plus que nominal. L'aurions-nous traité ainsi ? J'en doute ; c'est pourtant à cette indépendance qu'il doit la plus grande partie de sa prospérité.

Rien n'est plus digne d'admiration que les fruits et les céréales qu'on sait récolter sous un pareil climat, si ce n'est le parti qu'on sait tirer des produits les plus sauvages, comme le bois, le gibier et le poisson : j'aime, au milieu des œuvres de la civilisation la plus raffinée, cette étiquette curieuse : *Jambons d'ours de Niagara.*

Les États-Unis d'Amérique n'ont rien exposé en fait de produits agricoles. Du coton, du maïs, du porc salé, voilà à peu près, comme je le disais en commençant, tout ce qu'ils pouvaient nous offrir ; mais ce coton, ils en produisent 600 millions de kilos par an, valant au moins 600 millions de francs ; ce maïs, ils en récoltent 200 millions d'hectolitres, valant au moins 2 milliards ; ces porcs, ils en abattent 20 millions ; ces trois seuls articles équivalent à toute la production agricole de la France, et dépassent celle de l'Angleterre. Ajoutez-y le froment, le tabac, le sucre, le riz, le gros bétail, et vous trouverez l'énorme chiffre de 6 à 7 milliards. Aucune nation au monde ne produit autant [1]. Il est vrai que les États-Unis couvrent une surface énorme, mais ils n'avaient, il y a cent ans,

[1] Voir la note *B* à la fin du volume.

qu'un million d'habitants, et ils en ont maintenant bien près de 30. Les merveilles de l'industrie des autres peuples pâlissent, pour moi, devant cette exposition absente. Les Américains ont malheureusement conservé l'esclavage, qui souille encore une partie de leur sol; mais dans les États de la Nouvelle-Angleterre on est plus près que nulle part ailleurs de l'idéal de la société humaine, c'est-à-dire du point où personne ne souffre que les maux inhérents à notre infirme et débile nature.

A côté du géant américain, le reste du nouveau monde disparaît. Les républiques dn Sud, agitées de révolutions continuelles, n'ont pu donner à leur agriculture qu'une attention distraite. Quelques-unes ont pourtant pris part à l'exposition; il faut leur en savoir gré, surtout si ces envois indiquent une disposition à changer un peu moins de gouvernements et à se livrer davantage au travail. L'empire du Brésil, que sa forme monarchique a mis à l'abri des convulsions, se développe un peu plus, mais sa superficie est telle que les progrès sont insensibles dans cette immensité. Lui aussi sollicite vivement l'émigration européenne ; le climat et l'éloignement s'y opposent. Mieux vaut s'attacher à tirer un meilleur parti des bras dont on dispose, en appelant à son aide, sinon les hommes, au moins les sciences et les procédés perfectionnés de l'Europe.

Je ne veux rien dire des Indes, de Java, de la Chine, du monde oriental en général. L'agriculture doit y être très-avancée sur un grand nombre de points, si l'on en juge par la population ; mais il y a peu d'inductions à tirer pour nos propres affaires de ces civilisations lointaines, qui ont beaucoup plus à apprendre de nous qu'à nous enseigner.

V

Le genre humain n'a encore cultivé que le dixième du monde. Ce dixième lui-même pourrait porter, s'il était bien traité, beaucoup plus qu'il ne produit, et cependant, sur presque tous les points, les subsistances font défaut aux besoins, ici parce que la population regorge, là parce qu'elle manque, partout parce que le travail de l'homme n'a pas eu jusqu'à présent assez de puissance. La terrible loi que Malthus a signalée s'applique avec une inflexible rigueur, quand cette terre qui engloutit avant l'âge tant de générations condamnées pourrait être forcée d'ouvrir, au contraire, son sein pour les nourrir.

Outre les fureurs et les folies qui l'éloignent du sol, l'homme avait cette excuse, qu'il se sentait faible devant l'immense nature. Livré à ses propres forces, il n'obtenait de ses labeurs qu'un maigre fruit, que venaient à tout moment lui enlever les jeux formidables des éléments ; mais voici que de nouvelles armes lui sont données : il n'est plus seul. Ce qu'il n'a pu faire avec ses bras, il peut désormais l'accomplir par des machines qui décuplent ou centuplent son action ; il a de plus découvert des procédés qui transforment le sol de fond en comble, soit par des engrais naturels ou artificiels, soit par des travaux de défoncement, d'assainissement et d'irrigation, et il a appris à modifier à son gré les espèces végétales et animales, pour les approprier à ses besoins. L'agriculture peut n'être plus l'œuvre ingrate de l'ignorance et de la pauvreté; la science et l'industrie lui ouvrent de nouveaux horizons.

La fabrication des machines aratoires fait évidemment

des progrès en France. On compte cent cinquante exposants nationaux de cette catégorie, et il s'en faut que tous nos ateliers soient représentés. Une de nos plus importantes et plus anciennes fabriques, celle qui porte encore le nom de Dombasle, n'a rien envoyé. Une foule de charrons de campagne, qui commencent à construire assez bien des instruments perfectionnés, manquent aussi. En revanche, les écoles d'agriculture de Grignon et de Grand-Jouan, la ferme-école du Mesnil-Saint-Firmin, la colonie agricole de Mettray, les ateliers de nos constructeurs les plus renommés, ont fourni un remarquable contingent. Malgré ces efforts persévérants, les machines anglaises et américaines l'emportent encore. Les Belges eux-mêmes, avec leur agriculture plus morcelée que la nôtre, ont trouvé moyen de nous dépasser à quelques égards. Parmi les autres nations, le célèbre institut agricole de Hohenheim (Wurtemberg) nous a offert une collection complète de ses instruments.

De tous ces outils, le plus nécessaire est en même temps le plus difficile à perfectionner; il n'y a pas de charrue parfaite, on peut même douter qu'il soit possible d'en trouver une qui satisfasse à toutes les conditions. Néanmoins, comme les efforts tentés jusqu'ici pour remplacer cet instrument primitif ont échoué, il faut bien continuer à s'en servir en l'améliorant le plus possible. Toutes les charrues ont été essayées par le jury; celles qui ont paru faire le meilleur travail avec le moins de tirage ont été l'anglaise de Howard, l'américaine de Bingham, la belge d'Odeurs, et la française de Grignon. Comme l'expérience n'a révélé dans aucune une supériorité marquée, il est probable que chaque nation gardera la sienne.

Ce qu'il y a de défectueux dans le travail de la charrue oblige à se servir d'autres instruments pour le compléter ; tels sont les scarificateurs, les fouilleuses, les herses et les rouleaux. Pour les uns et les autres, la supériorité des Anglais est incontestée. Rien ne vaut la bineuse de Garrett, l'extirpateur de Coleman, la herse norvégienne et le rouleau brise-mottes de Crosskill. Ces excellents instruments sont maintenant imités en France autant que le permettent le haut prix du fer et le peu de ressources pécuniaires de nos cultivateurs.

On n'a pas encore trouvé le moyen de labourer à la vapeur, quoiqu'on ne cesse de le chercher. Une machine dont nous n'avons vu que le modèle à l'exposition, mais qui a paru tout entière au concours de Carlisle, celle de Usher, n'a pas réalisé les espérances qu'elle avait fait naître. C'est à recommencer.

On n'accorde pas, selon moi, assez d'attention à une catégorie d'instruments très-humbles en apparence, mais qui, chez nous au moins, ne sont pas à dédaigner : je veux parler de ceux qui n'ont d'autre moteur que l'homme, et qui ont pour but de faciliter le travail de la petite culture. De ce nombre sont des fourches à trois, quatre ou cinq dents en fer, destinées à remplacer la bêche et exposées par des Anglais. La Société royale d'Angleterre, qui a cependant plus de motifs que nous pour s'attacher exclusivement à la grande culture, a donné plusieurs prix à ces fourches. Elles pénètrent en terre plus facilement que la bêche, et font un aussi bon travail. Quand on songe à l'étendue des terres travaillées à la bêche ou à la houe, les mieux cultivées du monde, on ne peut qu'attacher une importance sérieuse à tout ce qui peut économiser l'effort en maintenant l'effet obtenu. L'usage de la fourche n'était pas inconnu dans la petite culture, mais il n'était pas suffisamment répandu ; je compte sur les Anglais pour le mettre en vogue.

Je signale encore un système ingénieux inventé par M. Ledocte, directeur de l'École belge d'agriculture de Thourout, et adopté dans les Écoles de Mettray en France et de Ruysselède en Belgique : le tout se compose de deux instruments, un plantoir et une espèce de brouette. Le plantoir dépose dans le sol, avec la semence, la quantité d'engrais pulvérulent nécessaire pour la faire fructifier. La brouette devient successivement un rayonneur, un sarcloir, un bineur et un butoir par le changement de quelques parties. Sous toutes ces formes, elle est facilement conduite par un homme, une femme ou même un enfant. Les témoignages les plus honorables constatent qu'en Belgique on obtient avec ce système de bons résultats.

Revenons aux instruments de la grande culture. Les hache-pailles et les coupe-racines anglais ont été battus cette année par des belges et des badois. La *faneuse* anglaise a en revanche conquis tous les suffrages ; cette élégante machine retourne en une heure le foin d'un hectare, et fait ainsi l'office de quinze ou vingt faneuses. La machine à fabriquer les tuyaux de drainage, de Whitehead, a maintenu sa supériorité. Un égrenoir de maïs, venu d'Autriche, a été justement remarqué.

Les machines à battre sont depuis longtemps connues en France ; dans plusieurs de nos provinces, on ne bat plus autrement. En Lorraine et en Bourgogne, les plus petits cultivateurs s'en servent, et il commence à en être de même dans l'ouest. Ces modestes machines, qui coûtent de 200 à 500 francs, et qui battent environ deux hectolitres à l'heure, ont à peine osé se montrer à l'exposition : elles sont pourtant les plus nombreuses et par conséquent les plus utiles parmi nous. Il est vrai qu'elles ne pouvaient soutenir la comparaison avec les puissants engins de l'Angleterre et de l'Amérique. Dans l'essai qui a eu lieu à Trappes, c'est la machine américaine de Pitts qui l'a emporté ; elle a battu, criblé et nettoyé 15 hectolitres de blé à l'heure ; la machine anglaise de Clayton 8, et la française de Duvoir 5. Cette dernière n'obtient si peu de résultat que parce qu'elle ménage beaucoup la paille, ce qui a du prix pour les fermiers des environs de Paris ; il faut bien qu'elle réponde à un besoin, puisque le constructeur en a déjà livré près de neuf cents.

Voilà donc les Américains qui ont déjà les devants pour le battage. La machine de Pitts est fabriquée à Buffalo, ville de l'état de New-York, qui n'existait pas il y a quarante ans, et qui a aujourd'hui 50,000 habitants.

Mais le grand succès de cette année, le produit principal de ce vaste concours ouvert au monde entier, c'est la machine à moissonner. Il n'y a plus aujourd'hui le moindre doute, l'instrument qui doit épargner à l'homme le plus pénible de ses travaux est trouvé, et il est à peu près arrivé à la perfection. L'Amérique a encore eu cette gloire, sinon d'inventer, au moins d'exécuter mieux que les autres cet outil libérateur. Je ne puis dire de quel sentiment j'étais pénétré en voyant les épis tomber et se ranger en andains sur son passage. Un homme, commodément assis, dirige les chevaux qui traînent l'appareil ; un autre est employé, dans quelques machines, à ramasser les épis avec un rateau ; mais son intervention n'est pas nécessaire, et il en est qui s'en passent parfaitement. La machine de Mac Cormick, de Chicago (Illinois), moissonne un are par minute, ou plus d'un demi-hectare par heure ; c'est la meilleure et la plus ancienne, car elle avait paru à l'exposition universelle de Londres en 1851, où elle présentait encore quelques défauts qui ont été corrigés. Mac Cormick en vend 2,000 par an, au prix de 750 fr.

Chicago, d'où nous vient cette révolution bienfaisante, était un désert il y a quinze ans.

La France n'est pas tout à fait sans quelque participation à la solution de ce grand problème. Au nombre des *moissonneuses* essayées cette année, il en est une imaginée et fabriquée en France par M. Cournier, mécanicien à Saint-Romans (Isère). Défectueuse à quelques égards, mais d'un perfectionnement facile, elle a ce mérite, qu'elle marche avec un seul cheval, et je ne doute pas qu'il ne soit possible de l'établir à 500 fr. quand on en aura un débit un peu considérable. Qu'est-ce qu'un pareil déboursé en comparaison des craintes, des lenteurs, des embarras et des dépenses qu'entraîne la moisson ? M. Cournier n'a eu l'idée de sa machine qu'après l'apparition de celles de Mac Cormick et de Bell; mais voici qui établit plus nettement en notre faveur un certain droit de priorité : une *moissonneuse* fort analogue a été inventée et publiée il y a dix ans par M. Constant de Rebecque, propriétaire à Poligny (Jura) et frère de Benjamin Constant.

Quelques personnes paraissent s'inquiéter des conséquences que peuvent avoir ces machines pour les salaires ruraux. On peut se rassurer. L'invasion ne sera jamais assez subite pour que l'effet soit sensible partout à la fois ; l'extrême lenteur est ici plus à craindre que la précipitation. Dans tous les cas, on peut être certain que la somme de travail ne sera pas diminuée ; les bras devenus libres seront employés à d'autres travaux qu'on ne fait pas aujourd'hui, et qui augmenteront d'autant la production ; c'est ce qui arrive toujours en pareil cas. Dans toutes les industries où a pénétré l'emploi des machines, les salaires ont monté au lieu de baisser ; il en sera de même dans l'industrie rurale. L'exemple de l'Angleterre, où l'on emploie plus de machines aratoires et où les salaires ruraux sont plus élevés que chez nous, le démontre suffisamment. Nos propriétaires et fermiers peuvent donc, en toute sûreté de conscience, réaliser dès qu'ils le pourront l'économie que les machines doivent leur procurer.

On ne se figure pas, quand on n'y a pas réfléchi, de quels chiffres il s'agit pour un pays comme la France. La récolte s'élève à 200 millions d'hectolitres de tous grains, semence comprise, et le battage d'un hectolitre au fléau coûte en moyenne 1 franc, tandis qu'il ne revient qu'à la moitié avec la machine, même en comptant l'intérêt et l'amortissement du prix d'achat ; la substitution d'un outil à l'autre n'entraîne donc rien moins qu'une différence annuelle de 100 millions. Le remplacement de la faucille, de la faux et de la sape par la *moissonneuse* donne des résultats analogues : dans l'un et l'autre cas, c'est une réduction de moitié, et, ce qui vaut mieux encore que l'économie de dépense, une grande économie de temps, avec la liberté de choisir son moment, de quitter, de reprendre et de finir sa besogne quand on veut. Il faut avoir vu les sollicitudes de la grande culture dans ces moments décisifs qui exigent un supplément extraordinaire de bras, pour se faire une idée de ces avantages.

D'autres paraissent craindre que les machines ne donnent aux pays neufs, comme l'Amérique, l'Algérie et la Russie, où les terres sont pour rien et les bras peu nombreux, un grand avantage sur ceux anciennement peuplés et cultivés. Sans doute la production de ces régions à demi désertes y trouvera des facilités nouvelles dont il faut se féliciter dans l'intérêt de l'humanité, mais les autres en profiteront tout autant et peut-être davantage. Même avec les machines, la culture exige, pour se développer, un ensemble d'efforts et de ressources qui ne s'obtient que par la civilisation la plus avancée; les contrées où abondent les hommes et les capitaux sont toujours les premières à appliquer comme à imaginer les forces nouvelles, et la barbarie a peine à les suivre, même quand elle en a la volonté. La population ne restera pas d'ailleurs stationnaire, la marée humaine ne cesse de monter, et ses besoins tendent à s'accroître plus vite que les moyens de les satisfaire. Si l'on entrevoit la possibilité de lutter un jour contre l'antique fatalité, il s'en faut qu'elle soit encore vaincue; elle résistera longtemps. Les ruisseaux de lait et de miel ne coulent que dans les fables des poëtes, et l'âge d'or, si jamais il arrive, aura un mélange plus que suffisant d'âge de fer.

La division du sol ne met pas chez nous à la propagation des *moissonneuses* un obstacle aussi radical qu'on pourrait croire. Une récolte annuelle de 100 hectolitres suffit pour supporter l'intérêt des frais d'achat; au delà commencent les bénéfices. Ne sait-on pas d'ailleurs ce qui arrive déjà pour le battage? Il tend à devenir une industrie à part, comme celle du meunier, du boulanger et du forgeron. Des entrepreneurs spéciaux achètent une machine et battent pour le public, moyennant un prix convenu, soit qu'on transporte les gerbes chez eux, soit qu'ils se transportent eux-mêmes de ferme en ferme, selon les circonstances. Pourquoi n'en serait-il pas de même pour la moisson? Il faudrait plus de *moissonneuses* que de *batteuses*, parce que le travail arrive tout à la fois; mais en dépêchant 6 hectares par jour, chaque machine en abattrait assez en temps utile pour donner du profit.

L'application de la vapeur à l'agriculture commence à pénétrer dans nos fermes. Tout le monde peut voir fonctionner des *locomobiles* à vapeur françaises. M. Calla entre autres en a exposé une, de trois chevaux seulement de force, qui est un véritable bijou. Ces locomobiles ne sont inférieures en aucun point aux anglaises; seulement, quand nos fabricants en vendent une, les fabricants anglais en vendent cent. La maison Clayton et Shuttleworth, de Lincoln, en expédie à elle seule deux par jour. Je regrette qu'on n'ait pas jugé à propos de faire paraître à l'exposition une invention qui paraît avoir eu du succès cette année en Angleterre: c'est une locomobile qui porte avec elle un chemin de fer sans fin destiné à la soutenir, ce qui lui permet de marcher sans enfoncer sur un terrain meuble et détrempé.

VI

Les engrais commerciaux sont comme un autre genre de machines ayant pour effet d'augmenter la puissance du sol. Le plus actif est le guano du Pérou; l'expérience a prouvé qu'une tonne de cet engrais merveilleux peut produire 100 hectolitres de blé. La France n'en achète cependant qu'une quantité insignifiante, presque toute employée dans le seul département de Seine-et-Marne. Un document présenté au corps législatif a constaté que, dans le premier semestre de 1854, sur 223,000 tonnes de guano extraits des îles Chincha, 113,000 ont été importés en Angleterre, 98,000 aux États-Unis et 5,688 seulement en France, l'Espagne en a reçu tout autant. Malgré cette indifférence pour le vrai guano, la France a imaginé la première de faire avec des débris de poisson du guano artificiel. Ce nouvel engrais mérite l'attention des cultivateurs; il revient un peu moins cher que le vrai guano, et on peut en produire en quelque sorte à l'infini.

M. le marquis de Bryas (Gironde) et M. le vicomte de Rougé (Aisne) ont exposé chacun un spécimen de drainage. Ces deux témoignages venus des deux bouts de la France, accompagnés d'envois de tuyaux et d'instruments à drainer de plusieurs autres points, montrent que le drainage est maintenant naturalisé chez nous. On aurait pu croire que cette invention anglaise serait moins applicable dans le Midi que dans le Nord; l'exemple de M. de Bryas et de son voisin, M. le comte Duchâtel, qui a drainé avec succès ses vignes du Médoc, prouve le contraire. Le drainage, qui assainit les terres humides, a aussi la propriété d'humecter les terres sèches, en attirant l'eau pluviale à des profondeurs qui empêchent sa rapide évaporation aux ardeurs du soleil. Ce fait inattendu est maintenant démontré. Les sols argileux et imperméables se rencontrent d'ailleurs aussi fréquemment dans le Midi que dans le Nord, et y présentent à peu près les mêmes inconvénients, que nos cultivateurs essaient de corriger par des fossés, des labours en billons, des transports de terre des extrémités au centre du champ.

Le drainage ne fait pourtant de sérieux progrès que dans les départements les plus riches de France, comme Seine-et-Marne, l'Oise, l'Aisne, Seine-et-Oise, etc. Malgré les encouragements répétés de l'administration, le reste du pays s'en occupe peu. C'est une réparation fort chère, et bien qu'il s'agisse, en moyenne, d'un placement à dix pour cent, tout le monde n'a pas 250 francs à dépenser par hectare. L'exécution offre d'assez grandes difficultés; c'est tout un art que l'art de drainer. Il faut pour conduire le travail de véritables ingénieurs, et pour le bien faire des ouvriers spéciaux ; la fabrication des tuyaux est imparfaite encore, et il n'est pas certain que sur quelques points on ne soit obligé de recommencer. J'ai vu bien des champs en Angleterre qui avaient été drainés deux ou trois fois, tantôt parce que les tuyaux n'étaient pas bons, tantôt parce qu'ils avaient été mal placés. Nous ne sommes pas assez riches pour nous permettre de pareilles écoles.

Avec des champs mal travaillés et mal fumés, comme le sont encore les trois quarts de la France, le drainage ne peut porter que des fruits insignifiants. Bien des progrès doivent passer avant celui-là pour la plupart de nos contrées. L'adoption d'un bon assolement ne coûte pas aussi cher et peut être tout aussi productif. Puis vient l'emploi de quelques instruments perfectionnés, comme une bonne charrue, une bonne herse, le battage mécanique, l'usage de quelques amendements. Les moyens imparfaits d'écoulement que nous possédons peuvent suffire tant que le sol n'est pas porté à un état supérieur de fertilité, d'autant plus qu'on peut les améliorer, les multiplier sans de grands frais. Que le drainage fasse partie d'un ensemble de mesures pour transformer de fond en comble une terre arriérée, je le conçois ; mais alors il ne faut pas parler de 250 fr. par hectare, il faut compter sur 500 et même sur 1,000. Tant qu'on n'en est pas là, et combien de propriétaires y sont parmi nous ? il vaut mieux marcher pas à pas et employer les petits moyens en attendant les grands.

Il est enfin une dernière difficulté qu'on a un peu atténuée par la loi nouvellement rendue pour contraindre le propriétaire du fonds inférieur à livrer passage aux eaux surabondantes du fonds supérieur, mais qu'on n'a pas détruite ; je veux parler du morcellement d'une partie du sol. Ce morcellement a deux formes, l'une dont les avantages balancent au moins les inconvénients, la petite propriété ; l'autre qui n'a guère que de mauvais effets, la division parcellaire. Ni l'une ni l'autre ne sont absolument incompatibles avec le drainage, mais elles compliquent beaucoup la question, surtout la seconde. Quand pour poser une ligne de drains, il faut traverser cinquante parcelles appartenant à des propriétaires différents, ou tout au moins enchevêtrés les uns dans les autres, c'est une grosse affaire, même avec la nouvelle loi. On s'en tirera, mais avec le temps; les avantages d'un bon égouttement sont tels qu'ils triompheront de toutes les résistances. Reconnaissons seulement que les difficultés existent, et ne nous étonnons pas que le drainage ne s'étende pas plus rapidement.

Je regrette qu'on n'ait pas donné quelque spécimen d'un autre genre de travail qui n'a pas moins d'utilité, l'irrigation. L'eau est à la fois le trésor et le fléau de l'agriculture ; il y a autant d'avantage à en fournir aux sols qui en manquent qu'à en retirer à ceux qui en ont trop. Un jour viendra, je n'en doute pas, où l'industrie humaine suppléera dans la grande culture, comme elle fait déjà dans le jardinage, aux caprices de la pluie, et où les végétaux recevront à point nommé, quel que soit l'état du ciel, les arrosages dont ils ont besoin. Dans ce temps-là, on verra des miracles de production, car la différence entre un printemps pluvieux et un printemps sec peut être énorme pour les céréales, comme pour les autres fruits de la terre. L'art d'emmagasiner les eaux et de les distribuer à volonté est l'art nourricier par excellence, surtout dans le Midi. En Andalousie, on sème souvent plusieurs années sans rien recueillir, parce que l'eau manque au printemps ; une fois en trois ans il pleut à propos, et la récolte de cette seule année compense toutes celles qu'on a perdues.

Avant la révolution de 1848, l'attention du gouvernement et des chambres s'était portée sur les avantages de l'irrigation ; outre les lois de 1845 et 1847, rendues pour faciliter les travaux privés, de nombreux projets publics étaient à l'étude, on avait même commencé à en exécuter un, en réunissant au pied des Pyrénées les eaux de la Neste, pour les répandre, par un éventail de canaux, sur une immense étendue de pays. Ces projets si utiles ont été abandonnés, et ce ne sont pas les seuls. En voyageant l'été dernier dans l'est de la France, je suis arrivé dans un chef-lieu de département au moment où les rivières débordées de toutes parts couvraient la plaine à perte de vue ; les regains, surpris dans les prés, étaient partout salis ou emportés ; une seule nuit de pluie avait suffi pour amener ces dévastations. Un pareil spectacle est une honte pour un pays civilisé. Ces eaux, qui portent maintenant la ruine, porteraient la fertilité, si par un bon système de travaux, les inondations régularisées servaient à des colmatages, comme en Italie. Ainsi le génie de l'homme peut faire contribuer les fléaux à l'exécution de ses volontés.

L'irrigation arrive à sa plus haute puissance quand elle sert à distribuer l'engrais en même temps que l'eau elle-même. Le nouveau système d'arrosage par l'engrais liquide, fait toujours des progrès en Angleterre ; on ne l'applique plus seulement aux prairies, mais aux céréales, et partout il *paie* avec usure, comme disent les Anglais, les frais qu'il exige. Le voici même qui promet de prendre une extension gigantesque par la distribution des égouts des villes dans les campagnes. Jusqu'ici, les Anglais avaient fait peu d'usage de cette espèce de fumure qu'on appelle par euphémisme *l'engrais humain ;* on sait cependant, par l'exemple des Flamands, combien elle a de puissance. Sans adopter tout à fait la théorie de M. Pierre Leroux, baptisée du nom par trop significatif de *circulus*, on doit reconnaître que les déjections de l'homme, pour appeler les choses par leur nom, peuvent utilement contribuer à assurer sa subsistance. Ce que des villes comme Londres et Paris peuvent fournir d'engrais est énorme, et la plus grande partie se perd dans les rivières, non sans avoir préalablement infecté l'air de miasmes délétères. Assainissement des villes, fertilisation des campagnes, telle est la devise du nouveau système, qui consiste à emporter les immondices par des courants d'eau souterrains pour les répandre au dehors dans les champs (1).

M. Bazin, directeur de la ferme-école du Mesnil-Saint-

(1) Nous allons en avoir bientôt en France un spécimen ; MM. Moll, professeur d'agriculture au Conservatoire des arts et métiers, et Mille, ingénieur des ponts et chaussées, vont appliquer ce système à la ferme de Vaujours près Paris.

Firmin (Oise), a eu l'heureuse idée d'exposer une collection des insectes nuisibles aux plantes cultivées. C'est en effet une des branches principales de la zoologie appliquée à l'agriculture que l'étude de ces petits animaux et des moyens de les détruire. La nature est aussi puissante pour la mort que pour la vie ; chaque plante utile a ses ennemis, qui peuvent à tout instant se multiplier avec une abondance funeste. Le hasard apprend quelquefois à s'en défaire ; je ne sais quel accident aura montré à nos jardiniers qu'une goutte d'huile versée dans le trou d'une courtilière la forçait à remonter pour mourir. Les Anglais n'ont pu préserver leur culture fondamentale, le turneps, des ravages de l'altise ou puce de terre qu'en pressant à force d'engrais la végétation de la plante. Plus souvent les cultivateurs s'abandonnent à la fatalité, et s'il arrive que les insectes ravageurs disparaissent, soumis qu'ils sont eux-mêmes à d'innombrables chances de destruction, il arrive aussi que le fléau se perpétue à l'aide de circonstances favorables. Il n'y a que la science, l'observation infatigable, qui puissent, en étudiant les mœurs et le mode de propagation de ces imperceptibles armées, donner avec sûreté des armes contre elles.

Les vignes de la Bourgogne étaient dévastées par la pyrale ; le naturaliste Audouin découvrit dans la vie de l'insecte un moment où il était facile de le détruire, et depuis lors il n'est plus à craindre. Sans doute, en examinant d'aussi près les autres parasites, on parviendra de même à les vaincre.

J'en dirai autant de ces maladies mystérieuses de la végétation qui font depuis quelques années le désespoir des cultivateurs. L'imagination publique s'en est frappée ;

quelques esprits ont été jusqu'à supposer une dégénérescence de la planète que nous habitons, une sorte d'épuisement des éléments. Ces craintes sont chimériques. Les maladies dont il s'agit n'ont rien de nouveau ; elles ont sévi de tout temps sur les plantes, comme d'autres sur les animaux et sur les hommes, et si elles ont pris tout à coup plus d'intensité, c'est par suite de circonstances atmosphériques essentiellement passagères. Autrefois on en souffrait sans les étudier et les nommer, mais au lieu d'avoir moins de gravité que de nos jours, elles en avaient davantage. De même que le choléra, quelque redoutable qu'il soit, n'est pas comparable à la peste noire et aux autres épidémies dont l'histoire nous a conservé le lugubre souvenir, de même le déficit de récolte qu'amène ce qu'on appelle le choléra des plantes n'est rien auprès des famines épouvantables que les mêmes causes entraînaient autrefois. Quand on étudie l'histoire de la production, on voit que les bonnes et les mauvaises années se succèdent dans un ordre en quelque sorte régulier. C'est le fameux apologue des vaches grasses et des vaches maigres, qui remonte bien haut.

Qu'est-ce que l'art de la culture, sinon la lutte contre ces influences morbides qui nous menacent toujours ? *Tu mangeras ton pain à la sueur de ton front*, a dit la colère divine. La vie de l'homme est un combat, mais quand il ne s'abandonne pas lui-même, il triomphe plus souvent qu'il ne succombe. Les intempéries ont des dangers de plus en plus effrayants, à mesure que la population s'accroît : l'existence de nombreux millions d'hommes peut dépendre d'un excès de froid ou de chaud, de sécheresse ou d'humidité ; mais nous avons aussi, si nous voulons, des armes de plus en plus puissantes pour nous défendre, la science et le capital.

Quoi qu'en puisse dire l'ignorance, l'application des sciences à la culture est une nécessité de notre temps. Ce qu'elles ont fait pour l'industrie, elles le feront certainement pour l'exploitation du sol; leur intervention sera plus ou moins rapide, elle est infaillible.

Quant au capital, un fait frappe tous les yeux : malgré la cherté des denrées agricoles, qui semblerait devoir donner une nouvelle valeur au sol, les baux ne s'élèvent pas, et les terres ne se vendent pas mieux que par le passé. Ce phénomène singulier est le signe évident de la désertion des capitaux; il y a dix ans, des faits tout contraires indiquaient une autre disposition. Cette perturbation n'aura qu'un temps; elle tient à des causes en grande partie artificielles. Livrés à eux-mêmes, les capitaux se répartiraient plus également entre les entreprises qui les sollicitent; ils se porteraient sur des emplois productifs, tandis que nous les voyons s'engloutir dans une foule de consommations improductives.

Quand l'ordre naturel sera rétabli, et que le sol recommencera à recevoir la part de capitaux qui lui revient, la France produira non-seulement ce qui est nécessaire à sa subsistance, mais un notable excédant. Dans l'état actuel de sa population, entourée qu'elle est de pays infiniment plus peuplés, comme l'Angleterre, la Belgique, la Hollande, la Suisse, l'Allemagne rhénane, qui ne suffisent plus à leurs besoins malgré l'excellence de leur culture, son rôle naturel est d'être un pays exportateur. Elle le serait déjà sans les circonstances qui ont arrêté son développement. Or, de tous les moyens de prévenir les disettes, l'exportation régulière est le plus sûr. Quand on produit tous les ans beaucoup plus qu'on ne consomme, outre qu'on s'enrichit par la vente de ses produits, on est gardé contre les mauvaises années : il suffit alors que l'exportation s'arrête pour combler le déficit.

Au milieu de ces espérances, une triste réalité vient d'éclater. Je n'avais que trop raison de dire, il y a trois mois, que nous n'étions pas au bout de la cherté. La récolte des céréales a encore une fois trompé les efforts du cultivateur; le grain a haussé sur tous les marchés, et le prix moyen du blé en France a atteint 32 fr. l'hectolitre. En présence des alarmes que cette hausse a éveillées, le gouvernement a maintenu, grâce à Dieu, les vrais principes; il a renouvelé les déclarations explicites, déjà faites à plusieurs reprises, en faveur de la liberté du commerce. Nous voilà donc rassurés contre le danger d'une intervention de l'autorité dans les prix, le plus grand de tous; si par malheur des idées contraires avaient prévalu dans les conseils du gouvernement, comme en 1812, nous aurions eu à subir, comme alors, une terrible épreuve; la cherté aurait bien vite dégénéré en disette et pis encore. Livré à lui-même, le mal sera moins grave.

Il y aura sans doute de rudes privations, mais il ne faut pas s'effrayer outre mesure. Le réseau des chemins de fer, qui nous a été si utile l'année dernière, aura encore plus d'efficacité cette année, parce qu'il est plus étendu. Le chemin de l'Ouest arrive maintenant jusqu'aux portes de la Bretagne, la partie de la France où le prix du blé est habituellement le plus bas; la lacune entre Lyon et Avignon, qui a fait tant de mal en 1847, est remplie. Si les blés de Russie n'arrivent plus, l'Algérie nous fournira probablement quelques millions d'hectolitres.

J'espère enfin qu'on sentira la nécessité de détourner le moins possible les capitaux de l'agriculture. Dieu veuille que l'intensité du mal amène une réaction ! Il y a désormais une grande place à prendre pour les entreprises agricoles : d'un côté, le blé et la viande hors de prix ; de l'autre, les terres à bon marché, et de nouveaux procédés de production, comme le drainage, les machines, l'irrigation par l'engrais liquide, éprouvés par la pratique. Si quelque jour les capitaux peuvent reprendre ce chemin, et si leur emploi est suffisamment éclairé par la science et l'expérience, rapprochées et confondues, nous verrons sortir de ce sol, aujourd'hui si avare, des trésors inconnus ; les rigueurs même des saisons seront vaincues, et nous pourrons dire, en nous souvenant de la cherté qui aura provoqué ce retour tardif vers l'agriculture : *A quelque chose malheur est bon.*

III

LES PRODUITS FORESTIERS

(1er décembre 1855.)

I

Je ne suis pas botaniste et je l'ai souvent regretté ; il y a tant de choses dans le monde que je voudrais savoir et que je ne sais pas ! Je ne suis pas non plus un forestier bien habile ; la science forestière est si hérissée de calculs et de termes techniques, elle suppose une telle variété d'études et une existence si active, qu'il faut la commencer jeune et lui consacrer toute sa vie pour se flatter de la posséder un peu. Ce n'est donc qu'à défaut d'un autre plus compétent que je vais essayer de rendre compte des bois et produits ligneux à l'exposition qui vient de finir Je demande pardon d'avance pour ce qui pourra manquer à cette étude; elle m'a paru nécessaire, voilà mon excuse.

Comme la plupart des matières premières, les bois bruts attirent peu l'attention du public. Il n'y a cependant pas, à l'exception des denrées alimentaires, de produits plus importants et plus utiles. Dans un pays comme le nôtre, la production forestière soulève les questions agricoles et économiques les plus graves ; elle touche à tous les intérêts et forme une des parties essentielles de l'économie rurale. J'ajoute qu'il n'est pas de sujet plus attrayant. Sans dire tout à fait comme le poëte latin : *Nobis placeant ante omnia sylvæ,* j'ai toujours trouvé dans le spectacle des forêts une grandeur divine ; nulle part n'apparaît mieux la magnificence des dons que la Providence a faits à l'homme.

Cette libéralité de la végétation spontanée s'empare si vivement de l'imagination, qu'elle trompe sur la véritable nature de ces présents. On se persuade aisément que l'homme n'a rien à faire et qu'il lui suffit de récolter sans semer. Cette erreur fondamentale a été partagée par le programme de l'exposition. La seconde classe porte pour titre : *Art forestier, Chasse, Pêche et autres produits obtenus sans culture.* Ces mots *sans culture* peuvent être exacts quand il s'agit de régions sauvages, comme les déserts de l'Amérique, de l'Afrique ou de l'Asie ; mais dès qu'ils s'appliquent à des contrées peuplées et civilisées, comme la France et la plus grande partie de l'Europe, ils cessent d'exprimer une idée vraie. Le mot *art forestier,* dont on se sert en même temps, implique contradiction. C'est en effet un art et un art très-savant que l'exploitation bien entendue des richesses forestières. Dès que l'homme arrive et se multiplie quelque part, il est par le seul fait de sa présence un agent puissant de destruction, s'il ne s'exerce pas à reproduire sans cesse ce qu'il consomme. Quand ils ne sont pas l'objet d'une culture spéciale, les bois disparaissent dans tous les pays habités, et leur disparition peut devenir mortelle à l'homme lui-même.

Le gibier et le poisson, à qui s'appliquent les mots de

chasse et de *pêche*, disparaissent aussi si l'on n'en prend pas soin, et ce sont des pertes plus sérieuses qu'on ne croit; l'un et l'autre peuvent servir sensiblement à nos besoins comme à nos plaisirs.

Je n'insisterais pas sur cette observation, qui peut paraître puérile, si le préjugé contraire n'avait les plus grands dangers. Le code forestier lui-même semble l'admettre. Il fait une distinction entre les bois semés de main d'homme et ceux qui viennent naturellement, et pour les uns comme pour les autres, il punit moins sévèrement les délits que pour les autres produits ruraux. Le peuple des campagnes a les mêmes idées; tel qui se ferait scrupule de prendre une poignée d'épis maraude sans hésitation dans les bois. C'est un grand et funeste abus. Rien ne nous est donné à titre gratuit. Les déprédations font plus de mal dans les bois qu'ailleurs; quand la dent des troupeaux offense les tiges naissantes, elle emporte avec la récolte de l'année celle des années suivantes, et détruit mille pour avoir un. Même quand cette nature de propriété ne reçoit aucun soin apparent, elle forme un capital qui s'échange avec tous les autres; elle est soumise à l'impôt et aux autres charges qui grèvent les immeubles, elle a de plus des servitudes particulières et lourdes à porter, elle entraîne des frais indispensables de garde, d'assurance et d'exploitation. A plus forte raison, quand elle est soignée comme elle doit l'être par le bon père de famille, elle représente par des aménagements, des réserves, des repeuplements artificiels, des assainissements, des travaux de routes, toute une série d'épargnes et de dépenses.

Une autre erreur moins explicable est généralement répandue en France; on ne veut voir dans les forêts que du combustible, et on néglige, je ne sais pourquoi, leurs autres produits. Une foule d'industries emploient cependant le bois comme matière première : la navigation, la charpente, la menuiserie, le charronnage, l'ébénisterie, en exigent tous les ans des masses énormes. Notre première et notre dernière demeure, le berceau qui nous reçoit à notre naissance et le cercueil qui renferme notre dépouille inanimée, sont en bois. Le bois forme nos meubles les plus usuels : la table où j'écris, le fauteuil où vous me lisez, le plancher de nos appartements, le volet qui nous abrite, la porte qui s'ouvre aux amis et se ferme aux ennemis, la voiture qui nous transporte, le navire qui vole pour nous sur les mers. On a dit que la civilisation d'un peuple se mesurait à la quantité de fer qu'il consomme ; on pourrait en dire autant du bois.

Plusieurs arbres nous fournissent en outre des porduits spéciaux : les uns portent des fruits nourrissants, comme la châtaigne, la noix, la datte ou le coco ; d'autres donnent des matières tinctoriales, comme le quercitron ou le campêche ; celui-ci produit le liége, celui-là la résine, cet autre la gomme ou le caoutchouc, cet autre enfin le quinquina. Quelques-uns ont des fleurs éclatantes ou suaves qui nous charment par leurs couleurs ou par leurs parfums. Tous nous ombragent et nous défendent contre le soleil et les vents. Ils enclosent nos héritages, ornent nos jardins, embellissent nos paysages, et ce qui met le comble à leurs services, ils exercent sur les climats, quand ils sont bien placés, une action bienfaisante, en contribuant à la salubrité de l'air, à la fertilité du sol et à la bonne distribution des eaux.

La plupart des nations étrangères ont parfaitement compris la valeur de cette production. Il nous est venu de tous les côtés de nombreuses collections forestières. La palme de cette partie de l'exposition appartient aux colonies anglaises. Le Canada, l'Australie, la Guyane, le Cap, l'Inde, ont rivalisé de zèle, et leur empressement se conçoit sans peine. L'Europe occidentale manque de bois. L'Angleterre et la France, qui sont les deux grands peuples importateurs, ne savent presque plus où s'approvisionner. L'Angleterre est depuis longtemps déboisée, la France n'a guère plus que des taillis. Tout le midi de l'Europe n'a rien à donner ; dans le nord, la Suède et la Norvége commencent à s'épuiser, au moins dans les parties les plus aisément accessibles. Le centre a encore des réserves, mais la difficulté des transports en rend l'exploitation à peu près impossible. La Russie possède un immense capital forestier, mais elle a aussi d'énormes besoins, surtout en bois de chauffage. La guerre suspend d'ailleurs tous les arrivages de ce côté, et c'est ce qui a le plus frappé les habitants des colonies anglaises ; ils ont voulu saisir l'occasion en offrant à l'Europe leurs ressources inexploitées.

Leur but a été atteint à souhait ; les hommes spéciaux eux-mêmes ne se doutaient pas du nombre et de la beauté de ces essences exotiques, dont quelques-unes n'avaient pas de nom dans la science. Il n'y manquait que l'indication des prix de vente et de transport, c'est l'affaire du commerce, qui saura bien apprendre ce qu'il aura besoin de savoir.

Parmi les besoins de l'Europe, le plus pressant est celui des bois de marine. Pour construire la coque de ces bâtiments qui doivent résister au choc des ouragans et des vagues, et en particulier ces vaisseaux de guerre qui portent dans leurs flancs des milliers d'hommes et vomissent des tonnerres d'artillerie, il faut des matières d'élite qui mettent des siècles à se former. La quantité n'en est pas considérable, car avec 40,000 mètres cubes de bois équarri par an, ce qui en suppose le double en grume, on peut, dit-on, pourvoir aux besoins actuels de notre marine militaire, et avec 50,000, à ceux de notre marine marchande. L'Angleterre en emploie beaucoup plus, puisque sa marine est cinq fois plus considérable que la nôtre. Pour se procurer cet approvisionnement, il faut explorer le monde entier, et on ne trouve pas toujours ce qu'on cherche. Le prix des bois de marine monte sans cesse, soit en Angleterre, soit en France. Dans ce moment surtout, où le service de la guerre use rapidement les vaisseaux de toute espèce, on a la plus grande peine à entretenir les chantiers.

Le gouvernement vient de prendre, sous la pression des circonstances, une décision qui prouve l'intensité des besoins ; il a autorisé, par un décret récent, l'achat pur et simple de navires construits à l'étranger, moyennant un droit de dix pour cent, ainsi que l'introduction en franchise de droits de tous les objets qui servent aux constructions navales. Le même régime existe depuis longtemps en Angleterre, où il serait impossible, s'il en était autrement, de pourvoir aux besoins de la navigation nationale.

On se souvient qu'un des derniers actes du gouvernement royal a été le vote d'une somme de 100 millions pour approvisionner nos arsenaux maritimes. Cette belle dotation a rendu possibles les armements extraordinaires qui ont eu lieu depuis quelque temps, et qui ont porté si glorieusement le pavillon français dans la mer Noire et la mer Baltique. Il faut maintenant la renouveler, car si rien n'est plus brillant qu'une forte marine militaire, rien n'est plus cher. Un vaisseau à trois ponts armé coûte 3 millions; un bâtiment à vapeur de 960 chevaux en coûte 4. Un jour viendra sans doute où notre marine marchande, dégagée des entraves qui l'étouffent sous prétexte de la protéger, prendra enfin l'essor qui lui manque ; ce jour-là, ce ne sera plus de 50,000 mètres cubes qu'il s'agira, mais de 500,000, car l'industrie des transports est encore à son enfance dans le monde. Entre autres merveilles de l'exposition, on remarquait le modèle d'un bateau à vapeur de 23,000 tonneaux, en construction à Londres, sous la direction de M. Brunel. Ce géant des mers, qui aura 225 mètres de long sur 25 de large, et 2,500 chevaux de force, doit employer une quantité prodigieuse de bois, sans parler des autres matériaux; il absorberait à lui seul, s'il était tout en bois, la moitié de l'approvisionnement annuel de notre marine marchande, car on compte ordinairement un mètre cube par tonneau.

Après la marine viennent les chemins de fer. Chaque kilomètre à double voie nécessite l'emploi de 2,000 traverses de bois équarri, ayant chacune un dixième de mètre cube. Il faut donc pour les 10,000 kilomètres concédés en France 2 millions de mètres cubes ; il en a fallu tout autant pour les 10,000 kilomètres exécutés dans le Royaume-Uni. Les ingénieurs attribuent à ces traverses une durée moyenne de dix ans, ce qui suppose, pour le seul entretien, une consommation annuelle de 200,000 mètres cubes, soit en France, soit en Angleterre, et ces chiffres s'augmenteront, suivant toute apparence, dans une proportion énorme, car les chemins de fer n'en resteront pas là. Une nouvelle tentative est à l'essai qui doit accroître considérablement, si elle réussit, ce genre de consommation ;

c'est l'établissement de rails en bois sur les accotements des routes ordinaires. On va commencer, dit-on, par les Landes ; on continuera sans doute sur d'autre points, car la circulation des Landes ne peut donner une idée de ce que serait, dans un pays riche et peuplé, la masse des transports qui prendraient cette voie.

Les ponts, les stations, les débarcadères, les wagons, les guérites demandent encore des quantités considérables de bois. Voilà tout un ordre de débouchés qui n'existait pas il y a quelques années, et qui prouve une fois de plus combien le progrès de la civilisation développe de besoins nouveaux et imprévus.

En troisième lieu, l'industrie du bâtiment, qui est la plus importante. M. Tassy, ancien professeur de sylviculture à l'Institut national agronomique, à qui j'emprunte la plupart de ces chiffres, estime à 1,600,000 mètres cubes la consommation annuelle du bois de charpente en France. Je crois cette évaluation plutôt au-dessous qu'au-dessus de la vérité ; nous avions au 1er janvier 1846, époque du dernier recensement, 7,500,000 maisons imposées, et nous devons en avoir aujourd'hui 8 millions. L'Angleterre n'en a pas beaucoup moins. Soit pour la marine, soit pour le bâtiment, on cherche aujourd'hui à remplacer autant que possible le bois par le fer ; mais cette substitution ne s'opère que lentement, surtout en France ; même en Angleterre elle trouve un obstacle dans le prix du fer ; il faut une véritable disette de bois pour y avoir recours.

Restent la menuiserie, le charronnage, la tonnellerie, enfin le bois de feu. Cette dernière consommation est à peu près nulle en Angleterre, où la houille en tient lieu ; mais elle est encore considérable en France, soit pour les usines, soit pour les besoins domestiques. On l'évalue à un stère environ par tête, ou 35 millions de stères [1] par an.

En somme, la consommation annuelle du bois, sous toutes les formes, doit atteindre en France une valeur de 320 millions, dont 200 en bois de feu et 120 en bois de marine et d'industrie, et en Angleterre de 360, presque tout entière en bois d'industrie et de marine.

Pour subvenir à cette énorme demande, la production nationale est insuffisante, surtout en Angleterre. L'importation des bois étrangers a décuplé, dans les deux pays, depuis la paix de 1815 ; elle atteint aujourd'hui 70 millions pour la France, dont 60 en bois communs et 10 en bois de teinture et d'ébénisterie, et la somme bien autrement colossale de 300 millions pour l'Angleterre. On comprend aisément que de pareils débouchés aient excité la convoitise des colonies anglaises. Elles entrent déjà pour la moitié environ dans les approvisionnements anglais, mais elles ne prennent jusqu'ici aucune part à l'approvisionnement de la France, qui achète ses bois de construction dans le nord de l'Europe et fait venir ceux de teinture et d'ébénisterie du Mexique et d'Haïti.

Par une nouvelle application de cette politique habile et libérale dont elle a pris l'initiative, l'Angleterre s'est bien gardée, malgré l'intensité de ses propres besoins, de s'attri-

1 Il faut faire une distinction entre le mètre cube et le stère; le mètre cube, qui sert à mesurer le bois de marine et de charpente, est un stère de bois plein ; le stère, qui sert de mesure pour le bois de chauffage, est un mètre cube de bûches empilées présentant plus ou moins de vides. Cette distinction n'est pas la seule : les divers modes de cubage prêtent à des confusions continuelles, et font une des plus grandes obscurités du langage forestier.

buer le monopole des bois de ses colonies ; c'est à la suite d'un mot d'ordre général que nous les avons vus arriver en si grande abondance à l'exposition. On a voulu nous rassurer sur les conséquences de la guerre, en nous montrant ce que le nouveau monde, à défaut de l'ancien, peut nous offrir ; les Anglais comptent d'ailleurs trop bien pour se priver des bénéfices que peut leur rapporter la vente de leurs bois coloniaux.

II

Le Canada exporte déjà pour 50 millions de ses bois par an, qui vont presque tous en Angleterre, et il pourrait en exporter bien davantage, si l'on en juge par le trophée où il avait réuni ses richesses forestières.

On vante surtout le pin blanc, qui atteint une hauteur de 50 mètres, ce qui le rend précieux pour la mâture, et une espèce de mélèze qu'on appelle dans le pays épinette rouge ou *tamarac*, et qu'on dit éminemment propre aux constructions navales. La construction des navires est en effet une des industries les plus florissantes du pays. Le seul port de Québec a construit, en 1853, 50 bâtiments jaugeant 50,000 tonneaux, et le tonnage total de la navigation canadienne, soit sur la mer, soit sur les lacs et fleuves, arrive déjà à des quantités incroyables. Tout à côté du Canada se trouvent les principaux chantiers des États-Unis, maintenant les premiers du monde, qui doivent employer les mêmes bois, puisque leurs forêts se touchent. La marine marchande y atteint aujourd'hui le chiffre inouï de 5 millions de tonnes, c'est-à-dire *six fois* la nôtre, qui n'est que de 800,000. Parmi les causes principales de ce prodigieux développement figure le bon marché des matériaux ; un navire construit dans les ports des États-Unis, et probablement aussi dans ceux du Canada, ne coûte que 300 fr. la tonne, tandis qu'il revient à plus de 500 fr. en Angleterre et en France.

Le Canada possède en même temps d'excellents bois pour les constructions civiles. Le noyer noir, l'érable ondé, le merisier rouge, peuvent servir à l'ébénisterie. D'admirables ouvrages de tonnellerie, qui ont fait partie de l'exposition, montraient à la fois la bonne qualité des bois et l'habileté des ouvriers qui les travaillent. Toutes ces variétés d'arbres poussent ensemble : on a eu soin de nous prévenir que des 64 échantillons d'espèces diverses exposées par le docteur Dickson, la moitié avait été recueillie sur une étendue de 40 hectares seulement, le Canada presque tout entier forme une semblable forêt. Les colons sont obligés de s'y frayer un passage le fer et la flamme à la main. Le *lumbering*, ou exploitation de ces forêts primitives, occupe en hiver des milliers de bras ; d'immenses trains descendent de toutes parts, lors de la fonte des glaces, le Saint-Laurent et ses affluents.

Un des produits les plus singuliers est le sucre d'érable, qui découle d'un arbre, et dont on nous a montré plusieurs spécimens. On consomme annuellement, aux États-Unis et au Canada, 20 millions de kilos de ce sucre. Tout le monde a pu lire, dans les *Pionniers* de Cooper, une description curieuse de la manière dont on le récolte. Les pieds qui le produisent s'épuisant rapidement par les saignées et n'étant pas renouvelés par des plantations, on peut prévoir le moment où l'espèce aura disparu.

Les bois de la Guyane anglaise étaient représentés par

de superbes échantillons, qui font regretter que notre propre Guyane n'ait à peu près rien envoyé ; les mêmes richesses naturelles doivent se retrouver dans les deux pays contigus. L'épaisseur extraordinaire de la couche végétale, la chaleur des tropiques, l'humidité entretenue par les longues pluies, tout contribue à faire de la Guyane une des contrées du monde les plus propres à la production des grands végétaux. Parmi les arbres de ses forêts, le *mora excelsa,* le plus gigantesque de tous, s'élève, dit-on, jusqu'à 45 mètres. « Sur le cours supérieur du Barrima, dit un voyageur, les moras sont en si grand nombre, que toute la marine de la Grande-Bretagne pourrait être reconstruite en bois de mora, sans épuiser les forêts qui avoisinent la rivière. Le Barrima est navigable pour des embarcations tirant douze pieds d'eau, ce qui permet aux bateaux de se charger sur le point même où les arbres sont abattus. » Le même voyageur ajoute que les touffes du mora apparaissent de loin, *comme des collines couvertes de verdure,* et qu'un seul de ses pieds représente la végétation de toute une forêt.

Le commerce des bois de la Guyane anglaise commence à prendre de l'extension, tandis que la nôtre ne vend que quelques bois d'ébénisterie. Elle exporte en outre du sucre, de la mélasse et du rhum, et a maintenant 135,000 habitants ; la nôtre en a tout au plus 20,000, même en comptant les détenus qu'on y a récemment transportés.

Parmi les produits ligneux qui nous sont venus de cette région, il en est un qui paraît exciter de grandes espérances, la fibre textile qu'on retire du bananier. Ce végétal, car on ne peut pas l'appeler un arbre, passait déjà avec raison pour un des plus utiles ; M. de Humboldt a calculé que, sur la même surface, un champ de bananiers portait vingt-cinq fois plus de matière nutritive pour l'alimentation humaine qu'un champ de froment. J'ai peine à croire à une différence si grande ; même en rabattant beaucoup, c'est encore bien beau. Voici maintenant qu'une nouvelle richesse s'annonce ; on évalue à des quantités non moins frappantes ce qu'un hectare de bananiers peut produire de fibres textiles, la machine pour les extraire est trouvée, et l'exploitation en grand va commencer.

Depuis sa rupture avec la Russie, l'Angleterre, qui en retirait tous les ans 25 millions de kilogrammes de chanvre, s'est préoccupée des moyens de les remplacer. La Guyane n'est pas la seule contrée qui lui offre des équivalents ; dans toutes ses colonies, notamment dans l'Inde, on prépare maintenant les fibres extraites de plusieurs sortes de bois, qui font, dit-on, des cordages plus forts que les meilleurs chanvres de Russie. Des échantillons de ces fibres abondaient à l'exposition. L'ancien directeur du jardin botanique de la compagnie des Indes, M. Royle, a écrit sur ce sujet un livre fort curieux, qui semble tout à fait démonstratif ; même sur ce terrain, la Russie est battue. Nous aussi, nous commençons à faire venir des matières textiles de l'Inde ; nous en avons acheté en 1854 pour près de 3 millions.

La collection des bois de l'Australie était magnifique dans toute la force du mot. On n'a rien épargné pour appeler l'attention sur elle, même les singularités. On sait combien l'Australie diffère du reste du monde, tant pour ses végétaux que pour ses animaux. « Parmi les arbres extraordinaires, dit le catalogue spécial, on peut citer l'*ortie géante*, arbre commun des massifs qui atteint quelquefois des proportions énormes ; le tronc des plus gros excède 40 pieds de circonférence à quatre pieds du sol. Les feuilles ont souvent de 12 à 15 pouces de diamètre, leurs épines sont formidables. Mais pour la bizarrerie des formes comme pour la stature, l'ortie doit céder la place aux figuiers géants ; les plus gros ont de 86 à 87 pieds de tour. Une graine est déposée par les oiseaux sur les plus hautes branches d'un arbre ; elle y naît et y plonge peu à peu ses racines ; dès que celles-ci parviennent au sol, elles s'y enfoncent et embrassent graduellement le tronc jusqu'à ce qu'il disparaisse sous leur étreinte et devienne le centre d'une énorme colonne cannelée, de forme irrégulière, supportée par des arcs-boutants, tandis que la tête, en forme de coupole, domine tous les arbres environnants. »

Il est facile de reconnaître dans cette description l'analogue du fameux figuier des Banians, si bien décrit par Bernardin de Saint-Pierre dans *la Chaumière indienne*, et qui était connu des anciens, car Quinte-Curce en parle. L'exemple est venu à l'appui du récit, tout le monde a pu voir à l'exposition un tronc d'arbre étouffé par un véritable serpent de bois qui l'entourait de ses replis. Cette monstruosité végétale n'était qu'un accessoire ; l'Australie a d'autres bois, et en abondance, puisqu'il n'y avait pas moins de 250 variétés. La plupart peuvent s'employer à la fois dans la marine, la construction et l'ébénisterie. Celui qu'on appelle dans le pays *beef wood*, bois de bœuf, à cause de sa belle couleur rouge, et qui sert aujourd'hui à faire des lattes pour couvrir les maisons, peut lutter d'éclat avec le plus bel acajou. La Guyane nous avait montré de son côté du bois de zèbre et du bois de tigre, dont les veines rappellent le pelage de ces divers animaux.

M. Mac-Arthur, auteur de la collection vraiment unique des bois australiens, en a fait don au Jardin des Plantes.

La terre de Van-Diemen, satellite de l'Australie, avait exposé des meubles d'un goût douteux, mais d'un riche travail, faits avec les principales essences du pays. C'était à n'en pas croire ses yeux.

Le cap de Bonne-Espérance, la Jamaïque, la Nouvelle-Zélande, l'île de Norfolk, Ceylan, l'Inde enfin, ont étalé à leur tour leurs trésors forestiers. Sans parler des produits spéciaux, comme les huiles, les résines, les farines nourrissantes, le caoutchouc et tant d'autres, qui nous viennent de ces arbres innombrables, leur bois seul a une grande valeur. Un petit échantillon de bois de teck, perdu dans la riche collection de l'Inde, n'était pas ce qu'elle renfermait de moins important. Ce bois passe pour incorruptible, et dans ce climat dévorant, il sert à faire des vaisseaux qui durent, dit-on, beaucoup plus que ceux d'Europe. L'arbre qui le produit est de la famille de nos verveines. Il commence à pénétrer en France; on en fait des wagons de chemins de fer. Les Anglais l'emploient dans leurs constructions navales, bien qu'il puisse servir pour l'ébénisterie à cause de sa belle couleur jaune.

La distinction entre le bois de construction et le bois d'ébénisterie s'efface tout à fait. L'acajou arrive maintenant en si grande quantité en Angleterre, qu'on s'en sert aussi pour la marine. On en construit des bâtiments entiers. D'autres présentent une disposition particulière qu'on appelle *bread and butter*, pain et beurre, parce qu'elle se compose de couches superposées de bois différents. L'acajou d'Honduras est plus léger que le chêne, et il passe pour aussi solide.

III

Devant cette brillante exhibition des nouveaux mondes, il semble que les bois de la vieille Europe dussent perdre beaucoup de leur intérêt. Il n'en est rien. Si riches et si inépuisables qu'ils paraissent, ces dons de la nature primitive sont séparés de nous par l'immensité des mers, et quoiqu'ils servent à se transporter eux-mêmes, puisqu'ils forment à la fois la coque et le chargement des navires, le voyage de matières si lourdes et si encombrantes ne peut être que très-coûteux. La consommation s'accroît d'ailleurs très-vite dans les pays de production et peut amener un jour une disette ou au moins une cherté. Les bois d'Europe conservent donc leur prix ; ce n'est même que parce qu'il devient élevé, que les bois coloniaux peuvent soutenir la concurrence.

L'Angleterre est encore la première à nous donner ici le bon exemple. Tout en prenant du bois partout où elle en trouve, même aux antipodes, elle attache à ses propres ressources une attention croissante. Il ne peut être question de rendre à la forêt des terrains plus utilement occupés par des prairies ou des céréales, mais partout où le sol se montre peu propre à la culture, notamment dans les montagnes du pays de Galles et de l'Écosse, on plante tant qu'on peut. Les grands propriétaires se font tous un devoir d'y contribuer. C'est par milliers d'hectares que se comptent tous les ans les plantations nouvelles, surtout en conifères résineux, et ces forêts artificielles reçoivent les soins les plus assidus. Après avoir longtemps fait la guerre aux bois, l'Angleterre est aujourd'hui la principale patrie de la sylviculture ; les bois y rapportent à surface égale le double de ce qu'ils donnent en France, et ils doivent rapporter un jour bien davantage.

La collection des essences forestières anglaises a fait partie de leur exposition agricole. Elle était rangée dans le même ordre méthodique et témoignait de la même sollicitude. On y trouvait, à côté des espèces indigènes, comme le chêne, le hêtre et le pin d'Écosse, les espèces étrangères importées, avec la date de leur introduction ; ainsi l'épicéa leur est venu d'Allemagne en 1603, le mélèze des Alpes en 1629, le cèdre d'Orient en 1683, le chêne scarlet de l'Amérique du Nord en 1691, et ainsi de suite. Ces belles espèces sont aujourd'hui répandues à l'égal des indigènes. Le mélèze et l'épicéa couvrent de proche en proche les vallées de la haute Écosse ; les plus beaux cèdres du monde ne sont plus dans le mont Liban, mais sur les bords de l'Avon, dans les propriétés de lord Warwick. Parmi les acquisitions plus modernes, on doit citer le *deodora* ou cèdre de l'Himalaya et le sapin de Douglas, le premier pour la beauté de son bois et de son port, le second pour la rapidité de sa croissance. Douglas, qui lui a donné son nom, était un de ces explorateurs intrépides que l'Angleterre envoie dans toutes les parties du monde ; il est mort à la peine dans les Montagnes-Rocheuses.

La plus belle espérance de l'avenir est une autre espèce de sapin, récemment découverte en Californie, et qui a reçu le nom de *Wellingtonia gigantea ;* si ce qu'on en raconte est vrai, ce serait bien autre chose que le fameux baobab : ce sapin arrive, dit-on, dans son pays natal, à plus de 100 mètres, c'est-à-dire à la hauteur de la flèche des Invalides.

L'empire d'Autriche a un tiers de son territoire, ou 20 millions d'hectares, en forêts, la plupart sans débouchés. On sait que le gouvernement autrichien en a cédé récemment environ 100,000 hectares à une compagnie. Les envois faits à l'exposition montrent qu'on fait des efforts pour ouvrir des voies de transport. La France et l'Angleterre ont acheté, en 1854, pour plusieurs millions de bois aux États autrichiens; elles en achèteront probablement davantage en 1855. Il faut en outre pourvoir aux besoins d'une population de 36 millions d'âmes, et en particulier d'une navigation qui fait de grands progrès. Dans les échantillons qui nous ont été envoyés figuraient des bois de résonnance pour les instruments de musique.

L'habileté des forestiers allemands est depuis longtemps célèbre. Nous n'avions pas besoin de l'exposition pour reconnaître dans les forêts allemandes les mieux tenues de l'Europe. Le Rhin et les fleuves qui descendent vers la Baltique portent à la Hollande et aux villes anséatiques de grands approvisionnements de bois de la forêt Noire et des autres massifs du Zollverein. Pour notre part, nous en avons acheté, en 1854, pour 10 millions. La Suède et la Norvége nous en ont vendu dans la même année pour 24, la Suisse pour 8. L'Angleterre en achète encore plus que nous, et la consommation locale en emploie des quantités notables : tous les ustensiles usuels de l'Allemagne, de la Suisse et de la Suède sont en bois. Ces divers États producteurs étaient représentés à l'exposition.

Les parties méridionales de l'Europe sont pour la plupart déboisées, et l'expérience leur a appris le danger de se laisser ainsi dépouiller. Ici, ce n'est plus seulement du revenu des bois qu'il s'agit ; une question plus vitale encore est en jeu, la conservation de la terre végétale pour les cultures de première nécessité. On a beaucoup discuté sur la question de savoir si les déboisements étaient funestes aux climats en général. Deux distinctions fort simples suffisent, je crois, pour mettre tout le monde d'accord : l'une entre le Nord et le Midi, l'autre entre les plaines et les montagnes.

Dans les pays du Nord, le déboisement a plus d'avantages que d'inconvénients; les forêts y entretiennent une humidité excessive et un froid rigoureux, leur disparition amène une élévation de température fort désirable, et elles peuvent être remplacées par des pâturages et des terres arables, parce qu'un degré suffisant d'humidité persiste après elles. Dans le Midi, au contraire, la destruction des bois dessèche la terre qui n'a plus d'abris contre le soleil, et finit par la rendre tout à fait impropre à la végétation : c'est ainsi qu'en Asie Mineure, en Grèce, en Italie, en Afrique, le déboisement a mis d'affreux déserts à la place de nations florissantes. Partout il y a danger à déboiser les montagnes et les pentes escarpées, d'abord parce que les pluies d'orage entraînent la terre, qui n'est plus retenue par les racines, et laissent les rochers à nu; ensuite parce que les eaux, n'étant plus absorbées par les forêts, tombent en torrents dans les vallées et y portent la dévastation.

Tout annonce que l'Espagne avait autrefois beaucoup de bois. Les ravages des troupeaux, et surtout l'incendie (car les pâtres espagnols avaient, comme les Arabes, l'habitude de mettre le feu aux broussailles pour écarter les loups), ont presque tout détruit. On s'aperçoit aujourd'hui de cette immense faute, et on revient sur ses pas. De tous les points de la Péninsule, on a envoyé des collections de bois. Celle du corps royal des ingénieurs forestiers était complète. On y remarquait de nombreuses variétés de chêne, entre autres le chêne-liége (*quercus suber*) et le chêne à glands doux (*quercus ballotta*). L'Espagne produit le meilleur liége de l'Europe ; nous lui en achetons tous les ans pour 3 ou 4 millions. Les glands doux de l'Andalousie sont énormes comme ses olives.

L'inconvénient des défrichements de montagne n'a été nulle part plus sensible qu'en Toscane. Toutes les hauteurs du val de l'Arno n'offrent plus à l'œil que des rocs décharnés. Là aussi, on a reconnu la nécessité de réparer le mal ; une partie du Casentino a été concédée à des moines camaldules qui y font de vastes semis. Les Maremmes se peuplent de pins et de chênes-liéges. Ces louables efforts donnent des résultats, on nous en a montré les preuves. Dans d'autres parties de l'Italie, on possède encore quelques forêts. Ces contrées ont leurs essences spéciales qui valent bien celles du Nord. Les vaisseaux construits avec les bois du Midi sont les meilleurs et les plus durables.

Le gouvernement hellène s'occupe de cette question, puisqu'il avait exposé des échantillons de soixante-dix-sept espèces, appartenant aux forêts de l'État dans l'Achaïe et dans l'Élide. La Grèce a besoin d'un repeuplement général. Si nous en croyons les témoignages des anciens, elle était naturellement boisée. Homère parle à tout moment, soit dans l'Iliade, soit dans l'Odyssée, des ombrages séculaires qui couvraient de son temps les montagnes. Tout un peuple de dieux, faunes aux pieds de chèvre et dryades aux danses lascives, habitaient ces forêts, dont les chênes rendaient des oracles. Bien des siècles après, Virgile vante encore, dans des vers délicieux que nous savons tous par cœur, les fraîches vallées de l'Hémus et l'ombre immense de ses bois. Ailleurs il donne à l'île de Zacynthe l'épithète de *nemorosa*. Toute cette verdure a disparu, une affreuse stérilité la remplace ; c'est à peine si les hardis marins de l'Archipel trouvent encore de quoi construire leurs légers navires.

Ainsi, sur tous les points du monde, le bois excite un intérêt universel. Les uns ne songent qu'à l'exploiter, d'autres travaillent à le reproduire ; tous s'accordent à le considérer comme un des principaux instruments de la civilisation. Il n'y a pas de nation un peu avancée qui n'ait au moins un institut forestier ; la Russie elle-même en possède un, dont M. de Haxthausen nous a donné en détail l'organisation. Qui peut dire à combien s'élève la consommation du bois sur le globe ? En Europe seulement elle dépasse plusieurs milliards, et il n'est pas permis d'en mépriser impunément la production, car, dans les vues de la Providence, la vie des hommes est attachée à celle des arbres.

A la question forestière s'unit celle du gibier. Elle fait partie des études des forestiers allemands, qui ont déterminé quelle proportion d'animaux sauvages comestibles les grands bois pouvaient nourrir sans inconvénient. Cette proportion est assez considérable. En Angleterre, en Bohême, dans une partie de l'Allemagne, le gibier entre pour une assez grande part dans l'alimentation publique. Des espèces précieuses de gros quadrupèdes, comme le cerf, le daim, le chevreuil, qui se perdent ailleurs, y sont conservées et entretenues avec soin. Leur viande se vend en Bohême de 30 à 40 centimes la livre. En Angleterre, les journaux nous apprennent souvent que des milliers de lièvres, de faisans, de perdrix, ont été tués dans une seule chasse, chez un simple particulier. Le coq de bruyère et la gélinotte ne peuvent vivre que dans les sapinières des hautes montagnes. En Amérique, les marchés sont alimentés d'espèces particulières d'oiseaux excellents, grâce à l'immensité des forêts. Des têtes d'animaux qui n'habitent que les plus profondes solitudes, comme l'orignal et le caribou, avaient été placées à dessein dans le trophée du Canada, pour nous rappeler qu'on ne les trouve plus que là.

Trop multiplié, le gibier est un fléau ; dans la juste mesure, c'est un attrait en même temps qu'un produit de plus pour les bois, et qui en recommande puissamment la conservation.

IV

Hâtons-nous d'arriver à ce qui nous intéresse le plus, les bois français. Hélas! ce ne sera que pour y trouver une déception. L'administration des forêts, qui possède seule les éléments d'une collection complète, n'a rien exposé, lacune irréparable dans l'inventaire de nos richesses nationales. La Corse seule a fait exception ; des échantillons assez complets des bois de cette île, qui possède à cet égard tant de ressources, ont été envoyés par l'administration locale; mais par suite de la fatalité qui semble avoir poursuivi nos produits forestiers, ils ont été négligemment jetés dans la cour, exposés à toutes les injures de l'air, sans aucun signe extérieur qui attirât sur eux l'attention. Les particuliers ont suivi instinctivement la même pente ; très-peu d'exposants se sont présentés dans cette catégorie. On ne saurait trop s'affliger d'une telle indifférence. Essayons de suppléer à ce qui a manqué ; cette étude a d'autant plus d'à-propos que la propriété forestière française traverse depuis quelque temps une crise.

Sous le rapport des essences dont le ciel nous a doués, nous n'avons pas à nous plaindre. Nous trouvons dans notre lot cinq espèces forestières du premier ordre, le chêne, le hêtre, le châtaignier, le sapin et le pin, sans compter les espèces secondaires qui peuplent nos bois, nos champs, nos jardins, les bords de nos rivières.

Le chêne est l'arbre gaulois par excellence et peut-être le plus fort bois du monde. On dit que le cèdre de l'Inde et l'épinette du Canada lui sont supérieurs pour la construction des vaisseaux ; c'est possible, mais ce n'est pas prouvé. Jusqu'ici, les constructeurs maritimes n'ont fait usage d'autres matériaux qu'autant qu'ils n'ont pas pu se procurer du chêne en quantité suffisante. Dans tous les cas, s'il a des rivaux ou des supérieurs, il n'en a guère. Il couvrait autrefois la Gaule tout entière de ses majestueux rameaux, et forme encore la moitié à peu près de nos bois ; nos ancêtres l'avaient divinisé. Exploité en taillis, il se reproduit perpétuellement sous la hache, et fournit, tous les quinze ou vingt ans, un excellent bois de chauffage et du charbon de première qualité ; en futaie, il rend de plus grands services encore. Son écorce sert pour la tannerie ; son fruit peut nourrir des légions de porcs.

Nous n'avons malheureusement plus qu'un bien petit nombre de ces arbres séculaires qui montrent quelles proportions peut atteindre ce roi de nos forêts ; mais quand on en rencontre un debout, on ne peut qu'être frappé d'admiration et de respect. Au pied des Vosges, près de Bourbonne, s'élève *le chêne des Partisans,* ainsi nommé parce qu'il servait, dit-on, de rendez-vous aux bandes armées du quatorzième siècle ; il a 34 mètres d'élévation et 26 d'envergure, et doit avoir huit siècles. Au point de vue de l'utilité, le chêne atteint, vers deux cents ans, son maximum de croissance ; il n'est pas rare d'en trouver qui, à cet âge, valent 500 fr., et on a vu tel hectare d'antique futaie produire une coupe de 30,000 fr.

Je ne cite que pour mémoire la variété particulière de chêne qui fournit le liége, parce qu'elle n'appartient pas, à proprement parler, aux essences forestières ; cette variété vient naturellement dans les parties les plus méridionales de la France, et si elle y était plus répandue, elle pourrait donner de grands produits.

Le hêtre n'a pas tout à fait la même valeur que le chêne, mais s'il ne peut servir également pour la marine et pour la charpente, il alimente une foule d'industries ; dans la forêt de Villers-Cotterets, des ateliers nombreux le mettent en œuvre sur place. Il vient dans des régions plus froides et plus humides que le chêne, et s'élève plus haut que lui sur les montagnes. Son charbon est le meilleur de tous, et son chauffage le plus agréable. Son fruit donne une très-bonne huile.

Si le châtaignier n'était pas indigène, il n'y aurait pas assez d'éloges à lui donner pour en conseiller l'importation. Cultivé, il porte des fruits excellents pour l'homme et pour les animaux ; la France possède 400,000 hectares de châtaigneraies qui ajoutent un supplément précieux à l'alimentation des campagnes. A l'état sauvage, il donne un bois abondant par la rapidité extraordinaire de sa croissance ; il y a des taillis de châtaigniers exploités pour cercles, qui portent autant de revenu que les meilleures terres arables.

Les conifères résineux ont, sur les bois feuillus, ces deux avantages, qu'ils utilisent les terres les plus stériles et les cimes les plus élevées, et que, poussant en tiges plus qu'en branches, ils fournissent plus de bois d'œuvre sur la même surface. Le sapin et son frère l'épicéa croissent au milieu des neiges, et créent dans des régions inabordables une richesse énorme. Il y a dans les Vosges et le Jura des hectares de sapins qui valent jusqu'à 50,000 francs. Les deux principales variétés de pins, le sylvestre et le maritime, utilisent des sables arides ; le premier produit le goudron, le second la résine. Le pin de Corse, le plus haut de tous, fournit des mâts de 40 mètres.

Le mélèze, l'orme, le charme, le noyer, le merisier, le tilleul, le frêne, l'aulne, le bouleau, le peuplier, le saule, et parmi les arbres d'origine étrangère, l'acacia, ajoutent à la variété comme à la quantité de nos produits ligneux. Il est impossible d'énumérer les profits de tout genre qu'on en retire, indépendamment de leur bois. Ici, les feuilles vertes servent à la nourriture des troupeaux ; là, les feuilles mortes sont recueillies avec soin, comme en Alsace, pour l'amendement des terres ; le fruit du merisier donne le kirsch, la fleur du tilleul est recherchée en médecine. Une foule de végétaux utiles naît sous leur ombrage. Parmi les arbrisseaux, le genévrier produit une liqueur, le fusain sert dans les arts, les plus flexibles sont employés par la vannerie ; le plus humble de tous, qui aime à se cacher au plus obscur des fourrés, la bourdaine, sert à la fabrication d'une matière qui a aujourd'hui beaucoup de débit, la poudre à canon.

Ce n'est pas non plus par l'étendue que pèchent nos bois ; nous en avons plutôt trop, car la statistique officielle en accuse près de 9 millions d'hectares, et avec les bouquets, les arbres isolés, les allées, les bordures, les pépinières, plus de 10, ou le cinquième de la surface totale du sol national. D'où vient donc que, dans l'état actuel des choses, la France, soit obligée de faire venir de l'étranger pour 70 millions de bois ? D'où vient que, sur une production totale de près de 40 millions de stères, la marine militaire ne puisse plus trouver les 40,000 mètres cubes qu'elle emploie tous les ans ? D'où vient enfin que, malgré la somme des besoins, la qualité des essences et la fertilité du sol, la propriété forestière française soit une des moins productives, et que nos bois ne rapportent en moyenne que 30 fr., par hectare, de produit brut, réduit à 20 fr. tout au plus de produit net ? La réponse à cette question se résume en un seul mot, la préférence généralement donnée à l'exploitation en taillis sur l'exploitation en futaie, ou du moins la trop grande brièveté des révolutions et l'absence de réserves suffisantes.

L'exploitation en taillis n'a qu'un but, produire du bois de feu, soit pour les usines, soit pour les ménages. La demande des bois de feu a toujours été croissante en France jusqu'à ces derniers temps, d'abord à cause du progrès de la population, ensuite par la création et le développement successif des industries qui employaient le bois comme combustible. Le maximum de la demande a été atteint vers 1845. Depuis, un mouvement contraire s'est produit, d'abord lent et incertain, puis plus rapide et plus prononcé. Il est dû à l'invasion du combustible minéral, la houille, qui, à mesure que s'étend le réseau des chemins de fer, tend à se répandre partout et à remplacer de plus en plus le bois, soit dans la consommation industrielle, soit dans la consommation domestique. A Paris surtout, la demande de bois de feu a diminué dans des proportions inquiétantes pour les producteurs; la consommation annuelle de cette capitale, qui avait atteint 1,200,000 stères, est tombée à 800,000. Dans le même temps, la consommation de la houille y a quadruplé, elle a passé d'un million d'hectolitres à quatre. Des faits du même genre se sont présentés dans les districts métallurgiques; un document officiel émané du ministère de l'agriculture et du commerce constate que les forges, qui avaient employé en 1847 près de 7 millions de quintaux métriques de bois, n'en avaient plus consommé de 1848 à 1852, que 5 millions en moyenne, et que, le prix ayant baissé avec la demande, la perte pour les propriétaires vendeurs avait dépassé 20 millions de francs par an.

Depuis quelque temps, la dépréciation a paru s'arrêter; je ne crois pas que la houille puisse arriver à se substituer complétement au bois dans la consommation nationale, la hausse actuelle de ce combustible prouve qu'il a aussi ses limites; mais je ne serais nullement surpris que le prix des bois de feu baissât encore. Cette circonstance fâcheuse en elle-même peut avoir de bons effets, en forçant la propriété forestière à réduire ses coupes et à modifier son mode d'exploitation, de manière à revenir le plus possible vers la futaie. Cette transformation exige un sacrifice immédiat de revenu, et, par conséquent, elle est peu à la portée d'un grand nombre de propriétaires; mais je crains bien que le sacrifice ne soit forcé dans tous les cas, et qu'il n'y ait pas moyen d'y échapper. Ceux qui prendront ce parti trouveront une compensation dans l'augmentation du capital, et par suite du revenu ultérieur, tandis que ceux qui ne voudront ou ne pourront pas le prendre perdront sur leur revenu présent sans compensation dans l'avenir.

Il y a, il est vrai, un autre remède qui peut aussi être employé dans une certaine mesure, le défrichement; mais la législation actuelle y met un obstacle au moins apparent, et d'un autre côté, au point où nous en sommes, le défrichement est rarement une opération avantageuse. Partout où il y a profit réel à défricher, c'est évidemment ce qu'il y a de mieux à faire; le profit est-il réel? voilà la question. Même en admettant l'avilissement constant du combustible végétal, combien d'hectares de bois peuvent être aujourd'hui défrichés avec profit? Peut-être un sur cent, presque tous les terrains actuellement en bois étant mauvais en eux-mêmes ou trop éloignés des populations, et cette opération, même quand elle est bonne, exige bien d'autres capitaux et bien d'autres soins qu'une simple prolongation dans l'aménagement.

On croit assez généralement qu'il est toujours plus avantageux à l'intérêt privé d'exploiter les bois en taillis qu'en futaie. Je ne suis pas convaincu que cette opinion soit d'une vérité absolue, surtout quand il arrive, comme aujourd'hui, que le prix des bois de feu baisse et que celui des bois d'œuvre s'élève. Dans les terrains où les arbres arrivés à un certain âge s'arrêtent et dépérissent, il est bien clair qu'on n'a pas le choix. La question des débouchés mérite aussi une grande considération. Si la propriété forestière est placée sur un point où les bois de feu soient recherchés et payés un prix élevé, l'exploitation des taillis l'emporte encore ; mais sur un sol propre à la végétation des grands arbres, dans de bonnes conditions de débouché, et quand on a le moyen d'attendre, la futaie peut être aussi avantageuse à l'intérêt privé qu'à l'intérêt public.

En elle-même, la supériorité de production n'est pas douteuse. Par l'aménagement en taillis, on obtient en moyenne 25 francs de produit brut par hectare ; avec l'aménagement en futaie, on peut arriver et on arrive sur beaucoup de points à 100 francs, c'est-à-dire quatre fois plus. La différence de produit net est plus sensible encore, car il faut retrancher un tiers environ sur le produit brut des taillis pour les frais d'impôt, de garde et d'exploitation, tandis qu'il suffit de beaucoup moins pour les futaies. Ceci ne peut être nié par personne ; la contestation n'est possible que sur un autre point de la question, le calcul des intérêts composés.

Ici la futaie succombe évidemment, si l'on compte l'intérêt à 5 pour 100. Quelque puissante que soit la végétation des arbres, elle ne tient tête à l'action des intérêts composés que jusqu'à trente ou quarante ans. A partir de ce moment, l'accumulation devient si forte, que la séve la plus généreuse ne peut plus la suivre. Tout le monde connaît les effets extraordinaires des intérêts composés, il n'est pas inutile de les rappeler de temps en temps à ceux qui empruntent : 50 centimes, placés à 5 pour 100, deviennent 99,000 francs au bout de deux cent cinquante ans. Si différente que soit la valeur d'un hectare de futaie relativement à un hectare de taillis, elle ne compense pas un pareil produit; mais de bonne foi est-ce ainsi qu'il faut compter quand il s'agit d'un placement en immeubles? Quel est le capital qui a jamais été placé à 5 pour 100 et à intérêt composé pendant un laps de temps si considérable? Tous les trésors du monde ne suffiraient pas pour rembourser la moindre somme après cinq ou six siècles. Il en est du capital comme de toute chose, il s'use, il dépérit, quand il n'est pas incessamment renouvelé. Il y a des chances presque certaines pour que le capital réalisé par la coupe d'un taillis soit dissipé en mauvais placements ou en dépenses improductives, au lieu de recevoir la multiplication idéale que donne le calcul, tandis que la forêt garde fidèlement le dépôt qu'on lui confie.

Tout change d'ailleurs dès que l'on compte l'intérêt à 3 au lieu de 5, au moins jusqu'à cent ans, et je m'abonnerais volontiers à voir beaucoup de bois arriver à cet âge.

Supposons un hectare actuellement exploité en taillis, et susceptible, par la nature du sol et des essences, d'être mis en futaie, voici le produit net qu'il est raisonnable d'admettre dans les deux cas, avec les prix actuels : taillis, 4 coupes, dans une période de cent ans, produisant chacune 500 fr., 2,000 fr.; intérêts composés, à 3 pour 100, de la première coupe pendant soixante-quinze ans, de la seconde pendant cinquante, et de la troisième pendant vingt-cinq, 7,500 fr., total, 9,500; futaie, une seule coupe à cent ans, précédée d'éclaircies périodiques, pouvant facilement donner en tout 10,000 fr., sans compter les produits accessoires des bois défensables, comme la chasse, le pâturage ou la glandée, qui ne sont pas tout à fait à dédaigner.

Voilà pour les bois feuillus. Quant aux résineux, l'avantagne est encore plus marqué. Comme ils ne sont pas susceptibles d'être exploités en taillis, parce qu'ils ne repoussent pas du pied, ils n'ont pas à subir la double concurrence des coupes successives et de l'intérêt composé de l'argent réalisé à chaque coupe. Ils peuvent alors, quand ils sont placés dans des conditions favorables à leur croissance, tenir tête à l'intérêt composé à 4. Supposons, pour prix d'achat d'un hectare inculte, 100 francs, et pour frais d'ensemencement en résineux, 100 francs, en tout 200 ; à cent ans, en comptant l'intérêt composé à 4, ces 200 francs en représenteront 10,000. L'hectare de bois résineux peut très bien valoir autant et même davantage. Les individus isolés de ces puissantes familles peuvent même lutter jusqu'à cet âge contre l'intérêt composé à 5. C'est la plus belle des caisses d'épargne.

Après cent ans, l'intérêt n'est plus que de 1 à 2 pour 100, mais il est rarement à propos de dépasser ce terme ; les plus habiles forestiers fixent entre 100 et 180 ans, suivant la nature du sol, le meilleur point d'exploitation du chêne, de 80 à 140 celui du hêtre, de 90 à 120 celui du châtaignier, de 100 à 140 celui du sapin, de 100 à 120 celui du pin. Les futaies au delà de cent ans conviennent aux grandes fortunes ; elles sont le meilleur accompagnement des châteaux ; elles rapportent plus qu'une collection de tableaux, une belle meute, une écurie de chevaux de prix, et elles donnent autant d'honneur et de plaisir ; c'est le luxe de l'utile. Ainsi du moins pensent les grands propriétaires anglais, qui aiment à s'entourer d'arbres plus que séculaires, et qui croient par là faire un assez bon calcul, tout en ajoutant à la majesté de leur résidence.

La sylviculture n'a pas dit encore son dernier mot. Les progrès qu'elle a faits depuis quelque temps en font prévoir d'autres. La méthode dite de réensemencement naturel ou des coupes *sombres* et des coupes *claires* a été un grand perfectionnement. On peut en trouver de nouveaux; on conçoit, par exemple, qu'en associant dans une juste proportion les essences à croissance rapide, mais courte, avec celles à croissance lente, mais longue, et en exploitant les unes et les autres à leur point, on puisse réunir les produits du taillis à ceux de la futaie.

Si la futaie fait passer momentanément une partie des revenus dans le capital, le taillis en revanche, quand il est porté jusqu'à l'excès, fait passer peu à peu le capital dans le revenu. Au bout d'un certain nombre de révolutions, quand elles sont trop rapprochées, l'ensemencement naturel n'a plus lieu faute d'un nombre suffisant de sujets assez vieux pour donner des graines; les souches meurent, l'humidité nécessaire à la croissance des jeunes arbres s'en va, les bois blancs se multiplient d'abord, puis s'évanouissent, le pacage, achève ce que la multiplicité des coupes a commencé, et le taillis n'a plus aucune valeur. C'est l'histoire de beaucoup de bois en France. Bien des propriétaires peuvent dire comme la Fontaine :

> Jean s'en alla comme il était venu,
> Mangeant le fonds avec le revenu.

Et c'est ainsi que nous sommes arrivés, tout en conservant en apparence une immense étendue de forêts, à ne pas suffire aux besoins de nos industries.

Ce n'est donc pas précisément par calcul que les particuliers ont été trop souvent entraînés à sacrifier leurs réserves et à compromettre jusqu'à l'avenir de leurs taillis, mais par l'appât de réaliser, même à perte, un capital en argent dont ils avaient besoin. On retrouve toujours, quand on examine une branche quelconque de notre économie rurale, la pauvreté et ses mauvais conseils. Heureusement, pour être générale, cette tendance n'est pas universelle. Il y a encore parmi nous des propriétaires riches et économes qui peuvent s'arrêter. Sans doute on ne doit pas songer à soi, quand on plante ou qu'on aménage ses bois à long terme; mais si l'homme se réglait toujours sur la brièveté et l'incertitude de la vie, il ne ferait rien. Nous travaillons à tout instant pour les générations futures. Que serions-nous si les générations passées n'avaient pas travaillé pour nous?

Mes arrière-neveux me devront cet ombrage.

En toute chose, la richesse ne peut s'accroître que par la formation de nouveaux capitaux. Pour les bois, le capital se présente sous sa forme la plus élémentaire, l'épargne; il n'est pas nécessaire de dépenser, il suffit de ne pas recueillir trop tôt. Que chacun s'impose seulement une réduction d'un dixième sur ses coupes, ce sera déjà sensible, et le sacrifice ne sera pas grand, car on relèvera probablement ainsi la valeur des bois de feu, et on regagnera sur le prix ce qu'on perdra sur la quantité.

V

Dans tous les cas, si la pauvreté ou l'imprévoyance des particuliers ne leur permet pas de sortir de cette situation pénible par un effort prolongé, il y a un très-grand propriétaire qui peut et doit donner l'exemple de la bonne exploitation : c'est l'État. L'État administre aujourd'hui 3 millions d'hectares de bois, dont 1,200,000 environ lui appartiennent en propre, et 1,800,000 aux communes et aux établissements publics. Sa gestion est déjà très-supérieure à celle des particuliers ; soit en capital, soit en revenu, ses bois l'emportent en moyenne d'un quart au moins sur ceux de la propriété privée. Ce n'est pas assez. Lui-même a cédé trop souvent à la tentation d'augmenter son revenu aux dépens de son capital, soit par des aliénations successives qui s'élèvent depuis quarante ans à 300,000 hectares, soit par des coupes trop répétées ; voici le moment de faire un pas de plus, et d'entrer résolûment dans la voie féconde des aménagements prolongés. Plusieurs circonstances l'y convient, d'abord l'avilissement des bois de feu, dont il souffre tout le premier comme producteur ; ensuite la hausse des bois de marine et de construction, dont il souffre comme consommateur.

Le produit brut des forêts de l'État a atteint 38 millions en 1845, mais il n'a jamais pu remonter à ce chiffre depuis, et il est aujourd'hui tout au plus de 33. Beaucoup de coupes de taillis sont restées invendues dans ces dernières années. En même temps on voit, ce qui n'était jamais arrivé depuis 1815, le prix des forêts mises en vente baisser progressivement au lieu de monter. Ce sont là des signes évidents dont il est impossible de méconnaître le sens.

On attribue aux économistes des théories contraires à la propriété des forêts par l'État. Je proteste, pour mon compte personnel, contre cette imputation. Le principe fondamental de la science économique n'est-il pas que toute espèce de propriété revienne à quiconque en tire le meilleur parti ? L'État a ses faiblesses sans aucun doute, surtout dans un pays agité de révolutions perpétuelles, où tout est remis en question de temps en temps ; de plus il se mêle chez nous de beaucoup de choses qui ne le regardent pas, et l'excès de son action fait dans le plus grand nombre des cas beaucoup plus de mal que de bien ; mais comme propriété forestière, c'est lui qui représente le plus l'esprit de suite et de durée, et il est à peu près le seul, vu la grandeur de ses possessions, qui puisse employer des agents sachant leur métier. L'administration générale des forêts, avec son annexe indispensable, l'école de Nancy, nous a rendu de grands services depuis trente ans ; sans elle, la destruction de notre capital forestier aurait marché beaucoup plus vite, et si elle a cédé quelquefois au mouvement, ce n'est pas sa faute ; elle a résisté tant qu'elle a pu. Dans ce moment même, tous ses agents demandent avec instance le retour aussi général que possible vers la futaie.

La vente récente des bois de la maison d'Orléans, en livrant à la spéculation de belles réserves qui vont probablement disparaître, est un argument de plus pour faire à l'État un devoir de les remplacer.

Pour l'État comme pour les particuliers, l'unique difficulté est dans la transition. On peut la ménager tant qu'on voudra. Les traités spéciaux sur la culture des bois contiennent une foule de combinaisons pour passer du taillis simple au taillis composé et du taillis composé à la futaie sans diminuer trop sensiblement le revenu actuel. Les agents forestiers connaissent mieux que moi ces combinaisons, et sont parfaitement en mesure de les appliquer. Admettons qu'une réduction d'un cinquième sur les coupes de bois de feu soit suffisante. Ce ne serait en réalité qu'une diminution d'un dixième sur le revenu, ou 3 millions environ, car si les bois de feu entrent pour les quatre cinquièmes dans le produit en matières, ils n'entrent que pour moitié environ dans le produit en argent, et encore plus pour l'État que pour les particuliers, cette réduction elle-même deviendrait probablement nulle, en arrêtant la dépréciation. Qu'est-ce qu'une pareille chance quand il s'agit de doubler, et peut-être de tripler, dans un temps donné, le revenu des forêts nationales ?

Nous avons encore des forêts où l'on exploite pour le chauffage des arbres qui pourraient fournir d'excellents bois d'œuvre, d'autres où toute espèce d'exploitation est impossible, faute de moyens de communication. Dix millions dépensés dans ces forêts pour les mettre en bon état de viabilité auraient pour résultat d'augmenter de 2 millions par an le prix des produits sur place. Voilà le déficit à peu près comblé.

L'administration des forêts peut rendre au pays, si l'on met quelques fonds de plus à sa disposition, un dernier service, en entreprenant le reboisement des montagnes. L'utilité et la nécessité de cette opération sont depuis longtemps reconnues. Tous les travaux préparatoires ont été faits sous l'ancien gouvernement, les terrains à reboiser reconnus, les frais évalués ; un projet de loi spécial a été préparé par l'administration et accepté avec quelques modifications par le conseil général de l'agriculture ; les chambres mêmes avaient été saisies de la question en 1847.

Sans la révolution de février, on serait depuis longtemps en cours d'exécution. Il s'agit d'un million d'hectares à reboiser, et, à raison de 100 francs par hectare, d'une dépense de 100 millions, qui, au bout d'un siècle, se transformeraient en plusieurs milliards, en même temps qu'on défendrait les vallées et les plaines contre les inondations [1]. Depuis 1848, cet utile projet est resté dans les cartons : l'administration n'a pu employer par an qu'une misérable somme de 100,000 francs en reboisements. Cette année seulement, on lui a accordé 500,000 francs de plus ; ce n'est pas assez : il faut au moins 4 ou 5 millions par an pour faire quelque chose de sérieux. Espérons qu'un moment viendra où il sera possible de les consacrer à ce fructueux emploi.

Quelques exemples partiels montrent comment il faudrait s'y prendre et quels résultats on pourrait obtenir. Le plus saillant se passe dans le département du Puy-de-Dôme, où l'on a entrepris depuis dix ans de reboiser les montagnes incultivables du canton de Clermont. On en plante environ 60 hectares par an, au coût moyen de 70 francs, en pins, épicéas et mélèzes, avec un succès complet. Une belle forêt de 600 hectares commence à s'élever sur des terrains tout à fait improductifs auparavant, et à donner quelques revenus qui iront en s'accroissant au grand profit des intérêts locaux comme de l'intérêt public. Cet exemple peut servir à vaincre sur d'autres points la résistance des communes, propriétaires de la plupart des terrains à reboiser, et pour le cas extrême où elles refuseraient de s'y prêter, l'administration était armée, dans

[1] Voir la note C à la fin du volume.

l'ancien projet de loi, du droit d'expropriation pour cause d'utilité publique, qui ne peut trouver nulle part une plus juste application.

On a souvent proposé une mesure qui a peu d'importance par elle-même, mais qui en acquiert par sa signification. L'administration des eaux et forêts dépend aujourd'hui du ministère des finances, parce que l'État attend avant tout de ses bois un revenu actuel et immédiat; on a demandé qu'elle en fût retirée et réunie au ministère de l'agriculture, comme indication d'un système nouveau qui ferait de l'exploitation bien entendue des forêts une branche de la culture nationale. Cette transformation serait à désirer; l'État n'est ici qu'un propriétaire comme un autre qui a souvent intérêt à diminuer son revenu actuel pour augmenter son revenu futur; plus que tout autre, il doit travailler pour l'avenir. Si, par exemple, il devenait nécessaire, pour mener à son terme la grande entreprise du reboisement des montagnes et autres terrains incultivables, de vendre quelques-uns des bois que l'État possède en plaine, il pourrait s'en défaire peu à peu, mais en spéculateur qui sort d'un placement pour en faire un meilleur, non en prodigue qui réalise son capital pour le dissiper. Le ministère de l'agriculture a plus qualité que celui des finances pour cette opération délicate.

L'existence des grands bois étant utile au point de vue d'une foule d'intérêts, il est bon que l'organisation de l'administration place ces intérêts en première ligne et relègue sur le second plan le point de vue fiscal qui a trop dominé jusqu'ici.

Voilà, je crois, la marche à suivre pour rétablir et accroître notre capital forestier. Quant à l'interdiction de défrichement sans autorisation imposée aux particuliers, c'est un de ces remèdes mal conçus qui n'ont aucune efficacité, qui contribuent même à aggraver le mal qu'ils prétendent guérir. Si cette mesure avait quelque valeur, elle tendrait à multiplier les taillis, dont nous avons trop, et, par la dépréciation générale de la propriété forestière, à diminuer les futaies, dont nous n'avons pas assez ; elle maintiendrait des forêts en plaine, qui pourraient être avantageusement transformées en prairies ou en terres arables, et empêcherait ainsi, par la concurrence des bois mieux situés, le boisement des montagnes et des terres stériles en général. Heureusement elle est à peu près sans effet, et le mal réel qu'elle produit se renferme dans des limites assez étroites.

Il est assez naturel de confondre l'étendue d'une culture avec son produit ; rien n'est pourtant plus différent. Il peut très-bien arriver que plus on cultive de blé, moins on en récolte ; un hectare bien fumé et bien travaillé en vaut dix négligés. Un hectare de beaux et bons bois peut à son tour rapporter plus que cent hectares de mauvaises broussailles. On tombe, à propos des bois, dans la même erreur qu'on commettait autrefois pour d'autres cultures. Il n'y a pas beaucoup plus de cent ans qu'il était interdit de planter des vignes sans autorisation. On voulait par là maintenir une plus grande surface en céréales. Qu'arrivait-il de cette règle et de beaucoup d'autres imaginées dans la même intention ? Depuis qu'on a la liberté de faire de son champ ce qu'on veut, on produit un peu plus de vin, mais on produit en même temps quatre fois plus de blé, et on en récolterait encore davantage, si l'on en cultivait moins. Il se peut que l'étendue des forêts soit un jour réduite, la production du bois n'en souffrira pas, elle devra, au contraire, y gagner.

Pour le moment, rien ne prouve que la liberté dût amener beaucoup de défrichements. On cite toujours ce qui s'est passé de 1791 à 1801 : quatre cent mille hectares de bois ont disparu dans ces dix années, et on attribue cette destruction à la liberté de défrichement décrétée par l'assemblée constituante; mais on ne veut pas voir qu'il s'agit ici de la période révolutionnaire; ce n'était pas du défrichement, c'était de la dévastation pure et simple. Bien d'autres pertes plus graves ont affligé notre pays dans ces temps néfastes. Les forêts passaient pour un reste du régime féodal; on les détruisait, comme toute chose, non par calcul, mais par fureur.

Dès que la nation a recouvré son bon sens, tout a changé. Depuis cinquante ans, on a défriché en moyenne de 10 à 12,000 hectares par an, et on a planté en même temps une étendue équivalente, soit en nouveaux bois, soit dans les clairières des forêts existantes, de sorte que l'étendue boisée n'a pas changé. M. le comte Beugnot, dans son excellent rapport à l'assemblée nationale, a mis ces faits hors de doute. On les attribue à l'interdiction de défrichement sans autorisation; c'est lui faire trop d'honneur. En fait, on n'a pas défriché davantage, parce qu'on n'a pas eu plus d'intérêt à défricher; la formalité de l'autorisation n'arrête que très-peu d'intéressés, il arrive même assez souvent qu'on l'obtienne sans en faire usage. Ce n'est pas par là que notre capital forestier a dépéri, mais par les coupes multipliées et par les ravages de la dépaissance que l'interdiction de défrichement n'empêche pas, qu'elle aurait plutôt pour effet d'accroître.

Nous avons à nos portes la preuve évidente de l'inutilité de cette restriction. La liberté de défrichement existe en Belgique depuis quarante ans, et bien que ce pays ait beaucoup plus de houille que nous, bien que la population y soit deux fois et demie plus pressée, bien que les terres arables y manquent et se louent trois fois plus cher, on n'a pas beaucoup plus défriché et on a planté encore davantage ; la Belgique a proportionnellement au moins autant de bois que la France. La plupart des propriétaires ont gardé et accru leurs bois, parce qu'ils y ont eu intérêt.

Je vais plus loin : si par des circonstances qui après tout sont possibles, les besoins de défrichement devenaient plus pressants, je ne sais pas comment on pourrait s'y opposer. L'utilité du défrichement suppose que, sur un point donné, il y a trop de bois et pas assez de terres arables ou de prairies, et qu'il est possible de mettre ce qui manque à la place de ce qu'on a de trop. Si par exemple un large défrichement était nécessaire pour faire cesser la disette actuelle de viande et de blé, et que tout fût prêt, capitaux et bras, pour l'exécuter, il y aurait folie à y mettre obstacle. Ce n'est là, pour le moment, qu'une hypothèse sans réalité, mais qui montre que, dans aucun cas, le régime de l'interdiction ne peut se justifier.

Rentrons dans le vrai. L'opération du défrichement et celle du reboisement sont sœurs ; elles se supposent l'une l'autre, toutes deux ne peuvent s'accomplir que lentement. A mesure qu'une partie des taillis existants se transformera en futaie, une autre se défrichera ; à mesure que les bois s'étendront sur les montagnes et les mauvais sols, ils se retireront des terres fertiles ou arrosables, qui peuvent produire de la viande et du grain, de manière à porter chaque lot de terre au plus haut point possible de production. La proportion s'établira d'elle-même, à l'aide du grand régulateur, le prix des différentes denrées, qui donne la mesure la plus exacte des besoins; l'État y concourra pour sa part et l'intérêt privé pour la sienne, sans qu'il soit nécessaire de porter atteinte à la liberté de la propriété.

Parmi les applications de cette liberté, il en est une qui commence à prendre assez d'extension en Belgique et en France, c'est le système des forêts temporaires. Quand un sol est stérile par lui-même ou épuisé par une longue production, il y a profit à le semer en bois, notamment en pins sylvestres, pour le laisser ainsi pendant vingt ou trente ans. En sus des produits que donnent ces bois par eux-mêmes, ils améliorent le sol, qui peut être ensuite livré à la culture avec avantage. Ainsi se transforme sous nos yeux une partie de la Champagne et de la Sologne; la même méthode se pratique en grand dans la Campine et le Luxembourg. Je pourrais citer bien d'autres exemples de cette harmonie essentielle entre la culture des bois et toutes les autres.

Outre la liberté de défrichement qui devrait exister de plein droit, car interdiction et propriété sont deux mots incompatibles, la propriété forestière privée peut réclamer encore quelques satisfactions légitimes. J'ai dit qu'elle n'était pas assez défendue par la loi; si les propriétaires de bois veulent obtenir la réparation d'un dommage, ils sont obligés de poursuivre eux-mêmes les délinquants, ce qui les place dans une condition différente des autres propriétaires; cette anomalie devrait cesser. La libre exportation des écorces et de toute espèce de produits ligneux n'est pas moins désirable; il peut très-bien arriver que les bois voisins des frontières trouvent à exporter leurs produits avec avantage, tandis que les frais de transport ou toute autre cause les rendent d'un débit onéreux à l'intérieur. Les tarifs des chemins de fer et des canaux, favorables au transport des houilles, le sont moins pour les bois et charbons de bois. Il en est de même des droits d'octroi, calculés généralement et surtout à Paris, pour favoriser le charbon de terre, et qu'il serait juste de réviser dans un sens plus égal. Toutes ces questions, souvent discutées, sont aujourd'hui mûres pour une solution.

VI

Nous voici bien loin de l'exposition. J'y reviens pour dire que la production forestière française n'a pas été tout à fait absente. Un ingénieur, M. Chambrelent, a exposé des chênes et des pins maritimes d'une venue magnifique, semés par lui dans les landes de Bordeaux. Ces arbres donnent dans les landes de tels produits qu'on s'étonne de n'en pas voir tout le pays couvert; il est superflu de chercher péniblement d'autres moyens de production quand on en a de cette puissance. L'exposition de la Corse n'a pas eu moins d'intérêt; de bonnes routes pénètrent enfin dans ses forêts et permettront bientôt de les exploiter.

Ce que nous avons vu de plus important, est la confirmation définitive de l'admirable découverte du docteur Boucherie pour la conservation des bois. Il y a là toute une révolution. Par ce procédé, les bois les plus tendres, comme le bouleau, deviennent aussi durs, aussi incorruptibles que le meilleur chêne. Signalons aussi une machine à faire des courbes pour les navires, qui peut être d'une grande utilité pour l'approvisionnement naval.

Plus intelligente que la mère patrie, l'Algérie avait envoyé de nombreux échantillons de ses bois ; c'est là surtout que l'État, en semant des millions d'hectares, peut créer pour l'avenir une richesse incalculable. Des bois et des pâturages, tels sont les plus sûrs moyens de tirer parti des solitudes de l'intérieur, ce qui n'empêche pas de travailler à y attirer l'émigration européenne, et peut, au contraire, y contribuer puissamment.

L'Algérie possède, elle nous l'a prouvé, des essences précieuses. Rien que sur son propre sol, on peut trouver d'excellentes semences : le chêne-liége, qui y vient partout et qu'il est très-facile de multiplier ; le chêne-zân, propre aux constructions maritimes ; l'yeuse ou chêne vert ; une autre espèce de chêne qui nourrit le kermès, cet insecte rival de la cochenille, et qui en produit déjà pour 40 ou 50,000 fr. par an ; le chêne à glands doux, dont le fruit peut servir à la nourriture de l'homme ; le *vélani* des îles de l'Archipel, qui fournit une matière propre à la teinture ; le châtaignier, si commun en Corse et en Sicile ; le caroubier, dont la gousse est avidement recherchée par les chevaux ; le thuya, qui rivalise avec l'acajou ; le pin maritime, le pin de Corse, l'élégant pin d'Alep, le pin à parasol, d'un si grand effet dans le paysage ; le cèdre, qui forme à Teniet-el-Had une véritable forêt, pleine d'arbres gigantesques ; l'orme, le frêne, le platane d'Orient, le *saf-saf* ou peuplier blanc ; l'olivier lui-même, qui peut être utilisé pour son bois comme pour son fruit, et dont on nous a montré un tronc énorme qui doit être contemporain de Jugurtha, etc.

On peut de plus y naturaliser les meilleures variétés du climat méditerranéen, comme le chêne à la noix de galle ; je ne parle pas des espèces empruntées aux climats tropicaux, parce que leur acclimatation est douteuse.

On s'est d'abord occupé de l'exploitation des bois existants. Un ingénieur de la marine, envoyé sur les lieux, a reconnu l'existence de 30,000 hectares de futaies de chêne-zân, pouvant fournir par an 6,000 mètres cubes de bois de marine, 60,000 de bois d'industrie, et 200,000 de bois de feu, c'est-à-dire une valeur annuelle de plusieurs millions. Deux bâtiments de commerce ont été construits dans les ports de l'Algérie avec des bois du pays, l'un lancé en 1854 à Alger, l'autre à Philippeville en 1855. Voilà certes un des plus grands pas qu'ait faits le futur empire africain depuis sa fondation. Du temps des deys, on construisait des vaisseaux à Alger, et tout un système avait été organisé pour communiquer avec les chefs des montagnes forestières par un entrepreneur spécial, nommé *caïd des bois*. Cette tradition avait été interrompue, comme beaucoup d'autres, par la guerre; elle doit se rétablir maintenant par la paix. En même temps on a concédé à plusieurs entrepreneurs l'exploitation d'environ 16,000 hectares de chênes-lièges, et on cherche à faciliter par des routes l'accès des autres massifs forestiers. Le présent y trouvera une ressource, mais c'est l'avenir surtout qui importe.

Avec un seul million par an, on ferait des merveilles. A cinquante francs par hectare, on pourrait avec ce million en semer tous les ans vingt mille. Plus de la moitié du sol forestier actuel ne porte que des broussailles qui ne produisent rien, et qui ont toute sorte d'inconvénients; repaire favori des bêtes féroces, elles offrent en outre une proie facile à l'incendie, une des habitudes les plus invétérées des Arabes. Avec des recépages, des élagages, des nettoiements, des éclaircies, on arriverait à transformer avec le temps la plus grande partie en futaies qui n'auraient plus les mêmes dangers et qui vaudraien mille fois davantage. L'État seul peut se charger de ce soin. Quand même il serait nécessaire d'établir en Afrique une école forestière spéciale, la chose en vaudrait la peine. L'État peut compter un jour par centaines de millions le revenu de ses bois en ajoutant à ceux de France ceux d'Algérie, et il ne faut pas se lasser de le redire, ce n'est pas seulement pour ses produits que la culture forestière est nécessaire en Afrique, mais pour transformer le climat en défendant le sol contre les vents desséchants et les ardeurs dévorantes du soleil, pour fournir des sources à l'irrigation et des abris aux céréales, pour purifier l'air que respirent les animaux et les hommes, en un mot pour rendre accessibles à la culture d'immenses espaces.

L'exemple de quelques parties de la Mitidja, autrefois inhabitables, aujourd'hui peuplées, depuis qu'on a planté beaucoup, montre combien le boisement a de puissance pour vaincre les fléaux de cette rude nature.

Je ne sais où j'ai lu que la côte d'Afrique n'était autrefois qu'une vaste forêt; elle a bien changé. Elle a eu le sort de bien d'autres pays riverains de la Méditerranée qui ont perdu leur verte parure. Tous cherchent plus ou moins à la reprendre. Le plus habile et le plus heureux sera celui qui ira le plus vite. On admire avec raison cet art magique qui, dans le brûlant Sahara, fait jaillir de terre des eaux abondantes; les Arabes s'épuisent en épithètes poétiques pour exprimer leur reconnaissance et leur étonnement à la vue de ces prodiges. Le boisement aura des effets moins prompts, mais non moins sûrs. Sait-on pourquoi les hommes ont pu se multiplier si vite dans les déserts de l'Amérique? C'est qu'ils y ont trouvé des forêts. Les arbres sont partout les premiers colons; ce sont eux qui luttent avec le plus de vigueur et de succès contre la nature sauvage, et qui préparent le mieux, pour l'habitation de l'homme, l'air, l'eau et le sol. Ils peuvent plus tard disparaître, du moins en partie, mais il n'y a que bien peu d'exemples d'un pays cultivé qui n'ait pas ommencé par être boisé.

On avait cru résoudre la difficulté en imposant à chaque oncessionnaire de terres l'obligation de planter un certain nombre d'arbres; cet expédient était illusoire, il doit lisparaître avec tout le reste du système des concessions ondamné par l'expérience. Une propriété conditionnelle n'est pas une propriété. Chaque colon ne peut planter que ans la mesure de ses moyens; quand il plante par force, l plante mal, et ses plantations ne réussissent pas. Là, comme dans la mère-patrie, laissez agir l'intérêt privé comme il l'entend, et proclamez le boisement d'intérêt ublic.

Les autres colonies françaises ont envoyé quelques échantillons de leurs forêts. L'île Bourbon se distingue par n très-beau bois d'ébénisterie nommé *bois de natte;* la Martinique, la Guadeloupe, l'Inde française, le Sénégal, possèdent de riches essences. Des résines, des gommes, des fibres textiles, des substances médicinales, des huiles de palme, des cocons de vers à soie sauvages, montrent qu'une active industrie y trouverait matière à se développer. Nos nouveaux établissements sur la côte occidenale d'Afrique, notre belle possession de Taïti, commencent donner signe de vie. Là aussi se présentent des produits neufs et curieux, qui ne demandent qu'à s'étendre. L'exemple des colonies anglaises ne peut qu'exciter l'émulation des nôtres. On dit qu'une exposition permanente de leurs produits va être organisée par le ministère de la marine. Il faut espérer que nous y trouverons des preuves plus marquées d'une agitation féconde.

M. Millet, qui s'occupe avec succès de pisciculture, avait exposé quelques-uns de ses appareils. Voilà encore une grande tâche qui revient de droit à l'administration des forêts, dont M. Millet fait partie, le repeuplement de nos cours d'eau; elle en possède presque toujours les sources et peut aisément verser dans les eaux naissantes la semence animée qui doit descendre et grandir avec elles. J'aurais voulu voir en même temps la trace de quelques soins donnés, comme en Angleterre et en Allemagne, à la reproduction des meilleures espèces de gibier. Les forestiers français n'aiment pas beaucoup à s'occuper de ce sujet. Ce n'est pourtant pas sans motif que le programme de l'exposition avait réuni la chasse et la pêche à l'art forestier proprement dit. Virgile a depuis longtemps qualifié les forêts d'étables naturelles du bétail sauvage : *stabula alta ferarum.*

IV

LES OUVRIERS EUROPÉENS

(1er février 1856.)

I

On remarquait à l'exposition universelle de 1855 un magnifique volume, sorti des presses de l'imprimerie impériale et ayant pour titre : *les Ouvriers européens, études sur les travaux, la vie domestique et la condition morale des populations ouvrières de l'Europe*, par M. Le Play, ingénieur en chef des mines, commissaire général de l'exposition. Ce livre se compose de trente-six monographies ou descriptions de familles ouvrières appartenant à des nations différentes, avec une introduction sur la méthode suivie par l'auteur et une conclusion en forme d'appendice. Comme la plupart des familles qui ont été l'objet des recherches de M. Le Play sont plus ou moins agricoles, et que les faits qu'il a recueillis, les déductions qu'il en a tirées, appartiennent le plus souvent à cette partie de la science économique qui traite de la propriété et de la culture du sol, je crois pouvoir poursuivre par l'examen de ce grand travail mes études sur l'économie rurale à l'exposition.

Je vais commencer par le résumé des faits, je finirai par l'appréciation des doctrines. Le tout est également digne d'attention. Les doctrines sont, à mon sens, un singulier mélange de vérités et d'erreurs. Quant aux faits, il suffira de dire, pour donner une idée de leur importance et de leur variété, que cinq de ces monographies sont relatives à des Russes, une à des Bulgares ou sujets turcs, deux à des Suédois, cinq à des Autrichiens, quatre à des Allemands, deux à des Suisses, deux à des Espagnols, quatre à des Anglais, onze à des Français. On y passe bien réellement en revue la plus grande partie de l'Europe.

Un mot d'abord sur la méthode. M. Le Play s'appuie sur cette idée éminemment juste, que les sciences sociales comme les sciences naturelles doivent procéder par la méthode d'observation, et qu'avant d'échafauder des théories il faut commencer par bien connaître les faits. Jusque-là rien que de conforme à la vérité, mais M. Le Play va plus loin. Il donne à entendre que jusqu'à lui les faits sont restés inconnus, inexplorés, et que de là viennent les controverses sur les questions économiques; puis il fait une distinction entre les deux procédés communément employés, selon lui, pour observer les faits, les enquêtes directes et les recherches statistiques, et il n'hésite pas à donner la préférence aux premières sur les secondes. Que faut-il entendre par recherches statistiques et par enquêtes directes? Lui-même va en donner les définitions.

« Les statistiques, dit-il, ont eu jusqu'à ce jour pour bases principales les documents fournis par l'autorité publique touchant le système financier, la défense du pays, l'administration de la justice, etc. L'origine officielle de ces documents, recueillis surtout dans les États où la centralisation administrative a pris un grand développement, leur communique un cachet spécial d'authenticité. Les statisticiens se sont donné la mission de coordonner ceux de ces résultats qui peuvent s'exprimer en chiffres, et ils en ont déduit des moyens assez exacts de comparer, sous divers rapports, la puissance relative des États. Cependant ces comparaisons n'ont pas toujours la justesse et l'étendue désirables. Les statisticiens ne disposent pas des moyens d'observation, et ils doivent se contenter de ceux qui sont mis en œuvre dans un but étranger à la science; ils ne peuvent donc embrasser les branches les plus essentielles de l'activité sociale. Les tentatives faites pour rattacher à la statistique les opérations de l'agriculture, de l'industrie et du commerce, ont ordinairement échoué. »

Voyons maintenant les enquêtes directes. « On ne s'y propose pas, dit-il, d'embrasser dans un cadre général toutes les questions sociales, on étudie chaque question séparément, en la circonscrivant autant que possible. Au lieu de considérer d'un point de vue unique l'ensemble d'un pays, on s'attache, autant que le comporte le sujet, à des cas particuliers ou à des localités spéciales qu'on envisage sous tous les aspects. L'observation n'est plus confiée à une multitude d'agents chargés d'exécuter un acte matériel ou de constater un fait avec une rigueur méthodique, mais à quelques hommes spéciaux versés dans la connaissance du sujet. On n'est plus obligé d'arriver aux faits spéciaux par des inductions éloignées, on les constate directement aux sources de l'observation. »

Même en acceptant ces définitions, il me paraît évident

que ces deux modes d'investigation se complètent l'un par l'autre. Les recherches statistiques accomplies par les agents de l'autorité publique ont sans aucun doute leurs chances d'erreur ; les enquêtes directes faites par des observateurs isolés ont les leurs aussi. Ce n'est pas trop de la réunion des deux moyens pour arriver à la connaissance même approximative de la vérité. Il est bon surtout que les statistiques générales servent de contrôle aux observations personnelles; sinon on risque de s'égarer à la poursuite de chimères, ou de découvrir avec beaucoup de peine ce que d'autres avaient découvert auparavant. Il s'en faut d'ailleurs que tout soit également vrai dans ce que M. Le Play dit des statistiques officielles. Sans doute il arrive quelquefois que les statisticiens soient obligés de grouper, pour en tirer certaines conséquences, des chiffres recueillis pour un autre objet; mais ces études, qui ont leur utilité, n'ont qu'un crédit proportionné au degré de probabilité qu'elles présentent. Tout ce qu'on peut en conclure, c'est qu'il faut engager les gouvernements à les faire eux-mêmes, et c'est en effet ce que font déjà quelques-uns.

En ce qui concerne la France, la Belgique et à beaucoup d'égards l'Angleterre, les statisticiens ne sont pas réduits à des inductions pour apprécier le développement de l'agriculture, de l'industrie et du commerce. Des recherches très-directes sur ces trois ordres de faits ont été entreprises par ces trois gouvernements. On peut dire qu'elles pèchent par quelques côtés, indiquer les moyens de les perfectionner; on ne peut pas nier qu'elles n'existent, qu'elles ne soient même poussées quelquefois jusqu'à l'excès. Il n'est pas exact non plus que les renseignements dont elles se composent soient puisées ailleurs qu'aux *sources mêmes de l'observation*. Toute recherche statistique se fait au moyen d'enquêtes locales, dans les formes qui paraissent les plus propres à faire connaître la vérité ; ces renseignements sont ensuite réunis, coordonnés de manière à présenter des tableaux généraux, mais le point de départ est une collection de monographies. Il a été constaté que cent mille personnes avaient pris part en France à la grande enquête agricole de 1840 ; celle qui vient de s'accomplir, et dont nous ne connaissons pas encore les résultats, aura probablement recueilli encore plus de témoignages.

Qu'est-ce enfin que les écrits d'Adam Smith, de Malthus, de Say, de Rossi, de tous les économistes français et étrangers, sinon des collections de faits recueillis de tous les côtés, et présentés à l'appui des conclusions théoriques ?

Je ne puis donc admettre que M. Le Play ait fait aucune révolution dans la méthode suivie avant lui ; il a enrichi la science de trente-six nouvelles monographies, recueillies avec beaucoup de peine et de soin ; voilà son mérite, il est assez grand. Je ne puis lui en reconnaître d'autre. Il n'a pas plus inventé la forme que l'idée première. Nous trouvons dans une foule de documents ce qu'il appelle le *budget de l'ouvrier*, c'est-à-dire l'indication des recettes et des dépenses annuelles d'une famille. M. Ducpétiaux, avec des documents recueillis par la commission centrale de statistique de Bruxelles, vient de faire un bon livre qui a précisément pour titre : *Budgets économiques des classes ouvrières en Belgique*, et il n'a nullement la prétention d'être le premier. M. de Gasparin, dans son *Cours d'agriculture*, publié en 1847, présente le tableau des recettes et des dépenses d'un ménage de cultivateur français. Vingt ans auparavant, Sismondi avait fait le même travail pour les cultivateurs toscans. Les économistes anglais sont pleins de semblables recherches. On peut dire que c'est l'objet constant et pour ainsi dire l'élément banal de toute étude économique un peu sérieuse. Ce qui serait nouveau, ce serait la suppression des statistiques générales, mais je ne crois pas qu'il soit nécessaire, pour y voir plus clair, d'éteindre un flambeau quand on cherche à en allumer un autre.

Passons donc à l'examen des renseignements nouveaux qu'a rassemblés M. Le Play. Cet examen donne quelque peine. Le livre est admirablement imprimé, mais du format le plus incommode. Quand on s'occupe de ce genre d'études, on est habitué à manier de grands volumes, à parcourir de gigantesques tableaux, mais cette fois c'est vraiment trop. Je ne suis pas fâché de signaler en passant cette mauvaise habitude, dont se plaignent tous les faiseurs de recherches, et qui ne contribue pas peu à éloigner le public de ces sortes de documents. Les *blue-books* anglais n'ont pas cette exagération typographique, et ce sont certainement les mieux conçus. A l'incommodité du format vient se joindre un autre genre de difficulté, qui tient à la composition. Chaque tableau est comme hérissé de renvois ; il faut à tout moment recourir à la clé pour se retrouver au milieu des chiffres romains, des chiffres arabes, des lettres majuscules ou minuscules, qui renvoient tantôt à une note, tantôt à une page, tantôt à un paragraphe. J'ai peine à croire que ce luxe d'annotations fût inévitable.

Quand on a triomphé de ces dragons, qui, comme dans les contes des fées, gardent l'entrée du temple, on n'est pas au bout. Chaque description prise à part a assurément son intérêt ; mais si l'on veut les comparer entre elles, on s'aperçoit que leur uniformité n'est qu'apparente, et qu'elles n'ont au fond rien de commun. C'est ici que le système exclusif des monographies fait voir ses côtés faibles ; on aimerait à trouver l'auteur plus familier avec les procédés les plus élémentaires des statisticiens de profession, qui savent rendre les comparaisons plus faciles en ramenant à un type commun les éléments les plus divergents, et épargnent ainsi à leurs lecteurs des peines infinies.

II

Prenons pour exemple les deux premières monographies, dont l'une s'applique à une famille de *Baschkirs à demi nomades du versant asiatique de l'Oural*, et l'autre à des *paysans agriculteurs des steppes de terre noire d'Orembourg*. En examinant le budget de leurs dépenses annuelles, je trouve pour la première un total de 643 fr., et pour la seconde de 2,551. J'en conclus que le revenu de l'une est le quadruple environ de l'autre ; mais je ne tarde pas à m'apercevoir que je commettrais une lourde bévue en tirant si vite cette conclusion. D'abord la famille de Baschkirs se compose de huit personnes, deux hommes, deux femmes et quatre enfants, tandis que celle des paysans des steppes se compose de dix, quatre hommes, trois femmes et trois enfants. Ensuite je vois que, dans le premier cas, toutes les denrées alimentaires sont comptées à un prix, et dans le second à un autre complétement différent. Enfin je découvre que, dans les dépenses des paysans des steppes, on a porté 1,113 fr. 45 cent. de corvées exécutées pour le seigneur, 4 fr. 57 c. pour un mouton de redevance, 23 fr. 76 c. pour la capitation, tandis que, dans celles des Baschkirs, on n'a fait figurer que 8 fr. 69 c. pour tout impôt. Au lieu d'une idée précise de la condition respective des deux familles, je n'ai plus qu'une idée confuse, et si je veux me rendre compte plus nettement, je suis obligé de prendre la plume pour faire le travail que l'auteur n'a pas fait pour moi.

Ce travail fait, il me reste un scrupule : M. Le Play ne me dit pas s'il a choisi ces deux familles dans les conditions moyennes du pays. Si, par exemple, il a pris des Baschkirs *pauvres* et des paysans d'Orembourg *aisés*, tout le laborieux échafaudage de ma comparaison s'écroule, et ses propres chiffres ne signifient rien. Voilà l'inconvénient capital des monographies quand elles ne sont pas appuyées par des recherches de statistique générale. On peut sans doute abuser des moyennes, et on en a souvent abusé ; il est cependant impossible de rien conclure sans cette notion fondamentale. J'aurais besoin, pour savoir si la famille qu'on me présente est réellement un type, de connaître le budget de plusieurs familles du même peuple, et même l'ensemble de la production et de la consommation de la contrée. Ce n'est qu'en discutant ces chiffres les uns par les autres que je pourrais me faire une opinion raisonnée, et ma conviction serait plus ou moins profonde suivant que j'aurais eu plus ou moins de moyens pour la former. M. Le Play ayant eu soin de *circonscrire son sujet le plus possible* ou d'étudier une seule famille à l'exclusion de toutes les autres, je ne puis me débarrasser d'un doute sur la portée des faits qu'il m'expose.

Le doute s'accroît quand on pénètre dans les détails. Ainsi l'on trouve que la famille de paysans d'Orembourg consomme tous les ans 7,177 kilog. de grains, dont la moitié environ en froment, et sans compter le seigle qui sert à fabriquer le *qvas* ou boisson fermentée, 123 kil. de corps gras, 1,000 kilog. de lait de vache, 618 kil. de viande, 557 kil. de pois secs, etc.; c'est beaucoup. Cette famille se compose de dix personnes; mais, comme en comptant deux femmes ou deux enfants de tout âge pour une tête d'homme l'ensemble ne forme que l'équivalent de sept hommes, la ration par tête d'homme devient énorme. Je ne puis m'empêcher de soupçonner ici quelque erreur. M. Payen nous apprend que, pour donner à un homme adulte fort travailleur sa ration complète, il faut 1 kilog. de pain par jour et un tiers de kilog. de viande ou autres matières animales. Or, d'après M. Le Play, la ration moyenne des hommes adultes, dans sa famille de paysans d'Orembourg, serait de plus du double, au moins en céréales et légumineuses; et remarquez que je la compare, non à ce qu'elle est chez nous, mais à ce qu'elle devrait être; car, si on la comparait à la véritable ration moyenne d'un Français, la différence serait bien plus grande.

Quand on lit avec attention cette histoire des paysans d'Orembourg, on croit comprendre que la plupart des renseignements ont été donnés par le seigneur du lieu, qui a eu soin de présenter les choses sous le jour le plus favorable. Ce n'est pas une raison suffisante pour tout nier, c'en est une pour se défier un peu, surtout quand on connaît l'art des Russes pour *enguirlander* les étrangers. Il y a loin d'ici au versant occidental de l'Oural; les voyageurs y vont peu, et le gouvernement russe partage les répugnances de M. Le Play pour les recherches statistiques. Quand le premier congrès de statistique s'est réuni à Bruxelles en 1853, toute l'Europe y était représentée, excepté la Russie. Il est clair qu'une monographie dont on fournit soi-même les éléments, et qui ne peut être contrôlée par personne, est beaucoup plus commode pour ce qu'on veut prouver qu'une suite d'études de détail coordonnées pour fournir des vues d'ensemble. Nous avons cependant quelques essais de statistique russe. Ceux de M. Tegoborski lui-même, si disposé à tout voir en beau, sont loin de nous offrir d'aussi magnifiques résultats que l'étude spéciale de M. Le Play. Que dirai-je de M. Schnitzler, et surtout de ce témoin muet, mais éloquent, qu'on a trouvé dans les forts évacués par l'armée russe, ce pain du soldat qui semble indiquer une alimentation bien différente?

Quoi qu'il en soit, d'après l'ensemble des documents présentés par M. Le Play, la condition matérielle de certains paysans russes ne paraît pas mauvaise. Quant à leur condition morale, l'auteur a inventé un mot adouci pour désigner le servage : il l'appelle le *système des engagements forcés*. Il attribue à ce système, combiné avec la jouissance en commun d'une partie du sol, une influence heureuse ; il n'a négligé que ce côté de la question, qui se résume en un mot fort court mais fort expressif, le knout. A cela près, les détails qu'il donne sont curieux, bien qu'il y en ait peu de nouveaux. Nous connaissions déjà par M. de Haxthausen et par d'autres l'organisation de la commune russe, ainsi que les deux systèmes de redevance, la corvée et l'obrok ; M. Le Play dit *abrok*, mais tous ceux qui ont écrit sur la Russie, y compris M. Tegoborski, disent *obrok*. L'obrok donc est une capitation que le paysan russe paie à son seigneur pour se racheter de la corvée ; la corvée est un certain nombre de jours de travail dus au seigneur sur ses propres terres pour payer le loyer de celles qu'il abandonne. L'obrok est évidemment un progrès sur la corvée, soit dans l'intérêt du propriétaire, soit dans celui du tenancier ; mais il n'est pas toujours possible, surtout dans les contrées exclusivement agricoles où la transformation des denrées en argent est difficile. Dans les deux cas, la famille est garantie, dit M. Le Play, contre la vieillesse et les maladies par les secours qu'elle reçoit du maître, et l'indigence est inconnue. Je crois cependant avoir entendu dire que les serfs se révoltent quelquefois contre ces seigneurs si compatissants et les font rôtir ; mais passons.

Le sujet turc qui succède aux paysans russes est un *forgeron bulgare des usines à fer de Samakowa, Turquie centrale*. Encore le système des *engagements forcés* avec ses heureuses conséquences. Les riches pachas turcs qui possèdent les forges de la Bulgarie, n'employant que des moyens imparfaits de fabrication, ne peuvent soutenir la concurrence des fers étrangers que par le bas prix des bois et de la main-d'œuvre. La population de Samakowa se compose d'ouvriers forgerons, qui concourent en été aux travaux agricoles. En principe, les ouvriers sont attachés aux chefs d'industrie volontairement et pour un temps limité ; en fait, ce sont des engagés à vie. Ils sont tous liés au patron par une dette héréditaire, aucun d'eux ne peut s'attacher à un autre sans l'avoir remboursé. D'excellentes relations existent, selon M. Le Play, entre les deux classes. Les ouvriers, satisfaits de leur sort, n'ont pas le désir de s'élever à une condition supérieure ; chacun d'eux possède une maison d'habitation avec un petit jardin et une vache. La nourriture est médiocre, mais suffisante ; le travail n'a rien d'excessif. Le patron vient au secours de la famille, quand elle en a besoin. S'il en est ainsi, j'ai peine à comprendre les griefs des chrétiens d'Orient contre les Turcs ; j'ai peur qu'il n'y ait encore là quelque revers de médaille qu'on n'ait pas voulu voir.

Les deux familles *suédoise* et *norwégienne* nous font faire un pas vers la liberté ; elles n'en paraissent pas plus à plaindre. Elles ne consomment, en fait de céréales, que du seigle et de l'orge, mais en quantité suffisante ; elles ont de plus des corps gras, de la viande, du gibier, du poisson, et surtout du lait en abondance. Leur condition morale est très-supérieure à celle des paysans russes, et l'étude de ces ouvriers, dit M. Le Play lui-même, offre un grand intérêt, en ce qu'elle présente la transition du système des engagements forcés de la Russie au système d'engagements volontaires en usage dans l'Occident. Tous les ouvriers de la Suède ont la libre disposition de leurs personnes ; ils sont en principe complétement indépendants du propriétaire et du chef d'industrie. En fait cependant, ils sont toujours liés à ces derniers par la tradition. « De là, entre les diverses classes, une solidarité qui entretient chez les ouvriers le respect et l'affection pour leurs maîtres, et qui, en leur assurant le bienfait du patronage, les garantit contre les éventualités provenant des maladies, de la vieillesse, des chômages, des disettes et des autres calamités publiques. Sous cette impulsion salutaire, les ouvriers suédois se sont élevés à un degré remarquable de moralité ; ils puisent souvent dans l'épargne les moyens de parvenir à la propriété. Ainsi se recrute une classe de paysans-propriétaires qui forme un des quatre ordres de la constitution, et dont l'influence s'accroît chaque jour. »

Ce tableau flatteur doit être un peu exagéré ; je ne comprends pas qu'un système quelconque puisse garantir les populations contre la disette, c'est-à-dire l'insuffisance de récolte. Je pourrais aussi signaler chez M. Le Play quelques contradictions : ainsi il parle de la facilité qu'ont les paysans suédois de s'élever par l'épargne à la propriété, et dans ses monographies il dit formellement que la famille, étant défendue par le patronage contre toutes les éventualités malheureuses, *ne fait jamais d'épargnes ;* les épargnes ne sont faites que par les ouvriers qui suivent le système des engagements momentanés, et qui ne participent pas aux bienfaits du patronage. Bornons-nous à constater avec lui que la condition du paysan suédois est en général assez bonne, quoiqu'il soit libre. Cette supériorité se manifeste surtout chez les femmes; les Suédoises appartenant à la classe ouvrière se distinguent par des manières polies et par un ajustement de bon goût; les ouvriers de plusieurs provinces ont pour leurs femmes et leurs filles des prévenances qu'on ne remarque ailleurs que chez les classes élevées; on voit rarement les femmes porter d'énormes charges comme en Allemagne et en France. Cette observation est fine et vraie.

Parmi les cinq monographies autrichiennes, la plus brillante est celle des *Johajjy, ou paysans agriculteurs à corvée des plaines de la Theiss, Hongrie centrale*. Nous rentrons ici dans le système des engagements forcés. La commune qu'habite l'ouvrier est située à la naissance des vastes plaines d'alluvion qui séparent la Theiss du Danube. Le territoire tout entier est la propriété d'une famille jouissant des droits seigneuriaux sur les terrains, sur les maisons et sur les personnes. Un grand domaine est cultivé en régie pour le compte du seigneur ; le reste du sol, concédé aux habitants depuis une époque fort reculée, moyennant des redevances en travail et en produits, est exploité par eux, en partie dans le système de la propriété privée, en partie dans le système de la communauté. Chaque famille possède par droit d'héritage le terrain qui lui est attribué ; celle dont il est question a pour sa part ce qu'on appelle un quart de *sessio*, l'unité dite *sessio* équivalant à 10 hectares 36 ares. D'autres possèdent deux *sessio*, une *sessio*, une *demi-sessio*. D'autres sont dits *inquilini*, et possèdent une maison sans terre arable ; d'autres enfin *subinquilini* et tiennent à loyer la maison qu'ils habitent. Celle de la monographie doit au seigneur vingt-six journées de travail ou corvées, réduites à treize quand le paysan travaille avec ses bœufs ; elle se procure le surplus de terre qui lui est nécessaire en le louant au seigneur. La nourriture de ces paysans est, quant à l'abondance et à la qualité, la meilleure que M. Le Play ait observée parmi les ouvriers européens ; ils ne font point d'épargnes.

Reste à savoir ce qui se passe aujourd'hui, les conditions sociales et économiques de la Hongrie ayant généralement changé, et pourquoi le système des corvées, qui était autrefois universel dans l'Europe centrale et qui offre d'après M. Le Play de si grands avantages, soit aux propriétaires, soit aux cultivateurs, recule de toutes parts; M. Le Play n'en parle pas, et c'est ici plus que jamais le cas de remarquer que les statistiques isolées ne prouvent rien, puisque l'heureuse condition des paysans de la Theiss, en supposant qu'elle soit réelle, n'empêche pas leurs pareils de chercher mieux.

Les quatre autres monographies autrichiennes sont moins favorables. Une surtout, qui est relative à un *com-*

pagnon de la corporation fermée (*Innung*) *des ouvriers de la ville de Vienne*, présente une situation tout à fait voisine de l'indigence. Il est vrai que l'ouvrier dont il s'agit a cinq enfants; l'aisance est partout peu conciliable avec une si nombreuse famille. Toujours est-il que le système des corporations fermées, tel qu'il existe encore à Vienne et qu'il existait autrefois en France, ne défend pas de la misère les ouvriers qui en font partie. L'auteur insiste à ce sujet sur les causes qui menacent d'une dissolution prochaine les anciennes corporations d'arts et métiers partout où elles ont survécu. Ces causes sont précisément les mêmes qu'en France et en Angleterre ; elles tiennent à l'établissement des grandes manufactures, qui tendent partout à se substituer aux petits ateliers, par suite des découvertes modernes. Cette révolution est devenue inévitable, dit-il, dans les contrées où, comme en Autriche, on a conservé jusqu'ici le principe des maîtrises.

III

A mesure qu'on avance dans cette lecture, on s'attend, d'après le début, à voir l'existence des ouvriers de l'Occident peinte des plus sombres couleurs en comparaison de ceux de l'Orient ; on est agréablement surpris en trouvant le contraire. Il est vrai que l'auteur paraît attribuer quelquefois le bien-être dont ils jouissent pour la plupart à des coutumes particulières qui ont quelques analogies avec les institutions orientales. Ainsi, quand il s'agit des *mineurs du Harz*, il fait connaître toute une organisation métallurgique et forestière qui a pour but de prévenir les effets de la concurrence. Il y a du vrai dans ses observations, notamment en ce qui concerne l'excellent régime des forêts domaniales en Allemagne, mais lui-même reconnaît que les procédés suivis dans les mines du Harz sont moins perfectionnés qu'ailleurs, sous l'influence beaucoup plus féconde de l'intérêt privé.

A côté de cet exemple, on en trouve d'autres plus favorables au régime de la libre concurrence. Non-seulement la plupart des ouvriers soumis à ce régime vivent aussi bien et mieux que les autres, mais on voit naître parmi eux un nouvel élément inconnu aux premiers, l'esprit d'épargne et de prévoyance. J'aime à voir M. Le Play reconnaître la supériorité morale des *ouvriers suisses*. « C'est surtout, dit-il, par la profondeur du sentiment religieux et par les conséquences morales qui s'y rattachent que l'ouvrier de Genève et plusieurs autres types d'ouvriers de l'Occident l'emportent sur ceux de l'Orient. Les qualités qu'on observe chez les populations laborieuses de la Russie sont le résultat de conditions indépendantes du libre arbitre des individus. L'ouvrier genevois n'est lié par aucune entrave ; sa vertu moins passive ne dépend pas d'autrui ; c'est en lui-même, dans sa raison et sa conscience, qu'il puise la force nécessaire pour contenir ses passions et pour remplir ses devoirs. » Je me garderai bien de rien reprendre à ce portrait.

Ces nobles qualités ont leur récompense. Un des premiers, Sismondi a peint en termes éloquents la vie heureuse des paysans suisses, leurs maisons de bois si commodes et si bien sculptées, leurs armoires remplies d'un beau linge blanc, le jardin plein de fleurs, l'étable pleine de bétail, la laiterie nette et bien aérée, les grands approvisionnements de blé, de viande salée, de fromage et de bois, les livres et les instruments de musique qui attestent des goûts élevés, le costume antique et pittoresque en même temps que chaud, propre et sain. Après lui, plus d'un observateur a reproduit le même tableau en insistant sur l'amour du travail, qui est la cause première de cette aisance. « La population de Zurich, dit un voyageur anglais, est sans rivale pour la culture. Lorsque j'ouvrais ma fenêtre entre quatre et cinq heures du matin, pour considérer dans le lointain le lac et les Alpes, j'apercevais le travailleur dans les champs ; lorsque je revenais de ma promenade du soir, longtemps après le coucher du soleil, le travailleur était encore là, fauchant son pré ou liant sa vigne. Il est impossible d'arrêter ses regards sur un champ, un jardin, une haie, un arbre, une fleur, un seul végétal, sans remarquer les preuves du soin le plus assidu. » Je doute fort qu'il en soit de même sur les bords du Volga et de la Theiss.

Les deux monographies espagnoles, le *métayer de la Vieille-Castille* et l'*agriculteur émigrant de la Galice*, nous ramènent à d'autres idées. Les plaines à céréales de l'Andalousie, de la Manche et de la Castille appartiennent à de grands propriétaires ; les prairies de l'Estramadure, les pâturages des montagnes de Léon, constituent également de grandes propriétés exploitées au moyen de troupeaux voyageurs. Partout s'étendent ou plutôt s'étendaient de vastes communaux qui donnaient à l'Espagne de grands rapports avec l'orient de l'Europe. M. Le Play paraît attribuer à ces conditions économiques le bien-être relatif qu'il a constaté chez ces cultivateurs, mais il ne dit pas si, par hasard, leur existence ne devient pas meilleure encore par le changement de ces conditions, tel qu'on le voit se poursuivre depuis quelques années. Dans d'autres provinces de l'Espagne, comme le pays basque, la Navarre, une partie de la Catalogne et du royaume de Valence, la terre est depuis longtemps très-divisée : ce sont les plus peuplées et les plus riches.

Les quatre familles d'*ouvriers anglais* appartiennent à l'industrie proprement dite ; ce sont des couteliers, des menuisiers et des fondeurs. Je regrette que M. Le Play n'ait pris pour sujet de ses études aucune famille agricole ; il eût été curieux et instructif de faire la comparaison. Les quatre qu'il a choisies sont toutes dans une situation prospère ; il en est une, celle d'un *menuisier de Sheffield*, qui trouve le moyen, tout en vivant bien, de faire plus de 200 francs d'épargnes par an. M. Le Play entre à ce sujet dans des détails intéressants sur les institutions de prévoyance qui se sont développées en Angleterre par la libre initiative des ouvriers. La famille de son menuisier est affiliée à trois sociétés d'assurances mutuelles garantissant, moyennant un faible versement hebdomadaire, des secours médicaux en cas de maladie et des allocations d'argent. En outre, au moyen de souscriptions régulières à une caisse dite *land society*, la famille va prochainement devenir propriétaire d'un lot de terre et d'une habitation qui feront de son chef un électeur ; une autre partie de son petit capital va en s'accumulant à la caisse d'épargne, et elle se propose de souscrire encore à une société d'assurances sur la vie. Elle est ainsi garantie contre toutes les éventualités, beaucoup plus que les serfs de la Russie et de la Bulgarie, et elle ne doit rien qu'à son travail.

Il faut savoir gré à M. Le Play d'avoir présenté avec

cette franchise un exemple aussi décisif en faveur de la société occidentale.

Les onze familles françaises se divisent en trois catégories, les urbaines, les intermédiaires et les rurales. Les premières sont au nombre de trois. Celle d'un *tisserand de Mamers* (Sarthe) est très-pauvre. Depuis trente ans, la population locale augmente toujours, tandis que les moyens de travail diminuent. L'essor imprimé aux ateliers qui élaborent le lin et le chanvre au moyen de machines ruine les fabriques de toile qui reposent uniquement sur le travail des bras. L'émigration n'étant pas encore entrée dans les mœurs du pays, on n'a trouvé jusqu'à présent d'autre remède que la bienfaisance ; mais ce palliatif contribue à aggraver le mal en affaiblissant l'énergie morale de la population. En revanche, le *chiffonnier parisien* que M. Le Play a choisi, jouit d'une certaine aisance et même d'une certaine élévation intellectuelle qui se manifeste par le goût de lectures religieuses.

Quant au *maître blanchisseur de la banlieue de Paris*, ce n'est pas un ouvrier, mais un chef de métier, ayant près de 5,000 fr. de revenu et en épargnant 2,000, ce qui lui a déjà fait un petit capital de 16,000 fr. « L'amour du travail et la moralité ne sont pas développés au même degré, dit M. Le Play, dans toutes les familles de blanchisseurs parisiens ; cependant on peut admettre que sur cent, vingt-cinq environ obtiennent le même succès, cinquante se maintiennent dans l'aisance sans arriver à la propriété, vingt-cinq seulement s'endettent. La classe des maraîchers offre des types supérieurs en plus grand nombre ; soixante au moins sur cent arrivent à la propriété. »

Le *maréchal ferrant et propriétaire cultivateur du canton*

de Mamers (Sarthe) participe de l'ouvrier urbain et du cultivateur. Il présente un contraste consolant avec le tisserand du même pays. Bien qu'il ait commencé comme domestique, il possède une maison de 1,500 fr., un petit jardin, un champ de 80 ares qu'il cultive lui-même, un mobilier agricole et industriel de 1,400 fr., un mobilier personnel de 800, le tout provenant de ses économies. Quoiqu'il ait quatre enfants et un aide qu'il nourrit, il fait 300 fr. d'épargnes par an, et vit convenablement avec le reste. Les deux autres familles intermédiaires offrent peu d'intérêt.

Viennent maintenant les familles purement rurales. Quatre sur cinq sont dans une condition presque misérable ; c'est un *journalier agriculteur du Morvan*, un *journalier agriculteur du Maine*, un *journalier des vignobles de l'Armagnac* et un *journalier de la Basse-Bretagne ;* le dernier, qui a femme et enfants, ne gagne dans son année que 461 francs. Le *propriétaire cultivateur du Soissonnais* est plus heureux ; on peut le considérer comme le type du très-petit propriétaire français ; il possède une maison d'habitation avec une étable, un petit jardin et un champ de 25 ares ; il ne mange de la viande que deux fois par an, mais il se nourrit suffisamment, avec sa femme et ses trois enfants, de pain mêlé de froment et de seigle, et au bout de l'année il a mis de côté 200 francs. Son revenu total s'élève environ à 1,000 fr. Ajoutons que l'auteur eût pu trouver sur d'autres points de la France, en Normandie par exemple, d'autres types au moins aussi satisfaisants que celui-là.

On peut reprocher à ces observations d'être un peu anciennes ; peu importe au fond. A part les exagérations probables que j'ai signalées dans quelques-unes, la plupart paraissent exactes, les monographies françaises en particulier donnent une idée assez juste des faits généraux. Parmi nos ouvriers de ville, quelques-uns souffrent ; d'autres, et surtout ceux de Paris, font d'excellentes affaires, quand ils ont de l'ordre. La condition des ouvriers ruraux est bien plus mauvaise : la moitié d'entre eux a tout juste de quoi vivre misérablement, l'autre moitié s'élève, à force d'économie, vers la propriété ; mais leur alimentation, même quand ils sont propriétaires, est inférieure à celle des ouvriers des villes. Les choses n'ont pas sensiblement changé depuis que M. de Gasparin évaluait ainsi le budget moyen d'une famille de cultivateurs français, composée de cinq personnes :

Nourriture.................	478 fr.
Logis......................	30
Habillement................	100
Chauffage et éclairage......	10
Outils et ustensiles.........	20
Total..........	638 fr.

ou 1 franc 75 cent. par jour, représentant le salaire du père, de la mère et des enfants. Les chiffres de M. Le Play sont même au-dessous, et avec raison ; la moyenne donnée par M. de Gasparin me paraît un peu élevée.

Somme toute, les monographies de M. Le Play sont loin de présenter sous un mauvais jour l'existence des ouvriers européens. Sur 36, 18 au moins vivent à l'aise, 12 passablement, 6 seulement sont à plaindre. La palme du bien-être appartient au blanchisseur parisien ; les plus pauvres de tous sont parmi les journaliers de nos campagnes ; la France présente ainsi les deux termes extrêmes. Les paysans hongrois, russes, suédois, espagnols, sont infiniment au-dessus de la plupart des nôtres, comme vie matérielle. Parmi les ouvriers de ville, les Anglais viennent au premier rang après le blanchisseur parisien ; les plus malheureux sont le menuisier de Vienne (Autriche) et le tisserand de Mamers (Sarthe). La situation intermédiaire est occupée par ces catégories qui n'appartiennent complétement ni à la vie rurale ni à la vie industrielle. Il est à regretter que l'auteur n'ait pas complété son tableau par des Belges, des Hollandais et des Italiens. On doit regretter encore plus qu'il ne soit pas sorti d'Europe et qu'il n'ait pas étudié le *farmer* américain, ce représentant extrême de l'indépendance individuelle.

Le plus pauvre paysan de l'Europe, le *penty* bas-breton, uniquement nourri d'orge et de sarrasin, trouve encore le moyen de faire des économies. Il n'y a rien de plus admirable dans cette longue série ; le plus grand honneur appartient à cette noble race des paysans français qui, placée trop souvent dans les conditions les plus défavorables, porte sans fléchir presque tout le poids de la production agricole comme de la défense nationale.

IV

J'ai essayé de résumer aussi exactement que possible les faits présentés par M. Le Play ; que faut-il en conclure ? Si l'on prenait au pied de la lettre quelques-unes de ses assertions, la réponse serait facile : rien. Il répète en effet à plusieurs reprises que, sans enquêtes nouvelles, la science sociale, comme il l'appelle, ne peut rien affirmer. Il demande ces enquêtes et il fait bien, car une observation infatigable peut seule suivre, dans son mouvement continu, le développement des peuples modernes ; mais en même temps, infidèle à son propre principe, il pose, dès à présent des conclusions très-affirmatives. Je ne le chicanerai pas sur cette inconséquence ; elle était inévitable. Le tort est d'avoir dit qu'il n'y avait rien à tirer des faits connus ; ces faits sont déjà suffisamment nombreux pour donner matière à des doctrines. J'ai de plus sérieuses objections à faire au fond même des conclusions. Ici encore M. Le Play se contredit. Ce qui paraît résulter de ses monographies, c'est que l'organisation occidentale n'exige aucune réforme radicale dans l'intérêt des classes ouvrières, et il arrive, après bien des détours et des ménagements, à exprimer l'opinion contraire.

La première des réformes qu'il indique porte sur la loi française de succession ; il s'élève contre le principe du partage égal et réclame ouvertement la liberté illimitée de tester et le droit de substitution. Il établit sous ce rapport une comparaison entre la loi anglaise et la loi française, et attribue à la première la supériorité de l'agriculture anglaise sur la nôtre. J'ai déjà contesté cette théorie souvent répétée, je la conteste encore. La loi de succession n'a pas dans les deux pays la portée qu'on lui suppose. La terre est plus divisée en Angleterre et moins divisée en France qu'on ne croit. La différence réelle ne tient que très-peu à la loi de succession ; elle est le résultat d'une foule d'autres causes qui dérivent de l'histoire entière des deux peuples. Telle qu'elle est, elle n'a qu'une action très-limitée sur le développement agricole. Il faut chercher une autre explication pour rendre compte de notre infériorité et par conséquent pour indiquer le véritable remède.

Il est très-facile de soutenir que la loi de succession ne contribue que très-peu en France à la division du sol et même de le prouver mathématiquement. La population ne s'accroît pas vite, la moyenne des familles est tout au plus de deux enfants et demi. Or, comme la moitié seulement de la nation est propriétaire d'immeubles et que cette moitié est moins prolifique que l'autre, on peut hardiment ne compter que deux enfants survivants par famille de propriétaires. Cela étant, la conséquence est rigoureuse, les deux enfants représentent exactement le père et la mère, la propriété ne se divise pas par la succession. Quelques-unes se divisent quand le nombre des enfants est au-dessus de la moyenne, d'autres se recomposent quand le nombre des enfants est au-dessous. Que chacun regarde autour de soi : on trouvera des familles qui n'ont pas d'enfants, d'autres qui n'en ont qu'un, le plus grand nombre n'en a que deux ; voilà une première considération.

En voici une autre. Il faut distinguer entre l'étendue et la valeur ; cent hectares en bon état peuvent valoir mieux que cinq cents mal tenus. L'expérience démontre qu'en temps ordinaire la valeur des immeubles ruraux s'accroît au moins d'un pour cent par an par le progrès de la culture et des communications ; il faut y ajouter les maisons nouvellement bâties, on trouve alors que la valeur totale de la propriété immobilière s'accroît d'environ douze pour cent tous les dix ans, tandis que la population ne s'accroît dans le même laps de temps que de six pour cent. Ajoutez le progrès des valeurs mobilières, qui est bien autrement considérable, et vous verrez que, même en supposant dans toutes les familles deux enfants et demi et le partage égal, la part des enfants doit être en moyenne plus forte que celle des parents. Que chacun regarde encore autour de soi, et on verra si la moyenne des fortunes ne tend pas à s'accroître plus qu'à diminuer, et si une dot de 20,000 fr. par exemple est regardée aujourd'hui comme aussi considérable qu'autrefois.

Je viens de prononcer le mot de dot, c'est par là que l'effet réel du système français se rapproche beaucoup de l'effet réel du système anglais. Peu importe quant au résultat final que les filles héritent ou n'héritent pas, puisqu'elles forment nécessairement la moitié de toutes les familles : elles rapportent d'un côté ce qu'elles prennent de l'autre, et quand elles ne prennent rien, elles n'ont rien à rapporter. Deux autres causes agissent encore pour rapprocher les résultats des deux législations : l'une est la distinction que la loi établit en Angleterre entre les meubles et les immeubles ; si les immeubles ne sont pas soumis au partage égal, les meubles le sont, et comme les valeurs mobilières forment au moins la moitié des fortunes, la condition des héritiers s'égalise d'autant ; l'autre est la marche plus rapide de la population en Angleterre qu'en France, qui fait que la valeur des parts diminue, au moins pour les valeurs mobilières, en proportion du nombre des co-partageants.

Supposons que deux pères de famille viennent à mourir, laissant chacun un fils et une fille, et deux cent mille francs de fortune, dont moitié en immeubles et moitié en valeurs mobilières. Voici ce qui arrivera d'après les deux législations. En Angleterre, chacun des deux fils aura tous les immeubles et la moitié des meubles, soit en tout 150,000 fr. ; chacune des deux filles aura la moitié des meubles, ou 50,000 fr. En France, chacun des quatre enfants aura la moitié de la succession totale, ou 100,000 francs, sans distinction de sexe. Supposons maintenant que la fille de l'une épouse le fils de l'autre et réciproquement ; la situation définitive sera la même dans les deux pays. Chacun des deux ménages aura une valeur de 200,000 fr. Cette hypothèse n'est pas la seule qu'il soit possible de faire, mais c'est une de celles qui se réalisent le plus fréquemment, et je n'ai pas supposé que la famille anglaise fût plus nombreuse que la française, ce qui arrive pourtant le plus souvent.

La grande propriété a disparu chez nous, et la petite s'est développée par d'autres causes. La plus récente est la révolution ; ce n'est ni la première, ni la plus puissante. La petite propriété ne date pas en France de 1789. Arthur Young, qui a visité la France alors, dit formellement que les petits propriétaires possédaient un tiers du sol ; c'était une exagération sans doute, car ils n'en possèdent pas davantage aujourd'hui. Comment s'était formée sous l'ancien régime cette multitude de petits propriétaires ? Premièrement, par le gaspillage des seigneurs qui aimaient mieux vendre en lambeaux les terres paternelles et en dépenser le prix à la guerre ou à la cour que de faire fructifier leurs domaines en y résidant ; secondement, par l'intervention de l'autorité royale, qui avait attribué à plusieurs reprises, au moyen d'ordonnances et d'arrêts du conseil, une partie des terres incultes aux paysans cultivateurs. Même de nos jours, la petite propriété s'augmente beaucoup plus par des ventes parcellaires que par l'effet de la loi de succession. M. Le Play a remarqué, et c'est là un de ses aperçus les plus vrais, que le partage égal est surtout nuisible à la petite propriété, en ce qu'il entraîne des morcellements excessifs, des frais démesurés, des dettes usuraires, des liquidations onéreuses, qui finissent par la détruire.

En Angleterre, la grande propriété, fondée par la conquête au onzième siècle, s'est accrue au seizième par le partage des biens ecclésiastiques, et plus tard par l'attribution des terres incultes aux seigneurs; elle s'est maintenue par l'attachement héréditaire des propriétaires au sol. Tout a tendu à réunir la propriété à la seigneurie, tandis qu'en France tout a tendu à les séparer. Il y avait autrefois en Angleterre beaucoup de petits propriétaires ou *yeomen*. D'après Macaulay, on en comptait sous les Stuarts 160,000, ayant en moyenne 60 liv. sterl. ou 1,500 fr. de revenu. Ils ont disparu à peu près complétement; la plupart ont peu à peu vendu leurs propriétés pour se faire fermiers. Le mode de culture généralement adopté et favorisé par le climat, en multipliant les pâturages, avait rendu l'exploitation par grandes fermes plus profitable que par petites. Aujourd'hui un mouvement en sens contraire semble se produire, d'abord par les *land-societies* qui achètent des terres pour les diviser en petits lots, ensuite par la révolution agricole qui réduit les pâturages pour augmenter les terres arables; mais l'une et l'autre de ces deux causes n'agissent encore qu'insensiblement, et les courants généraux portent toujours vers la grande culture, profondément enracinée dans les traditions, les conditions économiques, et même les préjugés de la nation.

En France, le contraire arrive, au moins jusqu'ici. C'est la petite propriété et la petite culture qui tirent chez nous le meilleur parti du sol. Tant que les capitaux fuiront les champs, tant que l'impôt leur prendra sans leur rendre, tant que les propriétaires aisés consacreront leur revenu à des dépenses de luxe, tant que l'esprit d'entreprise restera indifférent ou hostile à la production rurale, tant que l'application des sciences à la culture sera considérée comme une utopie ruineuse, la petite propriété et la petite culture feront des progrès ; c'est inévitable et même désirable ; où la science et le capital manquent, le travail doit l'emporter. Depuis 1848, ces progrès se sont arrêtés, le découragement a gagné les rangs populaires, le paysan n'achète plus, n'entreprend plus (1), et comme en même temps la grande culture n'a pas fait un pas sensible, le mouvement en avant est suspendu. Cette stagnation ne peut être qu'accidentelle : on peut affirmer que, quand l'agriculture nationale se remettra en marche, le petit cultivateur y aura toujours la plus grande part. C'est lui qui donne de la terre la rente la plus forte ou le prix le plus élevé ; c'est donc à lui que la terre doit revenir. Le seul moyen de la lui disputer, c'est de la rendre plus productive dans d'autres mains, et non d'avoir recours à des combinaisons surannées qui n'auraient absolument aucune efficacité, et qui, impuissantes à nous faire remonter le cours des temps, ne seraient bonnes qu'à soulever de nouveaux orages. La loi du partage égal est la chair et le sang de la France, on ne peut y toucher sans danger.

M. Le Play ne demande pas précisément le droit d'aînesse, bien que ce soit le fond de sa pensée : il se borne au droit illimité de tester. Pour mon compte, je n'y verrais pas d'objection fondamentale ; ce droit a de bons effets en

(1) Ce qui le prouve, c'est que l'accroissement annuel du nombre des cotes foncières s'est ralenti sensiblement.

Angleterre et en Amérique. Si la législation française était à faire, ce serait une doctrine à examiner; mais à quoi bon soulever de pareils problèmes, quand on a les faits contre soi ? Si nous n'avons pas en France le droit illimité de tester, nous en avons un dont nous ne faisons presque pas usage, et qui équivaut à peu de chose près à ce qu'on demande. Pouvoir disposer de la moitié de son bien quand on n'a qu'un enfant, du tiers quand on en a deux, du quart quand on en a davantage, ce serait suffisant, si les mœurs étaient favorables à l'inégalité des partages. Le droit illimité ne ferait pas plus, parce qu'on n'en userait pas.

M. Le Play oublie également que la substitution existe dans le droit français comme dans le droit anglais; elle est permise dans l'un comme dans l'autre pour la quotité disponible jusqu'au second degré. Seulement la loi qui l'autorise est chez nous une lettre morte et en Angleterre un fait vivant; j'ajoute que chez nos voisins elle est plutôt en décadence qu'en progrès. Outre qu'elle cesse de plein droit après une génération quand elle n'est pas renouvelée, des actes du parlement ont récemment autorisé les détenteurs de biens substitués à emprunter sur ces biens, soit à l'État, soit à des compagnies spéciales, des sommes remboursables par annuités et destinées à des travaux de drainage, des constructions, des irrigations, des plantations, des clôtures, en un mot toutes les améliorations foncières d'un effet permanent, et un comité de la chambre des lords a exprimé l'année dernière le vœu que cette autorisation fût étenduepour d'autres prêteurs que les compagnies. Or, permettre d'emprunter par hypothèque, c'est jusqu'à un certain point permettre d'aliéner: le principe de la substitution est atteint, et par des actes officiels; il me serait facile de montrer la substitution plus sérieusement attaquée dans les écrits des hommes les plus compétents et dans les journaux les plus accrédités.

Est-ce à dire que tout soit pour le mieux et qu'il n'y ait absolument rien à faire pour améliorer la loi française ? Je ne le pense pas ; mais il faut commencer par débarrasser la question de toute considération contraire au principe d'égalité : en passionnant inutilement le débat, on le rend insoluble, voilà tout. Je suis très-frappé des inconvénients du partage forcé pour la petite et la moyenne propriété ; je crois que cette secousse périodique contribue beaucoup au malaise général qu'elles éprouvent, aux dettes qui les grèvent, aux ventes forcées qu'elles subissent. J'attribue la plupart de ces souffrances à l'article 826 du code, qui permet à chacun des héritiers de demander sa part *en nature* des meubles et immeubles de la succession.

J'aimerais mieux qu'on donnât aux garçons un droit de préférence sur les immeubles, et qu'on n'en autorisât le partage qu'autant que celui des meubles ne suffirait pas, les droits des filles sur les immeubles constituant un des plus grands embarras de la propriété française. Je voudrais que l'un des cohéritiers pût se charger d'un immeuble excédant sa part, pour éviter les licitations, en payant aux autres 3 pour 100 d'intérêt et 2 pour 100 d'amortissement, avec faculté de remboursement comme au crédit foncier. Je voudrais enfin que, quand le père de famille juge à propos de disposer par acte entre-vifs ou par testament en faveur de l'un de ses enfants, les immeubles qui excéderaient la quotité disponible ne fussent sujets à réduction qu'au-dessus d'un certain *minimum* de valeur, 10,000 francs, je suppose ; l'Allemagne pourrait fournir sur ce point des exemples utiles, sinon à suivre, du moins à consulter.

Je n'ai pas la prétention d'indiquer ici tout ce qui est possible ; j'ai voulu seulement montrer que, sans rien changer aux fondements de notre droit, on peut atténuer les fâcheuses conséquences qu'il amène quelquefois. J'accepte le principe du partage égal, je n'en ai pas le fanatisme ; le code est évidemment tombé dans l'excès, combattons l'excès et non le principe. Aucun changement ne devrait avoir lieu, dans tous les cas, qu'après une enquête solennelle qui comprendrait tous les intérêts. En attendant, la jurisprudence, qui depuis quelques années semble avoir pris à tâche d'aggraver encore les conséquences du droit rigoureux en proscrivant jusqu'aux lots d'attribution autrefois usités, suffirait presque, si elle suivait d'autres principes, pour empêcher une grande partie du mal, en s'appuyant sur les articles du code les moins favorables à la division des immeubles, car il y en a (1).

Parmi les effets de la loi de succession, il en est un qu'on ne saurait condamner trop énergiquement : c'est la division parcellaire. Ici je suis tout à fait de l'avis de M. Le Play, quand il mentionne avec éloges les mesures légales prises dans quelques États allemands pour y porter remède. Une commission locale présentant toutes les garanties désirables est chargée d'estimer la valeur de chaque parcelle et d'opérer ensuite une nouvelle répartition, en lots aussi peu nombreux que le permettent les droits de chacun, la nature du sol et des cultures. L'expérience démontre qu'après ce remaniement, chaque propriété, devenue plus compacte, exige moins de frais de culture, et

(1) Article 832 : Dans la formation et composition des lots, *on doit éviter autant que possible de morceler les héritages et de diviser les exploitations.*

que la valeur vénale en est augmentée. Quand un pareil jubilé aurait lieu en France tous les vingt ans, je n'y verrais que des avantages ; on a fait déjà chez nous, avant 1789, plusieurs opérations semblables qui ont parfaitement réussi. Il n'y aurait non plus, ce me semble, aucune objection sérieuse à dispenser de tous frais l'échange des parcelles dont l'étendue n'excéderait pas un demi-hectare, ou même leur acquisition pure et simple par les propriétaires contigus ; ce ne serait que le retour vers un principe qui a été déjà posé une fois par la loi.

V

Les autres réformes désirées par M. Le Play sont plus difficiles à saisir, comme plus confusément exprimées ; elles peuvent se réduire à trois : le développement du principe d'association, la répression de la mauvaise concurrence, le patronage.

L'esprit d'association est à coup sûr un des éléments les plus féconds du progrès général, mais je ne vois pas qu'il soit aujourd'hui le moins du monde comprimé. Il crée sous nos yeux de puissantes compagnies qui réunissent des capitaux énormes. Dans un ordre plus modeste, mais non moins utile, il a produit l'excellente institution des sociétés de secours mutuels. On pourrait même dire qu'à certains égards il arrive jusqu'à l'excès ; à force de s'associer, de se fondre, les compagnies tendent à constituer de véritables monopoles, et nous avons vu bien des associations ouvrières, organisées après 1848 avec tous les encouragements possibles, dans l'impossibilité de marcher. Ces exagérations ne font rien au principe : en toute chose, l'abus ne prouve pas contre l'usage ; mais il en résulte tout au moins que l'esprit d'association a sa pleine liberté d'action. M. Le Play en convient, il reconnaît en outre que les anciennes formes de l'association, comme les corporations, ne sont pas à regretter, et qu'elles disparaissent tous les jours de plus en plus devant l'esprit d'entreprise individuelle, principe de la civilisation moderne. Que veut-il donc ?

Quelques mots épars çà et là semblent faire entendre qu'il est favorable à la jouissance indivise des biens communaux. « L'existence de ces biens, dit-il, et la conservation de la vaine pâture, doivent être placées, dans l'état actuel de l'Europe, au nombre des moyens d'assistance les plus efficaces, en faveur des populations rurales ; souvent même elles y ont trouvé le moyen d'échapper aux atteintes du paupérisme et de se maintenir dans un état prononcé de bien-être et d'indépendance. » Il est vrai que quelques lignes plus bas il reconnaît la supériorité de l'exploitation privée sur la jouissance indivise, et il exprime le vœu de voir les biens communaux aliénés, à mesure que le progrès général permettra d'adopter un meilleur régime ; mais ce n'est là qu'une concession d'avenir. Pour le présent, il penche visiblement vers l'indivision, et ne laisse échapper aucune occasion de montrer en quoi l'étendue des biens communaux contribue au bien-être des populations orientales.

Selon moi, c'est une erreur : au delà d'une certaine proportion de population, les communaux ne font que du mal, ils entretiennent la pauvreté, l'oisiveté, l'ignorance, l'incurie ; partout où il s'en trouve en grande étendue, le travail ne fait et ne peut faire aucun progrès. Si l'on attend pour les partager ou les aliéner le moment où les populations rurales seront dans une condition meilleure, on attendra toujours, car ce sont eux qui sont la cause principale du mal.

La jouissance en commun du sol n'a rien de particulier à la race turque ou slave ; elle se retrouve à toutes les origines de la société occidentale comme de la société orientale. Nous avions en France autrefois, nous avons même encore, sur beaucoup de points, de vastes étendues de terres communes. Le même fait existait et existe encore en Angleterre, en Allemagne, en Belgique. Seulement la jouissance en commun disparaît peu à peu partout. Pourquoi ? Parce que l'expérience universelle a démontré que ce mode de jouissance n'était pas assez favorable à la production. Il faut dix fois, cent fois plus de terres communes que de terres appropriées pour nourrir une tête humaine. Examinez les villages français qui possèdent encore de grands communaux : ils sont tous, sans exception, moins peuplés et plus pauvres que ceux qui n'en ont plus. Dès que ces communaux sont soustraits d'une façon quelconque à la jouissance indivise, soit par des partages, soit par des ventes, soit par de simples amodiations, la production s'élève, la condition des habitants s'améliore, et la population s'accroît.

La vaine pâture a quelques avantages apparents, mais au fond elle n'est pas moins nuisible que tous les autres modes de jouissance en commun. Partout où elle existe, elle met obstacle au progrès des cultures, en rendant impossible toute modification partielle de l'assolement.

Faut-il attacher plus de prix à ce que M. Le Play apelle les *subventions forestières ?* Il entend par là l'enlèvement des bois morts, des végétaux sous-ligneux, des fruits e toute sorte, glands, châtaignes, noix, noisettes, des euilles employées comme litières, des herbes destinées à a nourriture des animaux domestiques. En accordant ces ifférents droits aux populations circonvoisines, on ne ;ause, dit-il, à la propriété forestière aucun dommage appréciable, et on augmente le bien-être des usagers. Je nie 'une et l'autre de ces deux affirmations. On cause au conraire à la propriété forestière d'énormes dommages. En nlevant les fruits, les usagers empêchent l'ensemenceent naturel; l'extraction inconsidérée des feuilles laisse e sol sans abri, et en amène le dessèchement progressif. ,e pâturage entraîne d'autres abus plus graves encore, et 'ous prétexte de prendre seulement les bois morts, on se orte aux maraudages les plus nuisibles. Avec les droits l'usage, toute sylviculture est impossible. Il n'est pas plus xact de dire que les populations usagères s'en trouvent ien. On favorise parmi elles des habitudes de vagabondage incompatibles avec une vie régulière, et on diminue, avec le produit total des bois, la demande de travail. Ces produits accessoires ne sont pas d'ailleurs perdus pour n'être pas livrés au pillage ; ce qui peut être enlevé sans inconvénient peut faire l'objet de concessions renfermées dans de justes limites.

Rien n'est assurément plus désirable que de voir réprimer la mauvaise concurrence ; mais comment s'y prendre sans nuire à la bonne ? M. Le Play parle des lois de police sur le travail des femmes et des enfants dans les manufactures et sur les marques de fabrique : ces idées n'ont rien de nouveau, elles sont aujourd'hui partagées par tout le monde. Comment faire pour aller plus loin ? « Il serait à désirer, dit-il, que sous la pression de mesures réglementaires sagement exprimées, des fabricants inhabiles ou sans scrupules n'eussent plus le pouvoir de compromettre par d'imprudentes créations la sécurité publique. Les juges naturels de l'opportunité d'un nouvel établissement entraînant un surcroît de population industrielle devraient être ceux qui, en cas d'impuissance du chef d'industrie, seraient obligés de subvenir aux besoins des ouvriers qu'il laisserait dans le dénûment. Les lois relatives à la distribution des ateliers industriels devraient donc provoquer à la fois l'intervention de l'État, des communes et des principaux contribuables de la localité. La législation actuelle de la France fournirait à cet égard d'utiles précédents. On trouverait, par exemple, des analogies naturelles dans les règlements relatifs à la création des ateliers qui peuvent offrir un danger matériel ou même une simple incommodité pour les propriétés voisines. » Qu'est-ce que cela veut dire? Ne pourra-t-on ouvrir un nouvel atelier qu'avec l'autorisation du gouvernement et du consentement des chefs d'ateliers existants? Ceci ressemble beaucoup aux anciennes maîtrises.

Je ne suis pas de ceux qui opposent à toute innovation un principe absolu. J'approuve complétement les Anglais, qui font ce qui leur paraît bon et pratique sans s'inquiéter du système, et qui ne craignent ni l'accusation de socialisme, ni celle de réaction, ni aucune autre, à propos d'une mesure utile. J'attendrai donc que M. Le Play formule plus nettement son idée pour savoir ce que j'en dois penser. Tout ce que je puis dire, c'est que, sous sa forme actuelle, elle me paraît inadmissible. Il est très-frappé des inconvénients des grandes agglomérations ouvrières ; je le suis plus que lui, s'il est possible. Seulement il fera bien de chercher d'autres moyens de les prévenir. Je serais porté à croire, pour mon compte, qu'il suffirait de ne pas les favoriser. Tout contribue, dans notre organisation nationale, aux grandes agglomérations. Les hommes suivent les capitaux, et tout accumule les capitaux dans les grandes villes ; l'action de l'impôt est incessante dans ce sens. La bienfaisance même, en donnant aux indigents des villes un privilége qui frappe tous les yeux, attire de plus en plus les classes pauvres vers les centres de population. Il n'en est heureusement pas de même partout. En Suisse, par exemple, où l'équilibre n'est pas rompu artificiellement entre les villes et les campagnes, l'atelier s'élève souvent à côté de la ferme, et la vie industrielle se développe à peu près également sur la surface entière du territoire ; il suffit donc, à beaucoup d'égards, de ne pas troubler l'ordre naturel pour que ce fait salutaire se produise, sans rien changer à la liberté du travail.

Qu'est-ce que le patronage ? S'agit-il de prêcher aux maîtres des rapports affectueux avec leurs subordonnés, une sollicitude vigilante sur leurs besoins, une application continue à les éclairer, à les défendre le plus possible contre les mauvaises chances, à leur donner à la fois de bons conseils, de bons appuis et de bons exemples ? Rien de mieux assurément, mais rien de plus connu. Une autorité plus haute a dit depuis longtemps : *Aimez-vous les uns les autres*. S'agit-il au contraire d'une institution légale imposant au chef d'industrie des obligations définies ? Ici recommence la difficulté ; le chef d'industrie hésitera toujours à prendre un engagement qu'il peut être dans l'impossibilité de remplir ; il est soumis lui-même aux chances de la concurrence. Ne voyez-vous pas d'ailleurs que vous étouffez dans son germe l'esprit de prévoyance ? Vous voulez développer cet esprit, dites-vous ; il est incompatible avec le patronage obligatoire. Vous nous l'avez prouvé vous-même ; tous ceux de vos ouvriers qui se croient garantis par une cause ou par une autre contre les chômages, les maladies et la vieillesse, ne font pas d'épargnes ; la plupart des autres en font au contraire et acquièrent, en devenant propriétaires, un rang plus élevé.

Est-ce à dire qu'il n'y ait rien à faire pour venir au secours de ceux qui, par la faute des circonstances ou même par leur propre faute, tombent dans la misère ? Non, sans doute ; la bienfaisance publique et privée est là pour y pourvoir, et nous voyons qu'elle ne fait pas défaut.

La liberté a ses inconvénients : qui en doute ? Tout en a dans ce monde. Mais voyez ces deux armées en présence, l'une composée de paysans français, l'autre de serfs russes ; à qui la victoire ? L'une défend le sol natal, *la sainte Russie, la croix du Sauveur ;* l'autre marche en avant sans savoir pourquoi, pour un intérêt vague, confus, éloigné ; mais elle a l'habitude de l'énergie, de l'initiative, de l'audace : elle sait entreprendre et oser. D'où lui viennent ces qualités précieuses ? Du sentiment qu'elle a de sa force pour l'avoir éprouvée ailleurs, dans les combats du travail. On y peut succomber, et ce danger toujours présent tient l'âme en éveil ; on y peut vaincre aussi, et cette perspective entretient l'émulation. Combien de soldats devenus officiers sur ce champ de bataille comme sur l'autre !

Le beau livre de M. de Tocqueville sur la *démocratie en Amérique* présente à cet égard une comparaison qui m'a toujours frappé. Le beau idéal des *engagements forcés*, c'est l'esclavage ; or voici ce que dit M. de Tocqueville des effets de l'esclavage comparés à ceux de la liberté :« Le fleuve que les Indiens avaient nommé par excellence l'Ohio ou *la Belle Rivière*, arrose de ses eaux l'une des plus magnifiques vallées dont l'homme ait jamais fait son séjour. Sur ses deux rives, l'air est également sain et le climat tempéré ; chacune d'elles forme l'extrémité frontière d'un vaste État ; celui qui suit à gauche les mille sinuosités que décrit l'Ohio dans son cours, se nomme le Kentucky ; l'autre a emprunté son nom au fleuve lui-même. Les deux États ne diffèrent que sur un seul point : le Kentucky a admis des esclaves, l'État de l'Ohio les a tous rejetés de son sein. Le voyageur qui, placé au milieu du fleuve, se laisse entraîner par le courant, navigue donc pour ainsi dire entre la liberté et la servitude. Sur la rive gauche, la population est clair-semée, la forêt primitive reparaît sans cesse ; on dirait que la société est endormie, l'homme semble oisif ; la nature seule offre l'image de l'activité et de la vie. De la rive droite s'élève au contraire une rumeur confuse qui proclame de loin la présence de l'industrie ; de riches moissons couvrent les champs ; de toutes parts, l'aisance se révèle, l'homme paraît riche et content ; il travaille. »

Ces lignes ont été écrites il y a plus de dix-sept ans ; tout ce qui est arrivé depuis les a confirmées ; aujourd'hui. l'Ohio a deux millions d'habitants, le Kentucky, plus anciennement habité, en a à peine la moitié.

M. Le Play peut répondre sans doute qu'il n'a pas préconisé l'esclavage ; mais qu'est-ce que le servage, la corvée, le patronage même érigé en institution, si ce n'est une variante plus ou moins adoucie d'un même thème? Dans une société imparfaite, ces formes peuvent jusqu'à un certain point se justifier par des nécessités spéciales ; dès que la société s'améliore, elles disparaissent. Le patronage obligatoire ne peut pas s'accorder gratuitement, il entraîne comme conséquence le droit de diriger à son gré le travail et même de le contraindre par la force ; car on ne peut pas s'engager à nourrir les patronés, à les défendre contre toutes les chances, tout en les laissant libres de ne rien faire. Quelle que puisse être pour eux la sécurité prétendue que donne ce système :

> C'est l'acheter trop cher que l'acheter d'un bien
> Sans qui les autres ne sont rien.

VI

Je cherche ce que sont devenues toutes les réformes annoncées par M. Le Play, je ne trouve rien. Les grands principes de la société occidentale, la liberté et la responsabilité personnelles, sortent triomphants de cette épreuve comme de toutes les autres. L'erreur principale de M. Le Play, comme de tous les réformateurs, consiste à faire laborieusement ce qui se fait tout seul dans la société humaine telle que Dieu l'a constituée. La solidarité des intérêts n'est pas un principe à introduire par les lois ; c'est un fait que les erreurs et les passions des hommes peuvent quelquefois obscurcir, mais non détruire. Le capital ne peut être fécondé que par le travail, le travail que par le capital ; il suffit que la législation et l'administration aident au cours naturel des choses, elles n'ont pas à le changer, pour créer une harmonie qui est essentielle.

Un autre caractère distinctif des erreurs économiques consiste à négliger le principal pour l'accessoire. Le principal aux yeux de la plupart des novateurs, c'est le mode de distribution des richesses. Il n'y a pas de méprise plus grave. La distribution n'est que l'accessoire, c'est la production qui est le principal. Avant de distribuer, il faut produire. Qu'on partage un sou en mille portions égales, ce ne sera jamais qu'un sou; l'important, pour que les parts soient meilleures, c'est d'avoir plus d'un sou à partager. Ceci paraît évident par soi-même ; rien n'est pourtant plus généralement méconnu. On sacrifie à tout instant la production à la distribution, ce qui aggrave forcément la pauvreté. La science économique, ou, pour parler comme M. Le Play, la science sociale, est beaucoup plus simple et a beaucoup moins à faire qu'il ne croit. Ses applications peuvent varier, ses bases sont inébranlables; elles se composent de quelques axiomes mis en lumière par de grands esprits et aussi certains que les lois qui président au mouvement des corps; le difficile n'est pas de les trouver, mais de les faire accepter, comme il a été difficile dans d'autres temps de faire croire à la rotation de la terre autour du soleil.

Ainsi le salaire n'est pas précisément une quantité arbitraire; comme il se fixe par le rapport de l'offre à la demande, librement débattu entre les intéressés, et que l'offre et la demande elles-mêmes sont gouvernées par les besoins réciproques, le salaire est en général tout ce qu'il peut être. Il y a des exceptions sans doute, il y en a partout, mais telle est la règle. C'est le rapport de la production à la population qui, en fin de compte, est la mesure du salaire. Si le salaire est bas, c'est que la production est faible relativement à la population ; s'il est élevé, c'est que la proportion s'élève. Je prends pour exemple la population agricole française. Son salaire est bas; pourquoi? Parce qu'elle ne produit pas assez. Partout où la production descend, vous voyez le salaire descendre; partout où elle monte, vous le voyez monter. Il arrive même assez généralement que le salaire ne descende pas aussi vite que la production ou qu'il monte plus vite qu'elle. Les salariés agissent par leur nombre, par leurs besoins, et font presque toujours pencher la balance de leur côté. Il y a en France des contrées, il y a partout des moments, où le produit brut est absorbé presque complétement par les salaires; il ne reste rien ou à peu près rien pour les intérêts du capital et les profits de l'entrepreneur. C'est une des causes qui agissent le plus pour arrêter chez nous les progrès de l'agriculture; on hésite à y consacrer ses capitaux et son temps, parce que les salaires absorbent une telle part des produits, qu'on craint de n'être pas rémunéré de ses dépenses et de ses peines.

De même l'alimentation moyenne d'un pays se mesure à la quantité de matières alimentaires qu'il renferme; c'est une loi toute mathématique. Les classes les plus riches ne peuvent pas en consommer plus que leur part : l'estomac a ses limites. On peut même dire qu'en fait, plus on est riche, moins on mange ; la vie calme et sédentaire des hommes de salon et de cabinet exige moins de nourriture que la vie active des champs ou des ateliers. La part de ceux qui se livrent à un travail manuel en devient nécessairement plus grande. Cette harmonie que la Providence a établie entre les ressources et les besoins se réalise au moyen des prix. Comme il faut que toutes les denrées alimentaires se consomment, les prix se maintiennent d'eux-mêmes au taux où ils doivent être pour qu'elles se répartissent aussi également que possible entre les consommateurs. Quand une denrée hausse, c'est qu'il n'y en a pas assez pour que chacun en ait sa part ; quand elle baisse, c'est que la quantité s'accroît de manière à la rendre accessible à un plus grand nombre.

Il n'est nullement nécessaire d'avoir recours à l'apologie du servage et de pis encore pour expliquer la différence d'alimentation que M. Le Play a signalée entre certaines populations de l'Orient et celles de l'Occident ; cette différence s'explique tout naturellement par la proportion de la population et de la production, par l'abondance et la fertilité du sol et par la nature des cultures.

Si la moitié seulement des Français mange du froment, la cause n'est pas difficile à trouver : c'est que la France n'en produit pas assez pour tout le monde ; il faut de toute nécessité que l'autre moitié se nourrisse de seigle, d'orge, de maïs et de sarrasin, parce qu'il n'y a pas autre chose. Arrangez les salaires comme vous voudrez, vous ne changerez rien à l'alimentation moyenne, tant qu'il n'y aura pas un grain de froment de plus. En fait de viande, nous ne produisons que le tiers environ de ce qui nous serait nécessaire pour donner à chacun sa demi-livre par jour. La conséquence est forcée, un tiers seulement de la population peut en avoir assez. Pour que tout le monde en ait, il faut en faire ou en importer davantage, et pour en importer, il faut produire ce qui doit être donné en échange ; il n'y a pas d'autre moyen.

En Hongrie, en Espagne, en Russie, l'alimentation peut être meilleure, parce que la production est plus grande relativement à la population. Ce surcroît tient-il à la supériorité de la culture? Non; il tient uniquement à la rareté des habitants. La population de la Russie est comme densité le cinquième de celle de la France, le dixième de celle de l'Angleterre, le douzième de celle de la Belgique, et les parties les plus peuplées, comme la Pologne, tout en restant fort au-dessous du reste de l'Europe, le sont dix fois plus que le gouvernement d'Orembourg. Ce gouvernement fait partie de la plus fertile région du monde, le fameux pays de *terre noire*, et il ne contient que 290 habitants par mille carré ; la même étendue qui nourrit en Belgique 9,200 individus, en Angleterre 7,400, en France 3,700, en nourrit là 290. Comment s'étonner qu'ils jouissent d'une certaine aisance ? Ne faut-il pas s'étonner au contraire qu'ils ne soient pas plus riches et qu'ils ne multiplient pas davantage ?

D'après M. Tegoborski, la population s'accroît en Russie de *un pour cent* par an. Aux États-Unis, le seul point du globe qui soit dans des conditions analogues quant à l'étendue et à la fertilité du sol disponible, l'augmentation annuelle est de *quatre pour cent*. D'où vient cette énorme différence? Apparemment de ce que le développement de la population trouve plus de facilités aux États-Unis qu'en Russie. On peut dire, il est vrai, que dans le gouvernement d'Orembourg l'augmentation est plus rapide que dans le reste de l'empire; mais une supériorité encore plus marquée se retrouve dans les parties les plus fertiles et les moins peuplées des États-Unis. Or quelle est la différence fondamentale entre les États-Unis et la Russie ? Le régime économique et politique. Dans la république américaine, la liberté individuelle avec ses rudesses, mais avec ses avantages ; dans l'empire slave, la combinaison du communisme et de la servitude avec ses douceurs, mais avec ses misères.

En Europe même, quand nous comparons l'ouvrier de Sheffield au serf d'Orembourg, nous voyons combien le système occidental est plus productif. L'ouest du Yorkshire a un sol des plus stériles, il est cent fois plus peuplé que la plaine de l'Oural, et la condition même matérielle de l'ouvrier y est meilleure. Ce n'est pas qu'à Sheffield l'ouvrier soit protégé par des institutions spéciales ; c'est qu'il produit davantage. S'il produisait moins, il aurait moins, et ici ce n'est plus l'étendue et la fertilité du sol, c'est l'accumulation du capital qui fait la puissance de la production, elle est bien plus indéfinie.

Avant tout donc, il faut produire, et pour produire, il faut faire du capital. Voilà ce que M. Le Play a trop négligé. S'il avait eu cette simple vue, que l'étude des maîtres de la science lui aurait donnée, il ne se serait pas égaré dans une foule d'assertions confuses et contradictoires ; son curieux livre y aurait beaucoup gagné. Toute atteinte portée à la propriété individuelle, toute tentative violente pour élever la part des salaires dans la répartition des produits, toute institution contraire à l'esprit de prévoyance, à l'épargne, à la formation du capital, nuit à la production, et par voie de conséquence nécessaire, au salaire et à la population. Nous en avons eu la preuve en 1848 ; nous l'aurons toutes les fois que de pareilles circonstances se reproduiront. Si par exemple il était possible d'étendre la jouissance en commun du sol aux dépens de la propriété privée, le châtiment ne se ferait pas longtemps attendre ; une partie de la population mourrait de faim.

Je ne crois pas que l'extinction progressive de la misère soit un problème insoluble, mais ce qu'on appelle aujourd'hui, par un singulier abus de mots, le socialisme, et en général tous les systèmes qui ne tiennent pas suffisamment compte des nécessités de la production, sont les principaux obstacles à la solution. Elle est tout entière dans la combinaison de ces deux moyens, qui au fond n'en sont qu'un : accélérer le progrès de la production, développer l'esprit de prévoyance ; elle n'est pas ailleurs.

Quand cette conviction aura pénétré les esprits, on marchera vite vers le but ; pas avant. Il en résultera à la fois une grande sécurité pour les uns et une grande patience pour les autres, puisqu'il sera évident pour tous que les commotions, les tentatives de réforme radicale, font reculer au lieu d'avancer ceux qui s'y croient le plus intéressés. Ceci me rappelle deux mots également justes qui ont été dits de notre temps sur ce sujet : l'un est cette parole si profonde et si souvent justifiée depuis, de M. Guizot aux électeurs de Lisieux, en 1847 : *Toutes les politiques vous promettront le progrès, la politique conservatrice seule vous le donnera ;* l'autre est la réponse faite en 1848 par un personnage considérable, de l'autre côté du détroit, à quelqu'un qui redoutait l'invasion des idées révolutionnaires parmi les ouvriers anglais : « Non, dit-il, il n'y a pas de danger ; *ils savent trop d'économie politique.* »

V

LA LIBERTÉ COMMERCIALE

(1er mai 1856)

I

L'exposition de 1855 est déjà loin de nous, celle de 1856 se prépare; continuons à remplir l'intervalle entre ces deux solennités, en traitant quelques-unes des grandes questions qu'elles soulèvent.

Il y a environ dix ans qu'une grande agitation populaire, fort connue sous le nom de *ligue*, a fait définitivement triompher en Angleterre le principe de la libre importation des denrées alimentaires. Vers la même époque, une association du même genre s'était formée en France; elle n'a pas eu le même succès. Le régime protecteur, vivement attaqué, mais non moins vivement défendu, a résisté, et des discussions ardentes qui ont eu lieu alors, il est généralement resté dans les esprits un souvenir peu favorable au *libre-échange*, devenu une sorte d'épouvantail. Ce jugement de l'opinion ne me paraît pas fondé. Des faits récents l'ont ébranlé, même chez nous, et l'expérience du régime contraire devient de plus en plus décisive en Angleterre. Le moment me paraît donc venu de reprendre la question. Je laisse à d'autres le soin de la traiter au point de vue industriel et commercial, je veux seulement l'examiner au point de vue agricole.

A mon sens, l'agriculture nationale n'a absolument aucun intérêt à la conservation du système qu'on est convenu d'appeler protecteur, elle a plutôt des intérêts contraires. Elle n'a pu s'y attacher que par suite d'un malentendu, et comme il faut dire la vérité à tout le monde, c'est le langage des libre-échangistes eux-mêmes qui a été la principale cause de l'erreur. La liberté commerciale est bonne partout, en France comme en Angleterre, mais les raisons pour l'adopter ne sont pas exactement les mêmes dans les deux pays. Les membres de l'association française pour la liberté des échanges n'ont pas assez tenu compte de cette différence ; ils ont employé en France, par esprit d'imitation, les mêmes arguments que Cobden et ses amis en Angleterre, et comme l'état véritable des choses en demandait d'autres, toute leur argumentation a porté à faux ; au lieu de persuader, ils ont irrité.

Quand la ligue s'est formée de l'autre côté du détroit, les droits perçus à l'entrée des denrées alimentaires enchérissaient réellement le prix de la viande et du pain. Cet enchérissement artificiel pesait sur la totalité du peuple anglais, dont un quart seulement travaille les champs, et qui, par suite de l'organisation économique du pays, achète tout ce qu'il consomme, qu'il contribue ou non à le produire. L'accroissement de la population devenait tel que, malgré les immenses progrès faits par l'agriculture, la production ne pouvait plus suffire à nourrir la nation ; un déficit normal, régulier, parfaitement constaté, de 25 millions d'hectolitres de tous grains par an, pour les céréales seulement, s'était déclaré. On avait devant soi une véritable famine ou du moins un enchérissement progressif, et cette situation violente ne profitait qu'aux propriétaires du sol, dont la rente, déjà fort élevée, allait s'accroître encore par le seul effet de la hausse, sans qu'il y eût de leur part aucune addition nouvelle de travail, de capital ou d'invention, qui justifiât ce surcroît de profits. Dans une pareille crise, les ligueurs avaient bien quelque droit de crier au monopole ; ils avaient raison au fond, sauf l'exagération des termes, et ce qui le prouve, c'est que le chef de l'aristocratie anglaise, sir Robert Peel, a compris la nécessité de céder à temps.

En France, rien de pareil. La population atteignait à peine la moitié de la population anglaise, à surface égale. Le prix des denrées alimentaires, s'il approchait sur quelques points du taux anglais, tombait sur beaucoup d'autres à la moitié, et pouvait être considéré comme inférieur en moyenne de 20 ou 25 pour 100. La plus grande partie du peuple, appartenant à la classe agricole, se nourrissait en nature et n'achetait rien sur le marché. La production annuelle suffisait à la consommation et pouvait même fournir un léger excédant. Un nombre énorme de petits propriétaires enlevaient à la propriété jusqu'à la moindre apparence de monopole. La rente des terres, inférieure en moyenne de moitié à la rente anglaise, s'élevait tout au plus au quart dans une grande partie de la France, cultivée par des métayers. L'industrie agricole ne prospérait qu'autour de Paris et des autres grands centres de population ; partout ailleurs elle souffrait faute de débouchés.

C'est à une agriculture ainsi constituée que quelques imitateurs de Cobden sont venus parler le langage qu'on avait tenu avec raison à l'oligarchie anglaise. On a dit à des cultivateurs pauvres, obérés, qui avaient tout au plus de quoi vivre et qui vendaient souvent leurs denrées à perte, qu'ils s'engraissaient de la sueur du peuple, qu'ils spéculaient sur la disette, et qu'il fallait rendre compte de leurs bénéfices exagérés. Il n'est pas étonnant qu'un soulèvement général ait répondu à cette intempestive allégation. Ce fameux mot de *vie à bon marché*, parfaitement à sa place en Angleterre, où tout menaçait de devenir hors de prix, mais infiniment moins applicable en France, n'y provoquait que des espérances chimériques et de justes appréhensions, au lieu d'exprimer, comme chez nos voisins, une vérité et un droit. La baisse des prix, qu'on montrait en perspective, au moyen de gigantesques importations, ne pouvait qu'effrayer ceux qui y auraient trouvé une ruine infaillible, et qui, dans leur épouvante, ne calculaient pas ce qu'il y avait d'impossible et de faux dans ces prédictions.

D'autres exagérations contre les douanes en général, qui sont au bout du compte un impôt comme un autre et peuvent très-bien se justifier par les mêmes raisons que les autres impôts, sans qu'il soit nécessaire d'y mêler la moindre idée de protection, achevèrent de donner prise aux ennemis de la liberté commerciale, et la campagne en sa faveur avorta.

Sans aucun doute, ce fut un malheur. Le gouvernement d'alors était trop éclairé pour ne pas partager la plupart des opinions des économistes, mais la forme des institutions l'obligeait à ménager l'opinion publique, fortement représentée sur ce point par la majorité parlementaire.

De même que, sous un pouvoir absolu, il n'y a aucun moyen d'échapper aux conséquences des fautes du pouvoir, de même, dans un pays libre, il n'y a d'autre recours contre les erreurs de l'opinion que l'opinion elle-même. Il ne faut pas d'ailleurs s'exagérer les résultats du système douanier, tel qu'il avait été légué par la restauration au gouvernement de juillet. Ce système, mauvais en soi, n'avait pas d'effets bien sensibles, au moins quant à l'agriculture, et son principal caractère était l'impuissance. Appliqué à un petit État, il eût certainement arrêté son développement ; avec un territoire comme le nôtre, dont l'immensité forme déjà un des plus grands marchés du monde, il gênait le progrès général sans le comprimer absolument ; et, si elle n'avançait pas tout à fait aussi vite qu'avec un marché plus grand encore, la prospérité publique ne cessait de s'accroître. On pouvait donc attendre, sans beaucoup d'inconvénient, que la lumière se fît.

Sous la république, une nouvelle tentative a été faite ; elle a été encore repoussée par l'assemblée nationale ; le moment avait été mal choisi, car tous les prix avaient baissé à l'excès par suite de la crise politique, et une possibilité quelconque d'importation effrayait plus que jamais les producteurs. Les choses ont bien changé depuis ; le succès toujours croissant du *free trade* en Angleterre a fini par attirer l'attention des esprits les plus rebelles, et ce qui a surtout donné aux idées de liberté commerciale un auxiliaire efficace, c'est la hausse continue qui s'est produite sur toute espèce de marchandises, notamment sur les denrées alimentaires.

Cette hausse a provoqué de la part du gouvernement actuel une série de mesures qui toutes portent de profondes atteintes au régime traditionnel. En 1847, on avait attendu, par ménagement pour les intérêts qui se croyaient menacés, que le prix moyen du blé eût atteint 30 francs l'hectolitre, avant de suspendre l'échelle mobile, considérée comme le palladium de l'agriculture nationale. L'expérience prouva qu'on eût mieux fait de s'y prendre plus tôt, car on vit le blé monter jusqu'à 50 francs en Lorraine et en Alsace, avant que l'importation eût le temps d'arriver. En 1853, éclairé par ce qui s'était passé en 1847, on a pris la même mesure dès que le prix moyen du blé est arrivé à 25 francs, et on s'en est en définitive bien trouvé, puisque la hausse n'a pas atteint tout à fait le même point. Aujourd'hui l'échelle mobile est suspendue depuis trois ans, et il ne paraît pas qu'il soit question de la rétablir, le prix moyen étant encore, d'après le dernier tableau officiel, de 30 francs. Depuis trois ans, le blé étranger entre en France à un simple droit de balance de 25 centimes l'hectolitre, c'est-à-dire sans payer de droits.

Un régime analogue est en vigueur, depuis à peu près le même temps, pour le bétail. Les bœufs étrangers payaient autrefois 50 fr. par tête, les vaches 15, les moutons 5, plus le décime ; un décret impérial du 14 septembre 1853, rendu à l'occasion d'une hausse extraordinaire de la viande, a réduit ces gros tarifs à un droit de 3 francs pour les bœufs, 1 franc pour les vaches, 25 centimes pour les moutons, c'est-à-dire rien ou à peu près rien, jusqu'à ce qu'il en soit autrement ordonné. Enfin les laines étrangères étaient soumises à un droit de 20 pour 100 ; un décret du 19 janvier 1856, également provoqué par une hausse sensible sur les laines indigènes, a changé le droit proportionnel en un droit fixe au poids, qui n'admet plus que deux catégories de laines, les fines et les communes, et qui, pour les unes comme pour les autres, est sensiblement réduit. D'autres dégrèvements ont eu lieu encore, mais je me borne à ce qui est agricole. A l'heure qu'il est, aucun des produits agricoles français n'est défendu contre la concurrence étrangère ; le régime appelé protecteur n'existe plus pour l'agriculture.

Je ne dis pas que la question soit gagnée : bien loin de là. Le nouveau régime n'est que provisoire. Le gouvernement, investi en matière de douanes d'une autorité illimitée, peut à tout moment revenir sur ce qu'il a fait. La forme actuelle de nos institutions ne permettant pas ces enquêtes et ces discussions solennelles qui, dans les pays constitutionnels, précèdent les grandes mesures touchant aux intérêts généraux, le public n'a pas été mis en demeure de se prononcer. Quel aurait été le verdict de l'opinion, si elle avait été consultée ? Il est bien difficile de le dire ; il est cependant à croire que la même cause qui a décidé le gouvernement, la cherté, aurait agi sur elle. En 1847, la chambre des députés, si contraire en principe à la réforme des douanes, a voté, en présence d'une autre disette, la suspension de l'échelle mobile. La hausse actuelle de la viande et de la laine l'eût-elle décidée à voter aussi une réduction radicale des droits sur ces matières ? On peut en douter.

Ce qu'il y a de sûr, c'est que, sous toutes les formes de gouvernement, ces sortes de révolutions ne sont acquises que lorsqu'elles ont l'assentiment général. Ne considérons pas la querelle comme terminée parce que les tarifs ont subi une modification qui peut n'être qu'accidentelle. La plupart des préjugés subsistent, n'en doutons pas ; ils se taisent aujourd'hui par plus d'une cause, mais si une baisse sensible arrivait, nous les verrions probablement reparaître, tant qu'une discussion publique ne les aura pas dissipés.

Les agriculteurs ont cru, sur la foi de paroles imprudentes, que la réduction des droits d'entrée amènerait, dans tous les cas, une baisse violente sur le marché intérieur, et par conséquent une perturbation dans les conditions d'une industrie déjà peu florissante. Le principe même de leur résistance serait détruit, s'il était démontré qu'ils n'ont rien à craindre de pareil, que dans l'état actuel de notre population et de notre production, les prix ordinaires se règlent par les conditions du marché intérieur, sans que l'importation même la plus libre puisse exercer sur eux une influence appréciable, moins le cas de hausse excessive, qui est toujours réservé, et que, dans les circonstances les plus habituelles, la liberté commerciale en matière de denrées alimentaires aurait plutôt pour effet de soutenir les cours que de les abattre. Voilà ce qu'il aurait fallu dire, d'abord parce que c'est vrai, ensuite parce que c'était décisif, au lieu d'emprunter à un ordre social et agricole complétement différent des griefs imaginaires.

La liberté commerciale n'est pas une de ces divinités sauvages qui exigent des victimes humaines; c'est une déesse toujours bienfaisante et toujours juste. Favorable en Angleterre aux consommateurs, parce que ce sont eux qui souffrent, elle viendrait en France au secours des producteurs par le même motif. D'une main elle contient les prix quand ils sont trop hauts, de l'autre elle les relève quand ils sont trop bas; elle pèse dans sa balance tous les intérêts, donne satisfaction aux besoins réels, qu'elle seule sait parfaitement distinguer, et n'écarte que les prétentions illégitimes.

II

L'agriculture a trois grands produits, les bestiaux, les céréales et les laines, qui paraissent engagés dans la question. Je vais les examiner successivement.

De ces trois denrées, la viande est la plus importante, sinon par elle-même, du moins par l'influence que sa production exerce sur les autres. Non-seulement elle constitue un des plus précieux aliments pour l'homme, un de ceux qui réunissent sous le moindre volume le plus de matières alibiles et qui réparent le plus les forces sans fatiguer les organes ; non-seulement elle suppose le travail, le lait et la laine, qui n'ont pas moins qu'elle de valeur utile, mais sans elle point de fumier, et par conséquent peu de céréales. Tout l'édifice agricole repose sur le bétail ; il n'y a pas de plus grand intérêt pour les peuples. On peut dire sans exagération que les plus riches, les plus puissants, sont ceux qui en ont le plus. Cette production a fait en France de grands progrès, elle a doublé depuis cinquante ans, elle a quadruplé depuis un siècle. Est-ce assez ? Non sans doute, car dans l'état actuel des connaissances agricoles, nous pourrions en faire encore quatre fois plus ; l'Angleterre en est là.

Je comprends donc qu'on attache une importance de premier ordre à cette nature de produits. Tout ce qui nuit à la propagation du bétail est un malheur public, tout ce qui la favorise est un bien. Si la libre introduction du bétail étranger devait avoir pour effet de diminuer la quantité ou la qualité du nôtre, je serais le premier à la combattre. Quelle que soit ma conviction sur les avantages de la liberté, je ne sais pas résister aux faits, et je reconnais qu'il n'y a pas au monde de principe absolu.

Mais avons-nous ce risque à courir? Je ne le crois pas. Nous avons vu certains économistes, à l'esprit plus ardent que juste, contester qu'il y eût, en fait de viande, ce qu'on appelle un prix rémunérateur; ils ont eu tort. Le prix rémunérateur n'est pas une quantité fixe, il varie suivant les circonstances; mais dans chaque cas déterminé il y en a un. S'il n'est pas atteint, le producteur n'a plus intérêt à produire, et par conséquent ne produit plus. Étant donné un pays quelconque avec l'ensemble de ses conditions économiques, il est possible d'indiquer un certain prix rémunérateur général; je n'hésiterais pas à fixer ce prix pour la viande *nette*, en France, à un franc le kilogramme sur pied, pris chez le producteur.

Il y a dix ans, avant les grandes perturbations soit en baisse, soit en hausse, on pouvait diviser le territoire en trois zones : l'une comprenant le rayon d'approvisionnement de Paris, où le prix d'un franc le kilo était à peu près le cours moyen et régulier; la seconde, comprenant la bande centrale, où le prix courant descendait à 80 centimes; la troisième, comprenant une grande partie du Midi, où il n'était plus que de 60. De là une différence sensible dans la production. Dans la zone des prix véritablement rémunérateurs, le bétail était abondant et magnifique; la seconde en avait déjà moins, la troisième, beaucoup moins encore. Sur la production totale de viande, la première en fournissait la moitié, la seconde un tiers, la dernière un sixième seulement. Si la production ne cessait pas tout à fait au-dessous du prix indiqué, elle se renfermait dans des limites d'autant plus étroites que le prix de vente était plus bas, et elle prenait d'autant plus d'extension qu'il s'élevait davantage. Elle n'atteignait son apogée qu'autant que le prix rémunérateur semblait assuré.

La même démonstration peut s'obtenir par d'autres voies. Jusqu'à une certaine limite de quantité, on peut faire de la viande, comme du blé, à très-bon marché ; au delà de cette limite, ils coûtent plus cher, mais on peut en faire indéfiniment. Voilà une terre à peu près nue, d'une étendue de 25 hectares, je suppose, dont 5 en prés et pacages et 20 en terres arables ; elle forme une métairie cultivée par une famille de colons partiaires. Les prés, mal tenus, donnent en tout de quoi nourrir à l'étable, pendant l'hiver, deux paires de vaches de travail qui, pendant l'été, se nourrissent elles-mêmes au pacage. Il y a de plus un troupeau de brebis de la plus chétive espèce pour manger l'herbe des jachères. Les terres soumises à l'assolement biennal portent du blé un an sur deux, et se reposent l'année suivante. Le métayer obtient 6 hectolitres par hectare, semence déduite, ou 60 hectolitres en tout, qu'il partage avec le maître ; il fait en outre un peu de chanvre pour ses chemises, et prend pour ses vêtements la moitié de la laine. Il vend pour la boucherie ses vieilles vaches, ses veaux, ses vieilles brebis : cette viande ne lui coûte rien, et il peut la donner à tout prix ; mais demandez-lui d'en faire une livre de plus, il ne le peut pas.

Voyons au contraire ce que sera cette même terre, soumise à une culture perfectionnée. Au lieu d'un métayer, c'est un fermier aisé qui cultive, non plus pour se nourrir, mais pour vendre ses produits. Les mêmes prés, bien entretenus et bien fumés, lui donnent trois ou quatre fois plus de foin. Ses terres arables, soumises à l'assolement quadriennal, ne connaissent plus de jachères. Un quart seulement porte du blé ; mais il récolte sur ce quart le double au moins de ce que son devancier récoltait sur la moitié ; un autre quart porte de l'avoine, un troisième des racines et autres plantes sarclées, un quatrième des fourrages artificiels. Au lieu de deux paires de vaches de travail, il a deux paires de bons chevaux qui lui font cinq ou six fois plus de besogne ; il a de plus une douzaine de bêtes à cornes de différents âges, élevées exclusivement pour la boucherie ou pour le lait, un beau troupeau de moutons anglo-mérinos, une nombreuse porcherie. Il produit dix fois plus de laine, de lait et de viande, mais il a aussi beaucoup plus de frais, et au-dessous d'un certain prix de vente il ne peut plus se retrouver.

En comptant, dans les deux cas, le blé à 20 francs l'hectolitre, la viande à 1 franc et la laine à 2 francs le kilo, le premier produit une valeur totale de 1,500 francs. ou 60 francs par hectare, dont une moitié rémunère ses peines et l'autre paie la rente et l'impôt; le second, une valeur totale de 6,000 francs, ou 240 francs par hectare, dont une moitié pour les salaires et l'autre pour la rente, l'impôt, l'intérêt du capital d'exploitation et le bénéfice. L'un a donc sur l'autre, à tous les points de vue, une immense supériorité. Outre qu'il enrichit de beaucoup plus de produits le fonds national, il peut payer une rente double, un double impôt, et avoir pour lui-même un revenu double. Mais supposez que les prix baissent de 50 pour 100, les rôles changent ; toutes les recettes du fermier sont prises par les frais, il ne lui reste rien pour la rente, l'intérêt, l'impôt, le bénéfice ; il est en perte et forcé de s'arrêter. Le métayer au contraire peut toujours marcher, le maître seul a perdu, et seulement pour la portion de ses produits qu'il ne consomme pas en nature.

L'augmentation de production ne peut donc s'obtenir, dans un pays arrivé à un certain point, que par une transformation agricole, et cette transformation elle-même n'est possible que si les prix s'élèvent. Avant 1789, le prix de la viande dans le Nord n'atteignait pas le taux qu'il a atteint depuis, et la production n'y excédait pas la production actuelle du Centre et du Midi. Partout les mêmes causes amènent les mêmes effets.

Est-il nécessaire que cette progression dans les prix soit indéfinie ? Assurément non. Une fois le prix rémunérateur obtenu, il peut rester stationnaire sans inconvénient sérieux pour la production. Sans doute il vaudrait mieux pour elle qu'il s'élevât encore, elle n'en ferait que plus de progrès ; mais des progrès sont possibles sans hausse nouvelle : cela suffit. La consommation a ses droits, qui deviennent alors prépondérants. Au premier abord, les intérêts des consommateurs et ceux des producteurs paraissent opposés, mais en fin de compte ils se rapprochent et se confondent. Les uns et les autres ont le même intérêt à trouver le point précis qui concilie les deux exigences, car sans production point de consommation, et sans consommation point de production.

L'introduction du bétail étranger, même en franchise de droits, et à plus forte raison avec un droit modique, peut-elle exercer sur nos marchés une influence appréciable, et, par exemple, réduire le prix courant de la viande sur pied au-dessous du taux rémunérateur ? La réponse dépend de la quantité que l'étranger peut nous fournir au-dessous de ce prix. Or, il en est du bétail étranger comme du nôtre, on peut nous en vendre une faible quantité à bon marché ; mais cette quantité ne peut être dépassée qu'à la condition que le prix s'élève, et dans l'un comme dans l'autre cas les intérêts de la consommation peuvent être satisfaits sans porter atteinte à la production nationale.

La valeur totale du bétail français, en bêtes à cornes, moutons et porcs, doit s'élever à deux milliards environ, et la vente annuelle de la viande à un milliard de kilogrammes. Cette estimation, dont les bases remontent déjà à plus de quinze ans, doit être considérée comme un minimum. Pour exercer une influence quelconque sur le prix d'une pareille masse de produits, il faudrait en introduire au moins un cinquième, ou 200 millions de kilos. Il est facile de démontrer que cette introduction est impossible, à moins d'un prix tout à fait monstrueux. Le prix de la viande monte rapidement avec la distance ; on peut s'en convaincre par les différences qui se produisent sur nos propres marchés. Ces différences s'atténuent par le progrès des communications, mais elles sont toujours sensibles. Le prix de la viande est encore aujourd'hui, à Toulouse et à Bayonne, beaucoup moins élevé qu'à Paris. La viande manque d'ailleurs partout dès que la demande s'accroît un peu, et il en résulte un enchérissement général. *Le Moniteur* nous apprend que sur toutes les grandes places étrangères elle se paie au moins aussi cher qu'à Paris.

Avant la restauration, le droit d'entrée sur les bestiaux étrangers était insignifiant. A l'abri de ce régime, il s'était établi sur nos frontières, notamment sur celles de Suisse et d'Allemagne, un petit commerce tout local, insensible dans le reste du pays ; 50,000 bœufs et vaches, 250,000 moutons, 80,000 porcs, valant ensemble 16 millions environ, avaient été importés en 1821 ; c'est contre cette faible introduction qu'on entreprit de se défendre par la loi du 27 juin 1822. Les idées aristocratiques de richesse territoriale avaient alors beaucoup de faveur ; le gouvernement et les chambres crurent rendre un grand service à la propriété du sol en essayant d'élever par tous les moyens le prix des denrées agricoles, et le droit prohibitif ou réputé tel de 50 francs par tête de bœuf fut adopté. Ce droit a subsisté pendant trente ans ; on peut en apprécier les effets, qui ont été complétement nuls.

Quand on serait parvenu à empêcher toute espèce d'importation, qu'était-ce qu'une valeur de 16 millions de bestiaux pour un pays comme le nôtre, qui en possède cent fois plus ? Mais ce n'est même pas de cette faible somme qu'il s'est agi réellement. L'importation a diminué après le tarif de 1822, elle ne s'est pas arrêtée ; elle a été en moyenne, pendant ces trente ans, de 25,000 bêtes à cornes, 100,000 moutons et 80,000 porcs, valant ensemble, au prix de 1822, 10 millions ; différence réelle, 6 millions seulement. Voilà ce qu'on a gagné.

On peut dire que si le droit n'avait pas existé, l'importation se serait accrue : c'est possible et même probable, mais toujours dans des proportions extrêmement faibles. Ce qui le prouve, c'est la seconde face de l'expérience qui a eu lieu depuis 1853. De même qu'on avait cru produire la hausse en 1822 par l'établissement d'un droit exorbitant, de même on a cru faire la baisse en 1853 par une réduction considérable. Dans l'un et l'autre cas, l'effet attendu n'est pas arrivé. La viande n'avait pas haussé par l'effet du droit, elle n'a pas baissé par sa suppression. Au lieu de 10 millions de bétail qui entraient annuellement avant le décret, il en est entré en 1854 pour 28 millions, en 1855 pour 36, en comptant toujours d'après les prix officiels, les seuls qui puissent servir de termes de comparaison ; qu'est-ce que 30 ou 36 millions de viande de plus ou de moins ? 1 franc par tête tout au plus. Jamais cependant les circonstances n'avaient été plus favorables ; l'effet simultané de la hausse intérieure et de l'abaissement du droit a permis de payer la viande étrangère 50 pour 100 plus cher, et s'il ne se présente pas plus de bétail à nos portes, c'est à coup sûr qu'il n'en existe pas davantage (1).

Il faut espérer qu'en présence de ces faits les producteurs finiront par ouvrir les yeux. Le gouvernement royal, qui se doutait de l'inefficacité absolue du droit protecteur, avait fait plusieurs tentatives pour le modifier, mais sans succès. On avait envoyé M. Moll, professeur d'agriculture au conservatoire des Arts et métiers, en Allemagne et en Belgique, pour y rechercher quelle était la quantité réelle de bétail que ces pays pouvaient vendre à la France, et M. Moll avait fait à son retour un excellent rapport, établissant qu'il y en avait fort peu ; les producteurs n'en avaient pas moins fait la sourde oreille. Une autre fois, dans un traité avec la Sardaigne, on introduisait comme régime spécial sur cette frontière, pour donner un peu plus de viande à un ou deux départements qui en manquaient, un tarif au poids au lieu du tarif par tête, un peu moins hostile au petit bétail de ces régions, et ce traité, dont l'unique effet

[1] Cette importation ne s'est pas accrue en 1856 et 1857, quoique les prix soient restés très-élevés ; elle tend plutôt à diminuer.

avait été d'introduire pour 500,000 fr. de viande de plus par an, avait été bruyamment dénoncé plusieurs fois, à la tribune des deux chambres, comme la ruine sans remède de l'agriculture française.

L'illustre maréchal Bugeaud, qui était un très-grand homme de guerre et un agronome éminent, mais un assez mauvais économiste, s'écriait un jour qu'il craignait plus l'invasion des bestiaux que celle des cosaques ; il aurait vu avec joie, s'il avait vécu, que, grâce à la vaillante armée qu'il a tant contribué à former, il avait parfaitement raison de ne pas craindre les cosaques, mais il aurait pu voir en même temps qu'il avait grand tort de craindre le bétail.

D'un autre côté, ceux des libre-échangistes qui ne s'étaient pas moins exagéré que les agriculteurs l'effet de la libre importation, et qui avaient contribué par leurs espérances à répandre l'alarme, voyant que le bétail n'affluait pas comme ils l'avaient annoncé, et que la viande fraîche ne tombait pas encore à *cinq sous* la livre à Paris, se sont rabattus sur la viande dépecée et même salée. « Il est possible, ont-ils dit, que l'Europe n'ait pas tout à fait à nous vendre en bétail vivant ce que nous supposions, mais vous allez voir ce qui va nous arriver de viande abattue et de salaisons ; la Hongrie et la Pologne ont des bœufs sans nombre qu'on peut nous envoyer par quartiers ; les États-Unis ont des centaines de millions de porcs qu'ils nourrissent et qu'ils engraissent pour rien ; les pampas de Buenos-Ayres ont des légions de bœufs et de moutons dont on ne sait que faire. » Donc, en même temps qu'il réduisait le droit sur le bétail vivant, le décret du 14 septembre 1853 a réduit le droit d'entrée sur la viande fraîche de 18 francs à 50 centimes les 100 kilos, et celui sur les viandes salées de 30 à

10 fr. Rien ne s'oppose, depuis plus de deux ans, à ce que toutes les merveilles annoncées se réalisent ; qui s'en est aperçu ? L'importation s'est pourtant accrue : elle était de 6,000 quintaux en 1852, elle a été de 41,000 en 1855 ; mais 41,000 quintaux, ce n'est pas tout à fait 125 grammes ou 4 onces de viande par tête et par an. Nous sommes loin de l'abondance qui avait été prédite à grand bruit.

Quand on y regarde de près, on voit que, même en Russie et en Amérique, la production a ses limites. Les bœufs des steppes sont nombreux sans doute ; mais, avant de nous arriver, ils ont à traverser des populations pressées qui ne vivent pas de l'air du temps ; de plus, ils sont soumis à des épizooties formidables qui les emportent par milliers. Les Américains abattent beaucoup de porcs, mais ils en mangent beaucoup aussi, et ils ne les engraissent pas sans frais. J'ai sous les yeux le tableau de leurs exportations ; j'y vois que, dans les plus terribles années de disette européenne, comme 1847, ils n'ont jamais pu exporter pour plus de 9 millions de dollars ou 45 millions de francs en porc salé, qui se répartissent dans le monde entier, et que depuis 1847 cette exportation est en décroissance. Quant aux immenses troupeaux des bords de la Plata, la soif, les insectes, les maladies, les incursions des Indiens, les guerres civiles, l'ignorance et le gaspillage des *gauchos*, en réduisent le nombre plus qu'on ne croit, et la grossière préparation que subit leur chair, séchée au soleil et à demi putréfiée, ne la rend bonne qu'à nourrir les nègres esclaves des colonies américaines ; le plus pauvre de nos consommateurs n'en voudrait pas.

Tout cela changera, dit-on ; je l'espère bien, mais il faudra du temps. En attendant, les besoins s'accroîtront aussi ;

la population montera, soit dans les pays producteurs, soit dans les pays consommateurs; les frais de revient s'élèveront, et les producteurs nationaux, qui sont tout portés, auront toujours un avantage marqué sur ceux qui sont séparés de nous par des milliers de lieues.

Je n'ai pas encore dit la plus forte de toutes les raisons pour se rassurer. Cette raison capitale, décisive, sans réplique, c'est le voisinage du marché anglais. L'Angleterre a ouvert ses portes, et pour toujours, au bétail que peut lui vendre le monde entier ; elle paie habituellement la viande plus cher que nous, quoiqu'elle en produise davantage, parce qu'elle en consomme encore plus ; que pouvons-nous craindre alors? Comme toutes les marchandises, la viande va où on la paie le mieux ; nous ne pouvons attirer, en fait de viande étrangère, que celle qui, par son origine, a plus de profit à venir chez nous qu'en Angleterre, à cause d'une différence dans les frais de transport ; la quantité en est nécessairement très-bornée, puisque les deux pays se touchent. C'est le marché anglais qui doit donner le ton comme le plus avantageux ; tout tend et tendra là. Dans le Holstein, le Mecklembourg, la Hollande même, la production du bétail n'a en vue que le marché anglais. Que dis-je ? nous-mêmes, nous avons sur beaucoup de points un véritable intérêt, même à l'heure qu'il est, et à plus forte raison si les prix descendent chez nous, à travailler pour ce marché.

On a l'habitude, quand on traite ces questions, de tout confondre dans des termes généraux, de considérer, par exemple, l'importation et l'exportation comme deux faits simples qui s'excluent complétement ; c'est une erreur. Il peut très-bien arriver qu'il y ait avantage à importer sur un point du territoire et à exporter sur un autre. Nous avons une exportation qui ne s'arrête jamais, même en temps de hausse excessive comme aujourd'hui. En 1856, nous avons importé 49,000 bœufs et 300,000 moutons ; nous avons en même temps exporté 12,000 des premiers et 50,000 des seconds, et si nos propres prix n'étaient pas si hauts, nous aurions moins importé et exporté davantage. Voilà ce qu'il ne faut pas perdre de vue. Le marché anglais n'agit pas seulement sur les marchés étrangers, il agit aussi sur les nôtres ; tel bœuf normand ou breton peut se diriger sur Jersey ou sur Londres à moins de frais que sur Paris ou sur Rouen, au même moment où un acquéreur alsacien ou provençal a plus de profit à acheter à ses voisins du Rhin ou des Alpes qu'à des vendeurs nationaux beaucoup plus éloignés. Les frais de transport ne profitent, en fin de compte, ni aux producteurs ni aux consommateurs. Vouloir que le département du Var et le département du Nord, qui sont à 250 lieues l'un de l'autre, se servent exclusivement d'approvisionneurs et de débouchés, quand ils peuvent mieux acheter ou mieux vendre à leurs portes, c'est vouloir par trop l'artificiel.

Il peut enfin arriver et il arrive en effet que, même au point de vue agricole, il y ait profit à importer certaines espèces de bétail et à en exporter d'autres. Tel est le commerce que font entre eux la plupart de nos départements contigus, et qui retrouve sur les frontières les mêmes conditions. Acheter à bon compte des veaux pour les élever, des vaches pour en tirer des produits, des bœufs maigres pour les engraisser, peut être également une bonne opération, que les vendeurs soient français ou étrangers ; la multiplication du bétail en France ne peut qu'y gagner.

Nous rentrons ici dans la vérité, car on a peine à comprendre au premier abord que, pour avoir beaucoup de bétail, le meilleur moyen ne soit pas d'en introduire le plus qu'on peut, et quand cette introduction est possible sans nuire à la production, il est clair qu'elle contribue à l'augmentation de notre richesse animale.

Je ne veux pas dire qu'il n'y aura plus à l'avenir de baisse excessive, je n'en sais rien. Le prix de la viande, comme celui de toute autre denrée, se règle par le rapport de l'offre à la demande. Dans un pays soumis à de brusques révolutions, ce rapport peut être à tout instant bouleversé. Nul n'aurait pu prévoir en 1847 la baisse de 1848. Ce que je sais, c'est que le régime douanier, soit qu'il redevienne ce qu'il était avant 1853, soit qu'il se maintienne tel qu'il est aujourd'hui, n'y sera pour rien, et que cette baisse, si elle arrive, ne sera que passagère. Une petite importation d'un côté, une petite exportation de l'autre, mais l'ensemble de l'approvisionnement national par l'ensemble de la production nationale, voilà la vérité, quoi qu'on fasse, et quant à cet approvisionnement même, il ne peut être abondant qu'autant qu'on paie la viande ce qu'elle vaut, ou en d'autres termes ce qu'elle coûte à produire, avec le bénéfice légitime du producteur.

Si l'on a donné aux consommateurs d'autres espérances, on les a trompés. Ceux des libre-échangistes qui se sont faits les apologistes exclusifs du bon marché ont commis la même erreur que les apologistes de la cherté. Ni cherté ni bon marché, ni baisse ni hausse artificielle ; le prix naturel et vrai, tel qu'il s'obtient par le libre débat entre les intéressés. Cet ordre n'est jamais troublé impunément. On voit aujourd'hui les conséquences d'une baisse subite ; les consommateurs de 1855 ont été obligés de payer pour ceux de 1849, la production s'étant ralentie après la baisse, parce que le producteur ne s'y retrouvait plus. La baisse n'est véritablement bonne que lorsqu'elle s'obtient par une augmentation de production; elle provient alors d'une réduction des frais de revient par un perfectionnement dans la culture. Ce progrès ne peut se produire qu'à la longue, peut-être même est-il nécessaire pour y arriver de passer par une période de hausse qui favorise la production.

Vient maintenant la question fiscale. Les droits perçus à l'entrée des bestiaux étrangers rapportaient au trésor de 7 à 800,000 fr.; aujourd'hui, après la réduction radicale du droit, ils ne donnent pas la moitié, c'est peut-être trop peu. Dans un temps où, pour subvenir aux intérêts des emprunts nouvellement contractés, il faut nécessairement trouver de nouvelles sources de recettes, on doit chercher à faire rendre aux douanes, comme aux autres branches du revenu public, tout ce qu'elles peuvent rendre. Il convient alors de choisir le tarif qui donnera le plus de recettes, en dehors de toute préoccupation protectionniste ou autre; je n'ai pas la prétention de l'indiquer ici, mais je suis convaincu qu'en s'y prenant bien, on peut porter la recette sur le bétail étranger à plus d'un million, sans nuire en aucune façon à l'importation.

III

Si le bétail a une grande importance comme instrument de production, les céréales en ont plus encore, comme satisfaction immédiate de nos besoins. On peut ne pas manger de viande, on ne peut pas se passer de pain. Les mêmes raisons existent donc pour en recommander la culture, les mêmes existent aussi pour l'assurer. Cette production atteint chez nous des proportions gigantesques. A 3 hectolitres par tête, il faut plus de 100 millions d'hectolitres pour la consommation humaine, une vingtaine, pour les semences, à peu près autant pour la nourriture des volailles et des autres animaux domestiques et pour les usages industriels, comme les brasseries et distilleries, en tout 150 millions d'hectolitres de froment, seigle, orge, maïs et sarrazin, et en y comprenant l'avoine, plus de 200 millions d'hectolitres, valant ensemble, aux prix ordinaires, bien près de 3 milliards. On comprend sans peine qu'un pareil approvisionnement ne peut nous venir que de notre propre sol ; il ne faut rien moins, pour le produire, que l'étendue entière de ce vaste et fertile territoire ; le transport de pareilles masses de grains à des distances un peu lointaines serait impossible sans des frais énormes, même avec les puissants moyens de locomotion inventés de nos jours.

On n'en a pas moins cru nécessaire de prendre des mesures contre l'invasion des céréales étrangères, mesures encore plus inutiles, s'il est possible, que contre le bétail, car les céréales ont moins de valeur que la viande, à poids égal, et il ne faut pas les porter bien loin pour en doubler le prix. De plus, elles coûtent davantage à produire, en ce sens qu'elles ne viennent pas sans culture, comme l'herbe des pâturages, et elles représentent, même dans les pays les plus fertiles, une somme de travail et de capital que la production élémentaire du bétail n'exige pas.

Ces précautions sont tout ce qui reste d'un ancien système qui se présente naturellement à l'esprit, mais qui n'en est pas moins faux dans toutes ses parties. De tout temps, on a cru qu'il y avait danger à confier au hasard de l'industrie privée la subsistance des populations. De là une foule de règlements et de lois respectables dans leur principe, mais qui avaient le défaut capital de produire exactement le contraire de ce qu'on en attendait. L'esprit humain n'arrive jamais du premier coup aux idées simples, il commence par des complications excessives, et ne distingue la vérité qu'après avoir pris beaucoup de peine à poursuivre des chimères. Un des plus grands exemples de cette infirmité de notre nature se présente dans les législations sur les grains. Il a fallu des siècles pour comprendre que le meilleur moyen d'assurer l'approvisionnement général était de se confier à l'activité intéressée des cultivateurs et des marchands. Même aujourd'hui, ce n'est une conviction que pour un petit nombre d'esprits ; le public l'accepte sans réfléchir tant que les intempéries des saisons n'amènent pas des insuffisances de récolte : dès que les prix s'élèvent, on voit reparaître toutes les anciennes erreurs, que des expériences innombrables devraient avoir détruites, mais qui n'en survivent pas moins, parce qu'elles ont pour elles l'apparence et le premier mouvement.

Je ne ferai pas ici la triste histoire de l'ancienne législation française. Son principe était l'interdiction du commerce des grains, tant à l'intérieur qu'à l'extérieur ; on sait ce qui en résultait, des variations effroyables dans les prix et des famines périodiques qui emportaient des millions d'hommes. Cette désastreuse législation fut le principal objet des attaques des premiers économistes, il y a environ un siècle ; il leur fallut vingt-cinq ans de prédications obstinées pour ébranler dans les meilleurs esprits des préjugés fortement enracinés, mais la masse de la nation résistait, et quand Turgot devenu ministre proclama la liberté du commerce des grains, il ne tarda pas à être renversé. La révolution venue, avec ses déclamations contre les accapareurs, la disette fut en permanence ; elle ne cessa que lorsque les enseignements de l'expérience eurent appris à respecter le plus nécessaire des commerces.

Aujourd'hui le principe de la libre circulation des grains à l'intérieur paraît définitivement acquis, mais il n'en est pas encore de même du commerce extérieur. On a employé, pour régler l'importation et l'exportation, un système fort ingénieux, emprunté aux Anglais et connu sous le nom d'échelle mobile. La France est partagée en quatre zones, depuis celle où le blé est ordinairement le plus cher jusqu'à celle où il est ordinairement le plus bas ; des marchés régulateurs sont choisis dans chacune ; les prix de ces marchés, publiés tous les mois, servent à faire connaître le prix moyen de la zone pendant le mois précédent, et, suivant que ce prix a monté ou baissé, les droits à l'importation et à l'exportation varient, de manière à faciliter l'importation quand le blé monte et à l'entraver quand il baisse, et à produire l'effet contraire pour l'exportation. Le tout est calculé pour maintenir autant que possible le prix moyen à 20 francs par hectolitre. Rien de plus séduisant à coup sûr, rien qui paraisse mieux concilier les intérêts du producteur et du consommateur, mais en réalité rien de plus trompeur.

Constatons d'abord les résultats obtenus. L'échelle mobile a été organisée en 1821. Depuis cette époque, les prix des blés ont subi des variations que toutes ces savantes combinaisons n'ont pas pu empêcher. Le prix moyen était en 1821 de 18 fr.; il tomba à 15 en 1822, se releva dans les années suivantes pour retomber encore, et finalement nous l'avons vu en 1847 à 35 fr., en 1849 à 15, en 1855 à 32, différences énormes qui démontrent tout au moins l'inefficacité complète du système. Allons plus loin, voyons s'il n'est pas nuisible et si son action n'a pas été favorable à ces variations qu'il avait pour but de prévenir; elles ont ailleurs leur cause, mais il les aggrave.

Comme pour la viande, il existe pour le blé un prix moyen qui concilie tout et qu'il est désirable de maintenir; j'accepte comme tel 20 fr. l'hectolitre. De plus, j'admets volontiers que, si le nord-ouest de la France peut produire avec bénéfice un peu au-dessous de ce prix, le sol et le climat du sud-est exigent un peu plus. Il y a eu jusqu'ici entre les marchés de Nantes et de Marseille une différence considérable, qui va quelquefois jusqu'à 50 pour 100. J'admets qu'il y a dans cette différence, quoiqu'elle soit en train de s'atténuer par les chemins de fer, qui mettront tous les jours de plus en plus en communication les marchés intermédiaires, quelque chose de fondamental. J'accepte donc, outre le prix moyen, le principe des zones, c'est-à-dire tout ce qui constitue l'échelle mobile. Je sais enfin que la région où l'importation peut prendre les plus grandes proportions est précisément celle où le prix est le plus élevé, la côte de la Méditerranée. Je n'en suis pas moins convaincu que, si l'échelle mobile était supprimée, non temporairement comme aujourd'hui, mais à tout jamais, si le blé étranger entrait en France en franchise de droits et à plus forte raison avec un droit fixe, si du même coup l'exportation devenait libre en tout temps, les résultats qu'on a voulu obtenir avec l'échelle mobile seraient beaucoup plus sûrement acquis, et les variations des prix ramenées à leurs limites inévitables par le seul effet du mouvement naturel du commerce.

Le plus grand défaut de ce mécanisme prétentieux, comme de beaucoup d'autres, c'est d'avoir voulu faire artificiellement ce qui se fait tout seul. Par la nature même des choses, l'importation diminue et l'exportation s'accroît quand le prix du blé baisse à l'intérieur; le contraire arrive quand il monte. Il est inutile de prendre des mesures pour amener ce résultat, il suffit de ne pas l'entraver. Les prix sont comme les liquides, ils tendent vers leur niveau. Croit-on qu'en 1849, quand le blé était tombé si bas, il fût entré plus de grains si l'importation eût été libre, et que dans les années suivantes, où les prix ont monté si haut, il en fût sorti davantage quand même l'exportation n'eût pas été interdite? L'échelle mobile a fermé les portes dans les deux cas à une importation et à une exportation également chimériques. Elle a pour unique effet de nuire au commerce qui manque de base solide pour établir ses calculs. Rien n'est plus incertain que le jeu de ce mécanisme tout arbitraire; les zones peuvent être inexactement limitées, les marchés régulateurs mal choisis, les mercuriales fausses et incomplètes; dans tous les cas, les résultats ne sont connus qu'un mois après qu'ils se sont produits, et, dans l'intervalle de temps nécessaire pour préparer des ventes et des achats, tout peut être bouleversé.

Le commerce a besoin de conditions plus simples et plus sûres. Il faut, pour qu'il remplisse son office, qu'il puisse vendre dès que le prix s'élève et acheter dès qu'il baisse, sans attendre l'autorisation du *Moniteur ;* il faut qu'il puisse prévoir l'avenir d'après l'état du marché sans avoir à se préoccuper de combinaisons étrangères. Si l'importation et l'exportation sont permises aujourd'hui, qui lui dit qu'elles le seront demain ? Il n'y a rien de fixe, de stable, de permanent, quand à la mobilité naturelle des prix vient s'ajouter la mobilité même du régime légal. Qu'en résulte-t-il ? Que rien n'est organisé pour une action constante et régulière. L'importation et l'exportation agissent par bouffées, elles arrivent quand le mal qu'elles auraient pu prévenir a atteint déjà des proportions funestes, soit pour le producteur, soit pour le consommateur, au lieu de s'élever ou de s'abaisser insensiblement suivant les fluctuations les plus légères des marchés.

L'Angleterre et la Belgique ont toutes deux essayé de ce mécanisme, toutes deux y ont renoncé. En France même, il est déjà arrivé plusieurs fois qu'on a été obligé de le suspendre, parce qu'on en touchait du doigt les inconvénients, prélude évident de sa suppression prochaine.

On s'est beaucoup demandé ce que pouvaient fournir de blé au marché général les pays considérés comme exportateurs. Au premier rang figurent les ports de la Baltique et de la mer Noire. Dans l'état actuel des choses, combien peuvent-ils vendre de blé au reste de l'Europe ? Quatre ou cinq millions d'hectolitres en temps ordinaire, et le double environ en temps de prix excessifs. Voilà ce que répond l'expérience de ces dix dernières années. La Sicile, l'Égypte, le reste de la Méditerranée, peuvent en donner à peu près autant ; les États-Unis d'Amérique un peu moins, de sorte que l'ensemble des excédants disponibles du monde entier s'élève à 12 ou 15 millions d'hectolitres année commune, portés à 20 ou 25 quand le prix s'accroît. Ce ne sont pas là des hypothèses, mais des faits. Or l'Angleterre, qui a un déficit annuel et régulier de 25 millions d'hectolitres, peut à elle seule absorber la totalité de cet excédant; elle n'en trouve même pas assez pour subvenir à ses besoins, et elle est forcée de recourir, pour la moitié environ de son approvisionnement, aux grains inférieurs, comme le maïs.

Sans doute, si le commerce était libre, il y aurait toujours à Marseille une petite importation des pays les plus voisins; mais ces arrivages ne peuvent atteindre des proportions un peu fortes, un million d'hectolitres par exemple, qu'autant que le prix local dépasse 25 francs, et dans aucun cas ils ne peuvent franchir les limites qui leur sont imposées par les besoins de l'Angleterre et par la rareté des grains disponibles; en 1855, ils n'ont pas pu dépasser 3 millions de quintaux métriques.

C'est l'effet de la guerre, dit-on; soit. Nous allons voir, maintenant que la paix est faite, s'il en viendra beaucoup plus. Nulle part le blé ne pousse tout seul. Dans les pays neufs, où la terre est pour rien et le système des longues jachères praticable, on peut en récolter à peu de frais de faibles quantités; mais dès qu'il s'agit d'augmenter les produits, les frais se multiplient. M. Lecouteux, ancien directeur des cultures à l'Institut national agronomique, a très-bien démontré, dans un traité récent[1], que les pays riches, pourvus de capitaux, ont plus de facilités que les autres pour accroître leur production céréale; une terre qui rend 30 hectolitres à l'hectare et qui coûte 300 francs de frais n'exige que 10 francs par hectolitre, tandis qu'une terre qui ne

[1] *Traité des entreprises de culture améliorante*, in-8°.

coûte que 100 francs, mais qui ne rapporte que 8 hectolitres, en exige davantage.

Il y a trois périodes dans la production du blé : la première, où l'on en produit peu, mais presque pour rien; la seconde, où l'on en produit davantage, mais où il revient plus cher ; la troisième, où l'on en produit encore plus et où les frais proportionnels diminuent. Il est plus facile de passer de la seconde période à la troisième que de la première à la seconde. Voilà pourquoi les pays peuplés, anciennement cultivés, ont toujours les devants. Ajoutez les frais de transport, les bénéfices du commerce, et vous comprendrez que nos blés n'ont rien à craindre de ceux de Russie, de Pologne et d'Amérique, et que nul ne peut vendre du blé à la France à meilleur marché que le producteur français ; j'en excepte toujours, bien entendu, tel ou tel point où l'on peut satisfaire des besoins locaux, sans effet sur le reste, et les circonstances extraordinaires des mauvaises années.

S'il est un pays qui semble menacer nos producteurs d'une concurrence ruineuse, c'est l'Algérie, soit parce qu'elle est très-rapprochée de la partie du territoire national qui manque de grains, soit parce que ses blés entrent désormais en franchise comme produits français, soit enfin parce que les terres incultes y sont en quelque sorte indéfinies, que le sol et le climat se prêtent, dit-on, parfaitement aux céréales, que la population est rare et sobre à l'excès, et que rien n'y est épargné pour développer la culture. Malgré toutes ces circonstances favorables, dont l'effet se centuple encore par le haut prix des grains depuis trois ans, l'Algérie a beaucoup de peine à nous vendre un million d'hectolitres de froment par an. On dit qu'elle nous en vendra beaucoup plus un jour, attendons avant de l'affirmer ; voyons ce qui arrivera quand le prix des grains sera rentré en France dans ses limites naturelles. L'expérience se fera nécessairement, puisque l'échelle mobile n'a rien à voir ici, l'Algérie étant en dehors de la question douanière. Si par hasard il est démontré par le fait que les blés africains, soit qu'ils ne se récoltent pas avec autant d'abondance qu'on l'espère, soit qu'ils aient plus de profit à se diriger vers l'Angleterre, ne peuvent exercer aucune influence sur nos prix, je pense que l'épreuve paraîtra décisive aux plus craintifs, car de tous les dangers que l'imagination des producteurs peut évoquer, celui-là est le plus grand.

Je n'ai parlé jusqu'ici que du froment, parce que c'est le seul grain dont l'importation ait quelque valeur. On a beaucoup vanté le maïs américain ; outre que la consommation de ce grain ne fait pas de grands progrès en Europe, son prix est tel en Amérique, qu'il ne peut en venir, quoi qu'on en dise, des quantités un peu notables à bon compte. Les États-Unis ont une étendue égale à celle de l'Europe; le maïs peut s'obtenir à peu de frais dans la vallée du Mississipi, mais sur la côte, malgré les chemins de fer, les canaux, les lacs, les fleuves et la vapeur, il se vend aussi cher qu'en France en temps ordinaire. Dans les anciens États, la terre commence à s'épuiser, l'agriculture américaine est forcée d'avoir recours aux mêmes procédés qu'en Europe pour renouveler sa fécondité, et les États-Unis sont, après l'Angleterre, les plus grands acheteurs du guano du Pérou.

Enfin, n'oublions pas l'autre côté de la question, qui n'est pas le moins sérieux. Si nos producteurs ont peu à craindre la liberté d'importation, n'ont-ils pas quelque chose à gagner à son corollaire nécessaire, la liberté d'exportation? Nous n'aurons pas toujours d'aussi mauvaises années ; s'il s'établit vers Marseille un petit courant régulier de blé étranger, venu d'Algérie ou d'ailleurs, ne peut-il pas, ne doit-il pas s'établir en même temps un courant plus rapide de nos propres blés vers nos frontières du nord et de l'ouest? Dans ces 25 millions d'hectolitres qui manquent annuellement à l'Angleterre, dans le déficit, non moins constaté, de la Belgique et de la Hollande, dont la population est beaucoup plus pressée que la nôtre, n'avons-nous pas une place à prendre par notre extrême proximité?

Nous avons déjà commencé : dans les quatre années qui ont suivi 1847, notre exportation annuelle a dépassé 3 millions d'hectolitres. Même sous le régime de l'échelle mobile, nous n'avons jamais cessé d'exporter un peu de ce côté-là. La Providence, en plaçant les contrées qui peuvent nous vendre des blés près de la région où nous en manquons, a placé en même temps la région qui les produit chez nous au meilleur marché près de ceux de nos voisins qui en ont besoin. N'est-ce pas là une indication évidente de notre commerce naturel?

En même temps qu'il ouvrait à l'entrée toutes les barrières, le gouvernement a interdit l'exportation des grains. Cette conduite ne paraît pas logique. Interdire la sortie des grains dans ce moment-ci, c'est prendre une précaution inutile, puisque nos propres prix la défendent beaucoup plus que la loi, et c'est toucher au principe de la liberté au moment où l'on a besoin d'y recourir. Comment demander aux nations étrangères, comme Naples, l'Égypte, la Russie, de lever la défense d'exportation quand on la maintient soi-même ? Il y a contradiction évidente. Ne voit-on pas d'ailleurs que l'exportation et l'importation se prêtent un mutuel secours ? Le commerce porte d'autant plus volontiers des grains ou toute autre marchandise sur un point, qu'il se sait plus libre de recharger pour une autre destination, s'il y trouve plus de profit. L'Angleterre nous en offre un grand exemple : cette îledevient le centre du commerce des grains pour le monde entier. Tout y va, parce qu'on sait qu'on n'est pas forcé d'y rester si l'on obtient ailleurs un meilleur prix.

Le gouvernement belge a, lui aussi, prohibé l'exportation, mais après une discussion très-animée dans les chambres, où il a été reconnu par tout le monde, même par les ministres qui l'avaient proposée, que c'était une mauvaise mesure. On n'a donné d'autre raison que la nécessité de ménager l'imagination publique. Je comprends cet argument, mais il ne faut pas en abuser (1). On a justement fait remarquer à ce sujet qu'en Piémont on n'avait pas eu les mêmes égards pour les préjugés populaires, et qu'on s'en était bien trouvé. Depuis plusieurs années, la liberté du commerce des grains, tant à l'importation qu'à l'exportation, est entière en Piémont, et le prix du blé n'y est pas tombé aussi bas qu'en France en 1850, il ne s'y est pas élevé aussi haut en 1855. Cette démonstration a d'autant plus d'éloquence qu'elle se passe à nos portes.

Pas plus pour le blé que pour la viande, l'exportation et l'importation ne sont inconciliables. Non-seulement on

(1) Le gouvernement belge a reconnu l'année suivante qu'il avait manqué son but et a proposé la liberté d'exportation; la Chambre des représentants l'a votée avec empressement, le sénat seul a fait difficulté. Toute cette discussion est bonne à lire pour quiconque veut s'éclairer.

peut importer des grains sur un point et en exporter sur un autre, mais on peut, sur les mêmes points, importer dans une saison de l'année et exporter dans une autre avec un double avantage. Les contrées méridionales de l'Europe récoltent et battent plus tôt que nous ; elles peuvent très-bien nous envoyer des blés quand les nôtres sont encore sur pied, à la charge d'en recevoir de nous après nos battages. A leur tour, les contrées septentrionales, qui récoltent plus tard, peuvent commencer par nous en acheter pour nous en vendre ensuite. On peut introduire certaines espèces de grains, comme des blés de semence, et en exporter d'autres ; on peut échanger du maïs ou du seigle contre du froment, de la farine contre du grain ; les combinaisons du commerce sont infinies ; quand on y met obstacle, on ne peut savoir ce qu'on fait.

A Constantinople, le pain a été un moment l'année dernière plus cher qu'à Paris, non qu'on manquât précisément de blé, mais parce qu'on manquait de moulins pour subvenir au surcroît de consommation qu'avait amené la présence des armées alliées ; l'interdiction d'exportation empêchait la sortie des grains pour aller ailleurs se convertir en farines. Voilà un exemple saillant ; il peut s'en présenter beaucoup d'autres.

La considération fiscale a ici peu d'importance ; je crois cependant que le droit actuel de 25 centimes pourrait être remplacé, sans nuire à l'importation, par un droit fixe d'un franc par hectolitre ; en supposant une introduction moyenne d'un million d'hectolitres, plus que compensée par une exportation supérieure, ce serait toujours une nouvelle recette d'un million.

IV

Pour les laines, la question prend un autre aspect, mais sans rien changer à la conclusion. Si le blé et le bétail étrangers ne fournissent qu'un appoint insignifiant relativement à la masse de la production nationale, il n'en est pas de même des laines. Les laines se transportent plus facilement que le blé et la viande, et à moins de frais proportionnels ; il en arrive des régions les plus lointaines. En fait, l'importation est bien près d'égaler chez nous la production ; il est entré en 1855 trente-cinq millions de kilos de laines étrangères la plupart lavées. Notre production nationale ne doit pas être bien supérieure. Au lieu de plaider contre la liberté commerciale, cette énorme introduction donne un argument nouveau en sa faveur ; elle a en effet coïncidé, non avec une baisse, mais avec une hausse de nos propres laines, et malgré un régime de douanes qu'on avait cru rendre prohibitif, tant il est vrai que toutes ces combinaisons qui veulent dominer les faits et les besoins n'aboutissent qu'à des résultats illusoires !

Le droit de 30 pour 100 à l'entrée des laines étrangères avait été établi dans le même temps que le droit excessif sur le bétail et sur le blé, et dans la même pensée, pour enchérir artificiellement les produits du sol au profit de la propriété territoriale, en empêchant l'importation. Depuis qu'il existe, les prix des laines ont subi des variations, soit en baisse soit en hausse, tout à fait indépendantes du régime douanier. Par un hasard singulier, elles ont baissé après l'établissement du droit protecteur, elles ont remonté quand il a été ramené à 20 pour 100 en 1835 ; aujourd'hui encore, au moment où il vient d'être radicalement réduit, elles sont en hausse. L'importation a toujours été croissant ; rien n'a pu l'arrêter.

C'est qu'on avait compté sans le fait qui domine tout et qui a bouleversé les calculs, l'augmentation de la consommation. Depuis trente-cinq ans, la consommation de la laine a doublé en France, elle est en train de doubler encore. L'avenir de l'industrie lainière, depuis surtout qu'elle a varié ses produits en créant une foule d'étoffes légères, paraît indéfini. La laine devient pour le coton une rivale de plus en plus redoutable, et on ne peut que s'en réjouir. Outre que le coton nous vient de régions lointaines qui peuvent à tout moment suspendre leurs envois, tandis que la laine jaillit de notre propre sol, la culture de l'un peut compter parmi les plus épuisantes, tandis que l'autre s'associe à un second et précieux produit, la viande, et contribue à l'amélioration de la terre par l'engrais. Le coton a une tache originelle, c'est le fruit du travail esclave ; la laine au contraire suppose d'autres mœurs, les peuples pasteurs ont toujours été des peuples libres. La plante américaine exige un climat spécial peu favorable à l'espèce humaine, les troupeaux prospèrent dans les régions tempérées où l'homme fait son principal séjour. La laine enfin a des propriétés que le coton n'a pas, les vêtements qui en sont formés défendent plus sûrement des brusques alternatives de température, et leur influence sur la santé n'est pas contestée.

L'humanité ne peut donc que gagner sous tous les rapports à l'immense extension que prend dans le monde la fabrication des lainages : Dieu veuille qu'elle puisse s'étendre encore, car il y a peu d'instruments de civilisation aussi actifs !

Sans doute il serait désirable que le territoire national produisît, en sus de ce qu'il porte aujourd'hui, les 35 millions de kilos demandés à l'importation et beaucoup d'autres encore qui lui seront demandés à l'avenir. Malheureusement la lenteur inévitable des améliorations agricoles ne l'a pas permis. La production de la laine n'est pas stationnaire en France, bien loin de là ; elle marche assez rapidement, mais elle n'a pas pu aller aussi vite que la consommation. Faut-il alors enlever à l'industrie lainière les ressources qu'elle peut trouver ailleurs ? On vient de voir qu'on ne le peut pas, à moins d'une prohibition absolue, puisqu'un droit de 20 pour 100, aggravé encore par un double décime de guerre, a été inefficace. Et quand on le pourrait, le devrait-on ? L'agriculture n'y trouverait aucun profit, car il viendrait nécessairement un point où la hausse sur les laines s'arrêterait d'elle-même, faute d'acheteurs. Une diminution de moitié dans la quantité des matières premières amènerait la ruine des fabriques, et l'agriculture ne pourrait qu'y perdre.

Même au point de vue de la production indigène, il est heureux que les chambres de la restauration n'aient pas pu fermer la porte aux laines étrangères. La consommation, limitée par la production, n'aurait pas pu prendre l'essor qu'elle a pris. A son tour, la production n'aurait pas reçu l'encouragement d'une consommation supérieure, elle n'aurait pas marché comme elle a marché ; la demande excède toujours l'offre, ce qui est la meilleure des conditions pour les producteurs. Si les laines étrangères arrivaient en telle abondance que le prix des laines indigènes baissât, ce serait différent ; mais pour la laine comme pour tout il y a un prix de revient, à l'étranger comme en France, qui ne permet pas de la donner à tout prix et de la produire à volonté.

Bien avant nous, l'Angleterre a ouvert ses portes aux laines étrangères ; l'importation y est beaucoup plus considérable que chez nous, puisqu'elle arrive à 50 millions de kilos, et la production indigène n'y fait que s'accroître. Je pourrais dire, à propos de cet exemple, que, quand même la laine française baisserait de quelques centimes, nous en serions quittes pour faire un peu plus de viande et un peu moins de laine : je n'ai pas besoin de cet argument, puisque je ne crois pas à une baisse ; je ne le dédaignerai pourtant pas tout à fait. Les Anglais font beaucoup plus de viande que nous, mais comme ils ont beaucoup plus d'animaux de forte taille, ils ne font pas moins de laine. Seulement ils se préoccupent moins de la finesse, et ils ont raison. Quand la finesse peut être obtenue sans nuire à la santé, à la rusticité des animaux, à la quantité et à la qualité de leur chair, rien de mieux ; mais le contraire arrive le plus souvent. C'est à l'éleveur de faire son compte et de voir ce qui lui profite le plus.

Il y a un avantage réel à ce que le prix de la laine, et surtout de la laine fine, ne soit pas trop haut. L'éleveur se tourne alors plus naturellement vers la viande, qui est en définitive un besoin supérieur, puisqu'elle peut moins se transporter. La recherche de la viande a d'ailleurs ce mérite, qu'elle ramène à la laine par une voie détournée, et qu'elle en accroît, sinon la qualité, du moins la quantité, tandis que la laine très-fine s'obtient en général aux dépens de la taille, de la vigueur, de la précocité, de la bonne conformation pour la boucherie. Nous pouvons donc avoir plus de profit à acheter de la laine très-fine qu'à en faire, tout en augmentant considérablement notre production en laines communes ou intermédiaires, plus conciliables avec la multiplication de la bonne viande.

Le droit qui vient d'être réduit avait toute sorte d'inconvénients. Il était perçu *ad valorem*, ce qui donnait lieu à beaucoup de contestations et de fraudes. De plus, il agissait en sens contraire de l'échelle mobile sur les céréales, aggravant le droit à mesure que le prix des laines montait à l'intérieur, c'est-à-dire qu'on avait plus besoin des laines étrangères, et le réduisant à mesure que le prix baissait avec le besoin. Cette anomalie a été autrefois mise en lumière par un ancien député fort compétent en ces matières, M. Muret de Bord. Le droit fixe n'a plus les mêmes défauts.

Cette réduction prête plus que toute autre à la critique, sous le rapport fiscal. Le droit sur les laines a rapporté en 1855 près de 15 millions ; cette recette sera probablement réduite de moitié cette année, c'est une perte sensible pour le trésor. Il n'y a d'autre moyen de l'éviter que de supprimer ce qu'on appelle le *drawback*. On entend par *drawback* une somme payée par l'État pour les tissus de laine exportés, et considérée comme le remboursement des droits d'entrée perçus sur la matière première. En réalité, ce prétendu remboursement n'est qu'une prime à l'exportation, car on paie pour toute espèce de tissus, qu'ils soient ou non de laine étrangère. Le montant annuel de cette dépense égale précisément la perte probable sur la recette ; en la supprimant, il n'y aurait rien de changé. Le nouveau décret modifie et réduit le *drawback* ; c'est quelque chose, ce n'est pas assez.

La production annuelle des tissus de laine représente une valeur totale de plus de 500 millions ; quelques millions de plus ou de moins, sur un mouvement d'affaires aussi considérable, n'ont pas beaucoup d'importance. Le prétexte du *drawback*, le droit d'entrée sur les laines étrangères, étant supprimé ou atténué, il est naturel que l'effet disparaisse avec la cause, surtout quand on songe que la prime avait pour effet de favoriser les consommateurs étrangers aux dépens des Français, anomalie nouvelle qui vient montrer une fois de plus à quels résultats bizarres on peut arriver à force de calcul.

V

Les autres produits agricoles ne soulèvent pas les mêmes doutes. Il y a eu un temps où l'on a voulu protéger par des droits excessifs les huiles indigènes. La demande d'huile a fait de tels progrès, qu'elle a triomphé de tous les obstacles ; l'importation des huiles et graines oléagineuses atteint aujourd'hui une valeur de 50 millions, et on ne voit pas que la production nationale en ait souffert. Le prix de l'huile est encore tel que la culture du colza s'étend tous les jours, de manière à exciter pour l'avenir des craintes légitimes, car cette culture épuise le sol quand elle n'est pas très-bien entendue, et peut nuire par conséquent à la production des céréales.

Il y a eu aussi un temps où le sucre indigène de betterave avait besoin d'une forte protection ; ce temps est passé.

On pouvait se demander alors si les cultivateurs flamands et picards, au lieu de s'obstiner à faire du sucre, n'auraient pas eu plus de profit à cultiver, comme les Anglais, des racines exclusivement consacrées à la nourriture du bétail. Ces questions seraient aujourd'hui oiseuses ; d'énormes capitaux ont été perdus dans la création de cette industrie, mais d'énormes capitaux ont été gagnés ; le souvenir des pertes est effacé, les bénéfices seuls frappent les yeux, et grâce aux perfectionnements que chaque jour amène dans l'extraction de ce sucre, on doit espérer qu'il n'aura plus besoin de secours. Les rôles sont changés ; c'est aujourd'hui le sucre des colonies qui s'alarme, et qui réclame à son tour une protection.

La grande industrie française des soieries a pris une si magnifique extension, elle réalise de si puissants bénéfices, qu'on n'est pas tenté de lui marchander les matières premières. Les soies étrangères entrent sans difficulté, personne ne s'en plaint. La valeur annuelle de l'importation dépasse pourtant 100 millions; mais la production nationale arrive à peu près au même chiffre, et rien ne limite ses progrès. Toute soie est vendue d'avance; on en obtiendrait deux fois plus qu'on en vendrait deux fois plus sans baisse de prix. Ce qui en limite la quantité, ce n'est pas le débouché, c'est la difficulté de la production. La soie exige des conditions particulières qui ne se retrouvent pas partout ; huit départements en ont presque le monopole, et dans ces huit il en est quatre, le Gard, la Drôme, l'Ardèche et l'Hérault, qui en obtiennent à eux seuls les trois quarts. On a essayé d'étendre ailleurs cette belle industrie, mais sans beaucoup de succès. Les nombreuses tentatives faites en Algérie ont échoué, du moins jusqu'ici. Ce n'est pas une raison pour désespérer de l'avenir, c'en est une pour chercher dans l'importation, en attendant mieux, le supplément nécessaire à nos fabriques. Tout le monde étant d'accord sur ce point, il est inutile d'insister.

Je n'ai pas besoin de faire la même démonstration pour le lin et le chanvre ; je ne pourrais que me répéter.

Restent les vins. Ici personne ne conteste l'immense intérêt de la production nationale à l'accroissement du commerce extérieur. Depuis quelques années, la vigne souffre en France comme partout ; mais ce n'est là qu'un mal passager. En temps ordinaire, le vin constitue une de nos plus grandes richesses agricoles ; nous pouvons pour ainsi dire en fournir le monde entier sans nuire à notre propre consommation. Sur quelques points du nord et de l'est, la vigne a pris peut-être trop d'extension, par suite de la difficulté des communications qui ne permettait pas aux vins du Midi d'arriver ; mais la même cause qui réduira sans doute cette culture dans les contrées qui lui conviennent le moins doit l'accroître dans celles qui lui conviennent le plus. Nul doute que la production du vin ne puisse doubler, si elle a des débouchés suffisants. Il y a encore dans le tiers méridional de la France de grandes étendues de terres incultes ou à peu près, admirablement propres à la vigne. J'y vois, pour mon compte, une des plus belles promesses de notre avenir ; mais, pour qu'elle se développe, elle a besoin de l'exportation. Voilà un intérêt qui doit balancer bien des craintes.

Quand même le blé devrait baisser un peu dans le Midi par l'admission des blés étrangers, ce que je ne crois pas, mais ce que j'admets un moment, l'agriculture de cette partie de la France peut trouver dans le vin une magnifique compensation, sans parler des autres conséquences probables de la libre exportation et des communications perfectionnées, comme la hausse de la viande, du maïs, des légumes secs, des fruits, des volailles, et d'une foule de produits spéciaux qui n'ont eu longtemps que bien peu de valeur.

Un fait s'oppose à cette extension si désirable de notre exportation en vins, c'est le droit prohibitif qui les frappe encore à leur entrée en Angleterre. Je ne puis croire que cette exception choquante au régime habile et libéral des douanes chez nos voisins puisse subsister longtemps. Le secrétaire du *Board of Trade*, sir James Emerson Tennent, vient de publier une brochure pour la défendre ; mais il s'est attiré, de la part d'un négociant anglais, une réponse péremptoire. M. Bosville James n'a pas eu de peine à prouver que, si le droit sur les vins était réduit à un schelling par gallon ou 28 centimes le litre, au lieu de 1 franc 60 centimes, qui est le taux actuel, il en résulterait une révolution salutaire dans les habitudes du peuple anglais, sans nuire en aucune façon au revenu public. Les défenseurs du droit partent de ce principe, que le vin sera toujours un objet de luxe en Angleterre ; mais si on pouvait le vendre au détail à un schelling la bouteille, il en serait tout autrement.

Les consommateurs anglais ne connaissent pas nos bons vins ordinaires, notamment ceux du Midi ; ils les rechercheraient s'ils les connaissaient davantage, et, comme le remarque très-bien M. Bosville James, la consommation de la bière, qui rapporte une somme considérable au trésor public, n'en souffrirait pas ; il n'y aurait de menacés que les spiritueux, dont on fait un usage immodéré, contraire à la santé comme à la moralité publique.

Au moment où l'alliance intime entre la France et l'Angleterre, si longtemps attaquée par des préventions séculaires, mais si conforme à l'intérêt bien entendu des deux peuples, vient de se resserrer par une action commune sur les champs de bataille, il serait plus à propos que jamais de la cimenter par des concessions de douanes. Les Anglais ont déjà fait de grands pas, c'est à eux de faire le dernier et le plus important, pour ne laisser prise à aucun soupçon. Tant qu'ils maintiendront l'interdiction jetée sur nos vins communs par la vieille politique de guerre, pour protéger ceux d'Espagne et de Portugal et leurs propres boissons nationales, on pourra dire, à tort sans doute, mais avec une apparence de raison, qu'ils proclament le principe de la liberté commerciale quand ils se croient en état d'en tirer parti, et qu'ils sont les premiers à se refuser aux applications qui les gênent. Même en supposant que ce soit pour eux un sacrifice d'y renoncer, ils le doivent à l'honneur du principe et à l'avenir de l'alliance.

VI

Je viens de parcourir le cercle entier de nos produits agricoles, je n'en vois aucun qui ait à souffrir de la liberté, j'en vois beaucoup qui ont à y gagner. Telle est en effet la nature des choses. Il n'est pas dans l'ensemble de sol mieux doué que le nôtre et qui puisse figurer avec plus d'avantages sur le marché général : nos agriculteurs pèchent par excès de modestie, quand ils redoutent une concurrence quelconque ; ils ne se rendent compte ni de la puissance de leurs moyens ni de l'immensité des besoins.

Cette conviction n'est pas nouvelle chez moi, elle ne date pas de la cherté actuelle. En 1851, dans mon cours d'*Économie rurale* à l'institut agronomique, au milieu d'une baisse générale et désastreuse, j'annonçais sans hésiter, non pas précisément la hausse excessive dont nous sommes témoins et qui tient en partie à des circonstances fortuites, mais une hausse régulière et normale, et j'affirmais que la liberté la plus absolue y contribuerait au lieu d'y nuire. Selon moi, les denrées agricoles n'étaient à leur véritable prix, avant 1847, que dans un quart de la France; c'est pourquoi l'agriculture n'avait fait que là de sérieux progrès. Je ne croyais et je ne crois encore à des développements sur d'autres points qu'autant que les prix courants du marché parisien s'étendraient à toute la France. J'attendais cette hausse du perfectionnement des communications, de l'accroissement de la population nationale un peu aussi d'une extension du commerce extéieur.

La liberté commerciale, c'est en d'autres termes le ommerce lui-même; ses effets diffèrent suivant les beoins. Qu'il entre en France peu de denrées étrangères, omme pour la viande et le blé, ou qu'il en entre beauoup, comme pour la laine et la soie, c'est que dans le remier cas il n'y a que peu de besoins et que dans le seond il y en a davantage. Si nous importons pour 200 milions de laine et de soie brutes, nous exportons pour 00 millions de tissus de laine et de soie, que nous ne ourrions pas produire autrement. De même, s'il arrive un jour que l'importation du blé s'accroisse, c'est que le rix se sera élevé outre mesure, et que la production nationale, même doublée, sera devenue insuffisante, comme en Angleterre. L'erreur des producteurs est d'avoir cru que le libre-échange des produits pouvait jamais tourner contre la production. Les libre-échangistes y ont aidé en parlant des consommateurs comme si les consommateurs n'étaient pas les producteurs sous une autre forme. La liberté ne combat que le monopole, qui est l'ennemi de la production.

Parlerai-je maintenant des choses dont l'agriculture a besoin ? Je ne crois pas que le prix du fer dût baisser beaucoup en France par une révision sérieuse du tarif ; la demande de fer est trop générale dans le monde, pour qu'une pareille baisse soit possible. Il n'en est pas moins vrai qu'une plus grande introduction de fer étranger, même sans agir sur le prix, donnerait des facilités nouvelles à toutes les industries qui s'en servent, préparerait pour un prochain avenir la production des fers indigènes à meilleur marché, et dans tous les cas préviendrait une hausse nouvelle. Il faut du fer pour produire du fer ; la plupart des causes qui en élèvent le prix en France tiennent à des frais de transport. Que les chemins de fer se fassent plus vite, que la houille, le bois, le minerai, le fer lui-même, circulent à moins de frais, et ce métal si utile sortira avec moins de peine du sol qui le produit ; il se répandra plus aisément sur toute la surface du territoire.

Ce qui importe à l'agriculture, c'est le prix du fer au détail chez le maréchal de campagne. Même quand ce prix baisserait, elle n'en consommerait pas d'abord beaucoup plus, parce qu'elle est pauvre et ignorante ; mais peu à peu elle apprendrait à s'en servir, et si jamais un plus grand usage entrait dans ses habitudes, elle finirait par en employer des quantités énormes, car il n'y a pas d'agriculture perfectionnée sans une grande consommation de fer; dans les fermes les mieux conduites, il en faut jusqu'à 20 kilogrammes par hectare et par an, ou dix fois plus qu'on n'en emploie en moyenne aujourd'hui.

N'est-il pas étrange et regrettable que le guano soit plus cher en France que partout? L'Angleterre, la Belgique, l'Amérique du Nord, en emploient des quantités considérables; il pénètre jusqu'en Saxe, au centre de l'Allemagne, et chez nous on n'en achète presque pas. Pourquoi ? Sans doute parce que la plupart des cultivateurs n'ont de quoi le payer à aucun prix, mais aussi parce qu'il est renchéri artificiellement par notre système de douane. Cette fois il n'y a pas de guano indigène à protéger, mais on veut protéger la navigation nationale, et on surcharge de droits tout ce qui arrive sous pavillon étranger : autre chimère dont on devrait bien voir enfin le néant, car la plus protégée de nos industries, la navigation, est précisément celle qui fait le moins de progrès. Le guano, c'est de la fertilité immédiate, de la viande, du pain, tout ce qu'on demande à grands cris. Avec du guano, on gagne dix ans; on peut transformer en quelque sorte à vue d'œil une terre ingrate en terre fertile, et obtenir d'emblée une grande production céréale, tout en préparant l'avenir par des récoltes fourragères, ce qu'on ne peut faire sans ce secours qu'avec beaucoup de temps et d'avances. Mais que voulez-vous ? le guano infecte les navires qui le transportent, nos armateurs y regardent à deux fois avant de s'en charger. La navigation anglaise et américaine est moins difficile, parce qu'elle a plus de bâtiments. Pourquoi s'entêter alors à ne vouloir de guano que sous pavillon français, quand il est bien démontré qu'on n'en peut avoir que fort peu et hors de prix ?

Il faut avoir essayé d'introduire en France des machines aratoires étrangères pour se faire une idée des ennuis qu'on se prépare. Autrefois le droit d'entrée était exorbitant, il doublait la valeur de la machine. Ce droit a été réduit par un décret récent, rendu à l'occasion de l'exposition universelle, mais les formalités n'ont pas été simplifiées ; elles dégoûtent les vendeurs eux-mêmes. Au mois de novembre dernier, un agriculteur français ayant écrit à la fabrique belge de Haine-Saint-Pierre pour demander un concasseur de tourteaux, le directeur lui répondit que « la douane française n'ayant pas de règle fixe et exigeant des dessins, des devis, des certificats d'origine pour des niaiseries, il avait pris la détermination de ne plus vendre en France aucune machine agricole. » Je ne vois pourtant pas en quoi l'introduction d'un concasseur de tourteaux peut menacer l'industrie nationale.

Plus on fera venir de l'étranger de machines aratoires, plus l'usage s'en répandra, et par conséquent plus nos propres fabricants seront excités à en faire. J'entends parler de beaux projets pour créer en France de grandes fabriques sur le modèle des établissements anglais et belges : j'y applaudis fort à coup sûr ; mais en attendant, laissez acheter en Angleterre et en Belgique, si l'on y travaille mieux et à meilleur marché qu'en France : vous verrez vous-mêmes, par les essais qui seront faits, quels sont les instruments qui réussissent le mieux chez nous, quels perfectionnements ils réclament pour réussir davantage ; vous vous éviterez des écoles et des retards.

J'ai déjà dit que je ne voulais pas traiter ici le côté industriel de la question ; je me contenterai de dire en gros qu'il en est à mon sens de toutes nos industries comme de l'agriculture. Je ne crois pas plus à l'*inondation* des houilles, des fers, des draps, des cotonnades, des poteries, des produits étrangers de toute sorte, qu'à celle des blés, des bestiaux et des laines ; il n'en entrerait, j'en suis convaincu, si les barrières étaient abaissées, que le supplément justement nécessaire pour satisfaire à des besoins partiels, sans nuire le moins du monde à la production nationale ou plutôt en la favorisant. Même en admettant que nos importations dussent s'accroître de plusieurs centaines de millions, beaucoup de ces nouvelles matières deviendraient entre nos mains des instruments de production, et nos exportations s'accroîtraient d'une somme égale. Le travail national y gagnerait au lieu d'y perdre. Aucune de nos industries n'y trouverait l'occasion d'une crise, si ce n'est celles qui, mal constituées de leur nature, ne peuvent prospérer sous aucun régime, pas plus sous celui de la protection que sous tout autre.

L'expérience se fait pour quelques-unes, nous verrons ce qui en sortira; il ne s'écoulera pas un grand nombre d'années sans que tout le monde soit éclairé sur la chimère de la protection. Les fantômes qu'on a soulevés de part et d'autre disparaîtront à la lumière des faits ; on verra que l'industrie, comme l'agriculture française, n'a rien à craindre de personne.

Quand un pays fait déjà avec l'extérieur pour 3 milliards d'échanges, quand il se compose lui-même d'un territoire de plus de 50 millions d'hectares, comprenant tous les climats et toutes les formations géologiques, mêlé de montagnes et de plaines, sillonné de rivières navigables, de routes, de canaux, de chemins de fer, avec une population laborieuse de 36 millions d'hommes, qui a joué un assez grand rôle dans le monde par son génie dans tous les genres, ce n'est pas un peu plus ou un peu moins de facilités pour commercer avec ses voisins qui peut y changer de fond en comble les conditions du travail. Je n'en attends donc pas des effets bien immédiats et bien prodigieux; mais je suis loin de croire, comme les protectionnistes, que le système protecteur ait contribué en quoi que ce soit au développement industriel de la France; il lui a nui au contraire, tant qu'il a pu; ce n'est pas sa faute s'il n'a pas pu lui nuire davantage. La suppression des douanes intérieures a eu dans d'autres temps des résultats considérables, quand elle a réuni plusieurs petits marchés en un. Un nouvel agrandissement du marché serait un pas de plus.

Un jour viendra où il en sera du système protecteur comme des autres erreurs économiques que le temps a ruinées; nos neveux auront peine à comprendre qu'on ait jamais pu espérer de favoriser le travail en lui créant des entraves et en l'empêchant de vendre et d'acheter suivant ses convenances.

La considération fiscale prend ici une importance de premier ordre. Les produits industriels, ayant plus de valeur sous un moindre volume que les produits agricoles, peuvent être sans inconvénient frappés de droits plus élevés. En substituant aux prohibitions et aux droits protecteurs des droits exclusivement combinés dans un intérêt fiscal, on pourrait sans aucun doute augmenter le revenu des douanes de 50 ou 60 millions. Dans le pays du *free trade* par excellence, l'Angleterre, la douane rapporte plus de 500 millions à l'État, elle peut bien en rapporter la noitié en France. Ainsi se trouverait à peu près comblé e déficit qu'on cherche aujourd'hui à remplir par de nou-eaux impôts. Il suffirait, en supprimant toutes les prohi-itions, d'établir des droits spécifiques calculés en moyenne ur le pied de 15 pour 100 de la valeur, réduits à 10 ou ême 5 pour les matières premières et portés à 20, 25 et même 30 pour les objets manufacturés.

Je ne vois vraiment pas quelle objection plausible on pourrait faire à un pareil remaniement des tarifs. Quand les questions se posent ainsi dans leurs véritables termes, on peut dire sans exagération qu'elles disparaissent. Ce n'est que par une illusion inexplicable que le débat a pu jamais s'agiter entre la protection et le libre-échange absolu, car d'un côté les protectionnistes ne peuvent pas avoir la prétention d'empêcher toute espèce de commerce extérieur, et de l'autre les partisans du libre-échange n'ont jamais pu se flatter de supprimer les douanes, qui figurent au nombre des meilleurs impôts.

Au moment où j'écris ces dernières lignes, le corps législatif vient de transformer en loi la plupart des décrets rendus par le gouvernement pour abaisser quelques-uns de nos tarifs. La discussion n'a pourtant pas été beaucoup plus favorable en apparence au principe de la liberté commerciale ; un seul orateur, M. de Kergorlay, député d'une de nos plus riches provinces, la Normandie, a développé des idées libérales; tous les autres, notamment les organes de la commission et du gouvernement, ont cru devoir faire une éclatante profession de foi en faveur du système protecteur. Peu importe au fond, puisque les actes sont si peu conformes aux paroles. La même singularité s'était déjà produite en 1850 dans la session du conseil général de l'agriculture et du commerce. Quand la question de prin cipe fut posée, l'assemblée presque tout entière vota, ave une véritable passion, pour le maintien de la protectio Dans toutes les questions d'application, comme les soie les sucres, les bestiaux, et surtout la grande question d l'introduction en franchise des produits algériens, elle vot dans le sens du libre-échange. Le corps législatif vie d'en faire autant à l'unanimité. Tout ce qu'on peut désire c'est que les pouvoirs publics continuent à défendre ain le système protecteur ; il n'en restera bientôt plus rie

N. B. — Depuis la publication de cette étude, un pro jet de loi ayant pour but de supprimer les prohibitions reçu du corps législatif un tout autre accueil ; les préjugé protectionnistes qu'on aurait pu croire affaiblis subsisten toujours, on ne peut espérer de les détruire que par l temps.

VI

LA PAIX

(15 juin 1856)

I

A voir les espérances qu'éveille de toutes parts la conclusion de la paix, on dirait que la France jouit pour la première fois, depuis longues années, de ce bien précieux. La lutte n'a duré que deux ans, mais il paraît que ce court espace de temps a suffi pour en faire sentir le poids. Nous n'avons vu aucun de ces immenses désastres que la guerre la plus heureuse peut entraîner. Rien n'a souffert en apparence : le luxe et les plaisirs de Paris n'ont reçu aucune atteinte ; au plus fort du combat, les arts de la paix ont déployé sous nos yeux toutes leurs merveilles. Il faut pourtant que le mal ait été profond sans être visible, puisqu'on se réjouit ainsi de le voir arrivé à son terme. Espérons que cette épreuve, quoique moins douloureuse que par le passé, suffira pour éloigner de nous, pendant quelque temps, le retour d'un semblable effort. La France avait, dit-on, besoin de se sentir puissante, et d'effacer par l'épée les traités de 1815. Ce résultat est maintenant atteint; notre passion militaire doit être satisfaite. Si la plupart des malheurs qui accompagnent d'ordinaire ces *jeux sanglants de la force et du hasard* nous ont été épargnés, nous les avons redoutés un moment; la guerre a fini à temps, mais avant de s'évanouir, elle nous a montré sa face menaçante. Apprenons par là à ne plus courir sans nécessité ces terribles chances; sachons bien qu'il est peu de résultats conquis par la force qui ne puissent être à meilleur marché obtenus par la paix. Si cette conviction nous arrive, nous ne l'aurons pas payée trop cher.

« Tout annonce, a dit lord Palmerston dans le parlement, que le plus jeune membre de la chambre des communes ne verra pas l'Angleterre obligée de nouveau à courir aux armes. » Acceptons cet heureux augure. Maintenant que les deux pays sont unis par un lien si étroit, le même pronostic doit s'appliquer à la France.

L'agriculture est parmi nous ce qui a le plus langui depuis deux ans. Privée à la fois par la guerre de bras et de capitaux, elle a eu encore à lutter contre les intempéries. Le prix des subsistances, s'élevant à l'excès, a donné la mesure du déficit. L'imagination publique s'en est émue. On a compris que l'intérêt de l'alimentation nationale passait avant tout. On demande à grands cris que la paix soit féconde pour la culture : préoccupation naturelle et fort légitime assurément, et dont on ne saurait trop se féliciter, parce qu'elle répond au plus pressant de nos besoins, mais qu'il n'est pas facile de satisfaire à court délai. L'intérêt agricole, ce n'est rien moins que l'intérêt national à sa plus haute puissance. L'agriculture est la plus immense des industries : elle occupe à elle seule plus de bras et donne plus de produits que toutes les autres ensemble ; sa grandeur même met un obstacle à la rapidité de ses progrès, car le moindre de ses mouvements exige un énorme déploiement de forces, et quand ces forces sont en jeu, comme elle a besoin de la lente révolution des saisons pour faire un pas, elle ne peut se passer de temps.

La tendance naturelle de l'esprit français, dans ces circonstances solennelles où une grande nécessité nous pousse, nous porte à beaucoup attendre du gouvernement. Sans doute le gouvernement doit donner l'exemple ; il ne faut pourtant pas lui trop demander. Ce n'est pas par le bien qu'il lui fait directement que l'État peut beaucoup agir sur l'agriculture : c'est par la facilité, par la sécurité qu'il lui donne, et qui lui permet de grandir d'elle-même. Les mots d'*encouragement* et d'*impulsion* ne sont ici que bien rarement applicables. Quel encouragement spécial peut être assez puissant pour exercer une action sérieuse sur une pareille masse d'intérêts ? Comment distinguer ces intérêts innombrables ? comment les séparer de l'intérêt général, dont ils sont la principale expression, et qui se confond invinciblement avec eux ? On comprend qu'il soit possible d'encourager une minorité ; la majorité ne peut être encouragée que par elle-même.

Ce qui n'est pas impuissant en pareil cas peut être dangereux. Qui peut se flatter d'embrasser la variété infinie des besoins et de ne pas nuire aux uns en essayant de satisfaire les autres ? Toute mesure administrative crée un privilége, sous prétexte de donner une impulsion. Le gouvernement n'est pas absolument désarmé en fait d'agriculture, mais son action a d'étroites limites. Ce qu'il doit chercher avant tout, c'est à ne pas lui faire de mal ;

car il est plus puissant pour le mal que pour le bien. Il doit mettre son premier soin à lui disputer le moins possible les bras dont elle a besoin. Je ne crois pas que les bras manquent habituellement dans les campagnes : notre population rurale me paraît, dans son ensemble, plutôt au-dessus qu'au-dessous des besoins ; et je fais des vœux pour que les salaires agricoles montent au lieu de baisser ; mais ce progrès, pour être véritablement utile et juste, doit s'accomplir lentement. Une brusque réduction dans l'offre de main-d'œuvre, et par suite une hausse subite des salaires, amènent des perturbations dans les conditions générales des industries. On s'en aperçoit aujourd'hui. De tous côtés, des plaintes s'élèvent sur la rareté des bras ; beaucoup de travaux utiles ne peuvent plus se faire à temps, faute d'ouvriers. Le remède est sans doute tout trouvé dans un plus grand emploi des machines ; mais ces machines sont encore chères, peu connues, peu à la portée de la plupart des cultivateurs ; il faut apprendre à les apprécier et à s'en servir. Cet apprentissage exige du temps, et en attendant, la terre souffre ; elle ne reçoit plus les soins accoutumés. Ce qui serait surtout déplorable, c'est que la masse des ouvriers, un moment raréfiée outre mesure, retombât plus tard sur le sol, quand on aurait appris à s'en passer ; il en résulterait une crise affreuse. Ces sortes de transitions doivent être ménagées avec infiniment de précaution ; avant tout, il faut éviter d'avoir à revenir sur ses pas.

On a beaucoup insisté sur la différence qui a éclaté dans la guerre d'Orient entre l'armée anglaise et l'armée française. La supériorité de nos troupes flatte notre orgueil national, on ne songe pas à ce qu'elle nous coûte. Outre que l'armée française est quatre fois plus nombreuse que l'armée anglaise, elle se compose de l'élite de la population, soumise à l'engagement forcé et choisie homme par homme, tandis que l'autre ne se recrute que par l'engagement volontaire, et ne reçoit par conséquent que le rebut des occupations productives. Notre puissance militaire gagne au système que nous avons adopté, l'agriculture et les autres industries y perdent ; en Angleterre au contraire, la puissance militaire y perd, l'agriculture et l'industrie y gagnent. Cinq cent mille hommes, dans la force de l'âge et de la santé, ne peuvent que laisser dans les campagnes et les ateliers un vide considérable. Notre position continentale, et plus encore notre goût national pour l'éclat et le bruit des armes, nous obligent à tenir sur pied un grand état militaire, mais il est bien à désirer qu'on n'aille pas au delà du nécessaire et qu'on rende au travail rural le plus grand nombre possible de ces bras vigoureux qui manient la charrue aussi bien que le fusil. Hélas ! on ne les rendra pas tous : il en est beaucoup qui manqueront pour toujours, emportés avant l'âge par l'orage meurtrier !

Un homme adulte représente le plus précieux capital d'une nation. La France ne contient pas beaucoup plus de six millions de travailleurs effectifs qui portent tout le poids de la production ; les deux tiers environ habitent les champs, d'où il suit que chaque cultivateur doit produire en moyenne la subsistance de dix personnes. Enlever ou rendre 100,000 ouvriers au sol, c'est lui ôter ou lui donner les moyens de nourrir un million d'êtres humains. Les Anglais le comprennent parfaitement ; fort peu ménagers de leur capital en argent, ils épargnent leurs hommes le plus qu'ils peuvent. Que de bruit n'ont-ils pas fait pour les pertes qu'ils ont essuyées dans cette guerre, et qui, de compte fait, s'élèvent en tout à 22,000 hommes ! La nôtre doit être autrement forte, et nous n'en parlons pas. S'il est vrai, comme on l'a dit, que les Russes aient perdu 300,000 hommes, voilà une nation accablée pour longtemps ; il faut trente ans pour combler de pareils vides.

Moins nos braves soldats marchandent leur vie, plus leurs chefs doivent se montrer avares de ce sang généreux toujours prêt à couler ; si la patrie a quelquefois besoin de leur sacrifice, elle a encore plus besoin de les conserver, car eux seuls peuvent servir d'appui à cette population débile, femmes, enfants, vieillards et infirmes, qui forme les cinq sixièmes de toute nation.

La guerre n'enlève pas seulement aux industries productives les hommes qu'elle appelle sous les drapeaux, elle exige encore une foule de fournitures spéciales qui détournent de leurs occupations ordinaires un grand nombre de bras. Telle est la fabrication de la poudre et des armes, tel est encore l'immense appareil de transports nécessaire pour porter sur un point donné de pareilles masses de troupes et de munitions. L'envoi de 250,000 hommes à 800 lieues de nos côtes en suppose autant d'occupés à les transporter et à les approvisionner. Cette seconde armée s'est recrutée comme la première dans les réservoirs communs du travail et contribue de proche en proche à la désertion des campagnes. Une partie doit être déjà licenciée, le reste ne tardera probablement pas à l'être, quand toutes les troupes seront de retour. La culture y retrouvera des ressources, pourvu qu'on ne les détourne pas de nouveau.

Ces bras reflueront d'abord vers le commerce, les usines industrielles, les entreprises de chemins de fer, qui ne souffraient pas moins que le sol de la pénurie universelle ; ils en rendront d'autres disponibles pour le travail rural. Tout se tient dans l'organisation économique d'un pays ; de même que l'inflammation sur un point se répand peu à peu sur tous les autres, de même le rétablissement de la santé dans l'organe malade réagit bientôt sur le reste.

Enfin on sentira sans doute la nécessité de presser un peu moins les travaux extraordinaires de la capitale. Cette dérivation paraît au premier abord peu de chose, elle a cependant son importance ; elle se fait sentir profondément dans les parties de la France qui fournissent Paris d'ouvriers. La Marche et le Limousin, d'où viennent les maçons, n'ont presque plus d'habitants actifs ; la culture y est littéralement suspendue (1). Rien de mieux entendu à coup sûr que ces travaux qui ont pour but de porter l'air et la lumière dans les vieux quartiers de la capitale, de rejeter vers les extrémités la population qui s'accumulait au centre ; mais cette transformation salutaire pouvait s'opérer plus ou moins vite. Si ce qu'on a fait en cinq ans s'était fait en dix, il y aurait de moins à Paris 50,000 ouvriers qui contribuent à tout enchérir et qui manquent ailleurs ; la hausse sur les loyers, les salaires, les matériaux, les subsistances, eût été moins forte. Le résultat désiré paraît acquis maintenant dans ce qu'il a de plus frappant. Paris est bien décidément, sans aucune comparaison possible, la plus magnifique ville du monde ; il serait temps de songer un peu à la France, qui pourrait bien devenir, si l'on n'y prend garde, un des plus pauvres pays de l'Europe.

(1) On estime à 50,000 le nombre des maçons sortis en 1856 du seul département de la Creuse ; la population totale étant de 287,000 âmes, c'est plus du sixième, ou la presque totalité de la population virile et valide.

C'est une erreur assez commune et assez naturelle que de confondre le luxe avec la richesse. Le luxe est la richesse apparente, visible, concentrée, mais improductive. Vous possédez un million, je suppose ; il n'est pas indifférent que vous le consacriez à bâtir un palais ou à construire des fermes et des manufactures. Dans l'un et l'autre cas, la commande immédiate du travail est la même ; mais votre million dépensé, la différence commence. D'un côté, vous avez un palais somptueux, mais qui, loin de donner du revenu, exige de grandes dépenses de réparation et d'entretien ; de l'autre, des fermes pleines de bétail, des greniers chargés de blé, des champs couverts de moissons, des ateliers infatigables qui fournissent à l'infini du drap, de la toile, des outils. J'aime autant qu'un autre le luxe et les arts ; mais, dans un état bien ordonné, ils ne doivent pas dépasser une certaine proportion. La Rome des Césars était splendide aussi ; Auguste disait en mourant qu'il l'avait trouvée de briques et qu'il la laissait de marbre ; mais l'Italie était inculte et dépeuplée, et, pour nourrir le peuple romain, il fallait faire venir du blé de la Sicile et de l'Afrique. Nous n'en sommes pas là, Dieu merci ! nous n'y serons jamais ; la civilisation moderne est trop puissante pour que des causes analogues amènent les mêmes effets : il n'en est pas moins vrai que l'équilibre entre les travaux productifs et les travaux improductifs est rompu, et qu'il y a urgence à le rétablir.

Évaluons au vingtième de la population virile ce qu'il est possible de rendre aux emplois utiles, en ramenant les dépenses militaires à leurs proportions ordinaires et en modérant sans les interrompre les embellissements de Paris. Un tel surcroît de travail serait sensible. Quarante-trois de nos départements n'ont pas plus de 50 habitant par 100 hectares, c'est-à-dire guère plus que le Portuga et l'Espagne ; la moindre perte d'hommes les réduit au-dessous du nécessaire.

Cette question de la population, sous toutes ses formes, érite de plus en plus l'attention des esprits sérieux (1). La rance est un des pays du monde où la population s'accroît le moins vite ; sur quelques points, la Normandie par xemple, qui est restée stationnaire depuis vingt-cinq ans, ette lenteur coïncide avec une richesse croissante, et n'a onséquemment que de bons effets, pourvu qu'elle ne soit as poussée trop loin ; sur beaucoup d'autres, comme les égions les moins prospères du Centre et du Midi, elle tire on origine d'une véritable pauvreté, qui se corrigerait 'elle-même, si elle n'était sans cesse aggravée par une foule le causes artificielles. Même au point de vue de la puissance militaire, s'il est beau d'avoir cinq cent mille hommes ous les armes, il serait encore plus beau d'en pouvoir metre deux fois plus, ce qui ne se peut qu'à la condition de oubler au moins la production agricole et industrielle, et, our en venir là, il faut avant tout gaspiller le moins possible a première des forces productives, l'homme lui-même.

II

Après les bras, les capitaux. A beaucoup d'égards, c'est même question sous un autre nom. Ce qu'on appelle *ca-*

(1) On ne connaissait pas encore, au moment où cet article a paru, les 'sultats du dénombrement de 1856 qui a révélé des faits si affligeants, ais on commençait à les pressentir, sans cependant en soupçonner ute la gravité.

pitaux n'est le plus souvent que le droit de commander le travail. J'entends dire de tous côtés qu'il faut porter les capitaux vers l'agriculture; mais ils ne sont pas en quantité indéfinie, et, pour les porter sur un point, il faut commencer par ne pas les accumuler sur d'autres. Il paraît bien certain que la guerre aura absorbé en tout deux milliards. Cette somme énorme ne se retrouvera pas, quoi qu'on fasse; elle aura servi à nourrir et à pourvoir de tout les soldats, les ouvriers et les marins exclusivement occu pés de l'immense entreprise de Crimée. Si la même somme avait pu être consacrée à rétribuer le même nombre d'hommes travaillant aux chemins de fer par exemple, l réseau actuel de la France aurait été doublé, car ce qu nous possédons aujourd'hui de chemins ouverts n'a pa coûté beaucoup plus. De même, si une portion quel conque de ce magnifique trésor avait été conservée à l'a griculture, ou, en d'autres termes, si le travail d'une parti de ces bras puissants et dociles n'avait pas été écarté du sol nous aurions aujourd'hui l'équivalent en champs défriché et ensemencés, en céréales, bétail, instruments et bâti ments aratoires, tandis que ces deux milliards ne sont re présentés que par les ruines de Sébastopol et le traité d 30 mars : résultat considérable sans doute, puisqu'il · donné au monde et à nous-mêmes la mesure de notr force, mais plus important pour notre gloire que pou notre véritable puissance.

Toutes les fois que l'État lève un impôt ou contracte u emprunt, il détourne de sa destination naturelle le montant de cet impôt ou de cet emprunt pour l'appliquer à u autre objet qu'il considère comme plus nécessaire. Un fois la guerre déclarée, il n'y a rien de plus urgent et d plus utile que de la faire avec tous les moyens dont on peut disposer. Je suis donc loin de blâmer ceux qui ont mis depuis deux ans toutes leurs économies dans les fonds publics. Sans doute ils ont dû interrompre leurs placements ordinaires, les cultivateurs en particulier ont dù réduire d'autant leurs avances de culture, mais il n'y avait pas à balancer : ils ont rempli un devoir patriotique en même temps qu'ils ont fait un bon calcul. Comme c'est à eux que reviendra en définitive la charge de payer l'intérêt, ils ont bien fait de s'arranger pour se le payer à eux-mêmes. C'est au gouvernement de ne pas abuser de cette puissante ressource : il sait qu'en élevant d'un cinquième ou d'un quart le taux de l'intérêt, il peut absorber à volonté les épargnes du pays ; il sait en même temps qu'il ne le peut qu'en retirant les capitaux des canaux habituels où ils portent la fécondité. A lui de juger quelle est la destination la plus profitable à l'intérêt national. Pour les États comme pour les particuliers, l'emprunt peut être tour à tour un instrument de prospérité ou de ruine, suivant qu'on en fait un bon ou un mauvais usage.

Tout ce qui arrive sous nos yeux dans l'ordre économique comme dans l'ordre politique, découle d'une source unique, la réaction contre la révolution de 1848. Il semble étrange que cette révolution ait eu pour effet d'étendre et de consolider le crédit public : c'est pourtant l'incontestable vérité. Dans la crise qui a suivi la catastrophe de février, tous les revenus ont été suspendus, surtout les revenus immobiliers ; les rentes sur l'État ont seules résisté. Le public, qui ne se conduit que par des lois simples et générales, qui ne croit en toute chose qu'à l'expérience, en a conclu avec raison que la rente était un excellent placement, et il s'est porté avec ardeur sur la rente. La consolidation des bons du trésor et des fonds des caisses d'épargne, en donnant aux créanciers de l'État un bénéfice considérable, a achevé de généraliser le mouvement. La rente s'est popularisée, démocratisée ; c'est ce qui a fait le succès des derniers emprunts ; mais cette disposition heureuse de la part des petits capitaux, les plus nombreux de tous, il faut la ménager. Ressource excellente pour les jours de crise, elle pourrait s'épuiser, si on lui demandait trop à la fois ; des signes manifestes l'annoncent.

Il y a donc lieu d'espérer que, pour quelque temps du moins, l'État ne fera pas de nouveaux emprunts ; les capitaux qui se forment tous les jours pourront alors se porter, comme par le passé, sur l'agriculture et l'industrie.

Quant au partage entre ces deux grands emplois, le choix appartient aux capitaux eux-mêmes. Beaucoup continueront sans doute à choisir les chemins de fer ; on n'y peut rien trouver à redire, même au point de vue agricole. Les chemins de fer ne sont pas pour l'agriculture un progrès direct, mais une cause infaillible de progrès ultérieurs. Quand on examine l'état actuel du territoire, on voit que les vallées sont en général assez bien cultivées, et que les plateaux laissent beaucoup à désirer. Non-seulement le sol en est moins fertile, mais les communications y sont plus difficiles, les produits ont plus de peine à en sortir, les marchandises étrangères plus de peine à y pénétrer. Une autre différence fondamentale se fait remarquer entre le nord et le midi ; la moitié septentrionale de la France est deux fois plus riche, deux fois plus peuplée que la moitié méridionale. Les chemins de fer rapprochent et confondent le nord et le midi, les plateaux et les vallées ; ils facilitent l'échange des produits, toujours si favorable à la richesse réciproque, et ouvrent aux régions les plus pauvres l'accès des grands débouchés et des grands capitaux.

Une large bande de terres siliceuses, qui commence au cap Finistère pour finir vers les frontières de la Savoie, traverse la France par le milieu, en formant le cinquième environ du territoire. Cette région, que, dans la carte agronomique de Châteauvieux, on qualifie de Région des landes et des ajoncs, manque surtout de l'élément calcaire. Partout où il est possible d'employer largement la chaux comme amendement, le sol se transforme à vue d'œil, les prairies artificielles s'étendent, les bestiaux s'améliorent et se multiplient, le froment se substitue au seigle. Avec les moyens ordinaires de locomotion et de combustion, la chaux revient trop cher sur la plupart des points. Les chemins de fer, qui transportent à peu de frais, soit le combustible, soit la chaux, peuvent seuls la mettre à la portée de tous. Cette même région, située loin des grands centres d'industrie et de population, manquait de débouchés. Les chemins de fer lui ouvrent des communications avec Paris et le nord, Lyon et l'est, Bordeaux et l'ouest, Marseille et le midi ; elle pourra désormais envoyer partout ses bestiaux, ses laines, ses produits forestiers, et recevoir en échange des vins, des blés, des produits manufacturés.

Pour quiconque a suivi de près les événements, il est évident que les chemins de fer ont fait seuls contre-poids, depuis 1848, aux formidables causes d'appauvrissement qui ont affligé notre pays. L'Angleterre a dix fois plus de chemins de fer en exploitation que nous, proportionnellement à sa surface ; elle en a trop, dit-on : c'est possible, mais nous sommes loin de cet excès; nous pouvons sans danger quadrupler notre réseau actuel et le porter à 20,000 kilomètres; il n'en faut pas moins pour desservir également toutes les parties du territoire. Tout a paru conspirer pour retarder chez nous l'exécution de ce grand travail. On sait combien les embarras suscités par l'opposition, qui voulait l'exécution par les compagnies quand on lui proposait l'exécution par le gouvernement, et qui revenait au gouvernement quand on lui proposait les compagnies, ont fait perdre de temps sous la dernière monarchie, avant de pouvoir mettre la main à l'œuvre; puis est venue la révolution de 1848, puis la guerre. Il est merveilleux qu'au milieu de tant de traverses, on ait pu faire ce qu'on a fait. Maintenant que nous rentrons peu à peu dans l'état normal, il faut espérer qu'on ira plus vite.

En supposant que nos épargnes annuelles s'élèvent à 1,200 millions, et je ne crois pas qu'en effet ce chiffre s'éloigne beaucoup de la vérité, nous pouvons en consacrer le quart environ aux chemins de fer, sans nuire à nos autres industries.

Un autre quart peut servir avec profit aux nouvelles créations industrielles et commerciales; il suffit d'en retenir la moitié, ou 600 millions, pour former de nouveaux capitaux agricoles. Je ne doute pas qu'ils ne s'y portent par leur propre poids, pourvu qu'on n'y mette pas obstacle. La moitié environ des épargnes annuelles, ayant une origine agricole, tendent spontanément à s'incorporer au sol dont elles émanent. Le mot *capitaux* se présente ici dans son véritable sens. On ne donne ce nom que par extension au droit de commander le travail, et pour en venir à la formation des véritables capitaux. Quand vous abordez une terre nue, le défrichement que vous opérez, et qui survit à la récolte de l'année, les engrais et amendements que vous y mêlez, les plantations, les assolements, les semences, les clôtures, les bâtiments que vous construisez, les bestiaux nouveaux que vous pouvez nourrir, les nouveaux instruments dont vous vous servez, sont les vrais capitaux. Quand on dit qu'il est désirable d'appeler plus de capitaux vers l'agriculture, on veut dire que ceux qui ont les moyens de commander le travail, en vertu d'une propriété antérieure, feront bien de diriger le plus de travail possible vers les défrichements, les assolements, les amendements, les constructions rurales, l'élève et l'entretien du bétail, en un mot vers tout ce qui aide et multiplie la production agricole.

Cette création constante des capitaux est la tendance naturelle de la société livrée à elle-même. En même temps qu'on produit la somme annuelle d'objets consommables destinés à satisfaire les besoins de la population, chaque producteur est entraîné, par un calcul fort simple, à consacrer une partie de son travail à améliorer ses instruments de production. En agriculture comme en industrie, chacun cherche à produire, s'il peut, à l'avenir, plus qu'il n'a produit jusqu'ici, ou, en d'autres termes, à augmenter son capital. Cette nécessité est d'autant plus pressante que les capitaux se consomment aussi, avec plus de lenteur sans doute que les objets de consommation proprement dits, mais non moins sûrement : ils ont besoin d'être incessamment renouvelés. Dans notre société française, si prompte en toute chose à l'abus et à l'excès, il est facile de détourner le travail des emplois utiles; mais quand il est laissé à son cours naturel, comme la vivacité nationale se retrouve dans l'impulsion qu'il reçoit, on peut arriver à produire chez nous, en définitive, autant et plus de capitaux qu'ailleurs.

Le gouvernement peut diriger le premier une partie du travail qu'il commande, sinon sur l'agriculture elle-même, du moins sur des points qui l'intéressent directement. Avant la révolution de 1848, de nombreux projets avaient été préparés par l'administration des ponts et chaussées pour ouvrir des canaux d'irrigation. Ces entreprises ont été abandonnées ; elles peuvent être reprises. D'autres travaux avaient été indiqués pour prévenir ou pour atténuer ces inondations périodiques qui portent partout la désolation ; plus que jamais il serait urgent d'y revenir. Le régime de nos rivières devient de plus en plus inconstant et capricieux à mesure que les pentes escarpées se déboisent, et que des fossés d'écoulement sont ouverts de tous côtés pour se débarrasser des eaux surabondantes. Les forêts, les marais, les étangs, les couches arables à sous-sol imperméable, tout ce qui retenait autrefois l'eau des pluies, tend à disparaître. Le drainage tubulaire, si jamais il se généralise, sera un pas de plus. Le moindre orage tombe immédiatement, par une foule de voies, dans les bas-fonds. J'ai déjà insisté sur la nécessité de revenir aux projets de 1846 et 1847 pour l'aménagement des rivières et le reboisement des hautes pentes. Je ne croyais pas que d'épouvantables malheurs me donneraient sitôt raison (1). Avec des réservoirs artificiels ouverts dans les montagnes pour recevoir les plus grandes eaux, avec des canaux de dérivation dans les plaines pour les diviser à l'infini, ces eaux, au lieu de devenir des instruments de ravage, serviraient à la production. Une douzaine de millions par an feraient ici un bien immense.

(1) Les inondations du printemps de 1856 qui ont ravagé les plus belles vallées de France.

On comprend que l'État puisse prendre sur ses revenus ordinaires une pareille somme sans augmenter les charges publiques, et je ne serais pas bien embarrassé si j'avais à désigner la dépense qui pourrait être supprimée pour la fournir; mais ne nous faisons pas illusion, on n'irait pas bien loin dans cette voie sans un grand danger. Le service public a ses exigences, cet énorme budget de 1,500 millions est d'avance tout distribué. On ne peut accroître les dépenses sans accroître en même temps les recettes. La France, qu'on ameutait autrefois avec la chimère du gouvernement *à bon marché*, en est trop revenue depuis l'expérience de 1848; il ne faut pas non plus tomber dans l'excès contraire, l'impôt doit avoir des bornes qu'il est prudent de ne pas dépasser. Au delà d'une somme déterminée que des besoins traditionnels rendent nécessaire, la bonne administration des deniers publics devient difficile; on peut se jeter, sous prétexte d'améliorations, dans des fantaisies ruineuses.

III

Les agriculteurs feront donc bien de demander le moins possible à l'État, afin de lui donner le moins possible. Ils ne lui donnent déjà que trop, et s'il y avait quelque moyen d'alléger les charges qui pèsent sur la propriété, ce serait encore ce que l'État pourrait faire de plus efficace pour l'agriculture. Les contribuables tireraient un meilleur parti que lui des fonds qu'il laisserait entre leurs mains.

Si jamais nous pouvions être garantis pendant dix ans contre les désordres politiques et financiers, il serait digne d'un gouvernement réparateur de profiter de l'accroissement progressif des revenus publics pour réduire ou supprimer l'impôt sur les mutations immobilières. Cet impôt est contraire à tous les principes; il atteint le capital, non le revenu. C'est une des causes premières de l'énorme dette de la propriété : on aime mieux s'endetter que de vendre, quand on a besoin d'argent, parce que pour vendre il faut subir une perte, et qu'on espère toujours y échapper. Comment d'ailleurs espérer que les capitaux se portent avec beaucoup plus d'abondance sur le sol, quand on les frappe d'une amende dès qu'ils veulent en sortir? Dans ces conditions, on ne peut que très-rarement entreprendre d'améliorer pour revendre, ce qui serait une des formes les plus puissantes du progrès entre les mains de spéculateurs riches et habiles. Tout ce qui nuit au libre mouvement des capitaux les effraye et les repousse.

Dira-t-on que cet impôt a pour but de mettre obstacle aux mutations dans un intérêt de conservation et d'hérédité? De pareilles combinaisons reposent sur un ordre social et économique tout différent du nôtre. On n'empêche pas les ventes, on les rend plus onéreuses; on aggrave la ruine de ceux qu'on prétend défendre. Ne sait-on pas combien d'embarras, de fraudes, de procès, de complications de tout genre, et par suite de catastrophes privées, résultent de l'élévation de ces droits et des efforts qu'on fait pour éviter de les payer!

Pour le moment rien n'est praticable dans ce sens. Tout ce qu'on peut faire, c'est d'atténuer autant que possible l'accroissement des dépenses improductives, et de faire en sorte que les nouveaux impôts ne portent pas sur la propriété foncière. Tout autre secours est illusoire. Il y a un mot aujourd'hui fort en faveur, mais dont on s'exagère la puissance : le crédit. Le crédit, on l'a dit bien des fois, parce que les esprits ardents l'oublient toujours, ne crée pas les capitaux ; il ne fait qu'en rendre la transmission plus facile de ceux qui les possèdent à ceux qui ne les possèdent pas. Quand une fois tous les capitaux sont utilisés, vous auriez beau multiplier les institutions de crédit, vous ne feriez qu'augmenter la concurrence sur le marché, tout hausserait indéfiniment, et au bout du compte, la somme de l'effet utile resterait la même.

Un projet de loi actuellement soumis au corps législatif propose d'affecter cent millions à des prêts publics pour drainage, sur le modèle de ceux que fait aux propriétaires le gouvernement anglais. J'ai contribué de mon mieux à faire connaître en France le drainage ; je ne puis dire cependant que le projet de loi me paraisse irréprochable. Le principe des prêts directs par le gouvernement aux particuliers pour une destination spéciale n'est pas bon en soi ; il peut ouvrir la porte à une foule d'abus et de gaspillages. Si l'État prenait sur ses revenus ordinaires la somme qu'il s'agit de prêter, il n'y aurait que demi-mal ; mais cette somme, il l'empruntera, et qui sait si elle n'aurait pas été plus profitable entre les mains des prêteurs que dans celles des emprunteurs? Le drainage n'est pas la seule amélioration agricole qui puisse donner de grands profits, ce n'est même pas la principale chez nous, comme en Angleterre ; nous n'avons tout à fait ni le même sol ni le même climat, nous ne sommes pas surtout parvenus au même point de richesse rurale, et pour que le drainage ait des effets rémunérateurs, cette dernière condition est nécessaire.

En évaluant à *cinquante milliards*, ou, en d'autres termes, à la quantité de journées de travail qu'il est possible de payer avec cette somme, ce qu'il faudrait dépenser pour doubler notre produit agricole annuel, le drainage y figure pour un vingtième. L'État fera-t-il pour les marnages, les chaulages, les labours profonds, les cultures fourragères, les racines, les irrigations, les engrais commerciaux, les industries annexes à la culture, la stabulation du gros bétail, les chemins ruraux, et une foule d'autres pratiques non moins utiles, ce qu'il fait maintenant pour le drainage? Une telle entreprise le mènerait bien loin. Ce serait pourtant logique, car, sur le plus grand nombre des points, la plupart doivent le précéder ou le remplacer.

Même en Angleterre, le drainage ne marche pas vite; les cent millions offerts en prêts par l'État aux propriétaires de la Grande-Bretagne ne sont pas épuisés; les compagnies spéciales qui se sont créées n'ont pas encore avancé beaucoup de capitaux, et elles prêtent pour toutes les améliorations foncières en même temps que pour le drainage. On marche pas à pas, on tâtonne, on cherche des moyens plus économiques, et on en trouve quelquefois; on ne consacre à cet emploi que ce qu'il paraît véritablement utile d'y consacrer. S'il y a eu de grands, de magnifiques succès, il y a eu aussi de nombreuses écoles.

Quoi qu'il en soit, il ne reste plus qu'à faire des vœux pour que les cent millions soient bien dépensés. La bonne exécution est difficile, non impossible. Après tout, il ne s'agit que de 400,000 hectares environ; il est possible de choisir, en ne se pressant pas, un pareil nombre d'hectares où le succès du drainage soit sûr et complet. Suivant toute apparence, ils se trouveront surtout dans les parties de la France les plus riches et les plus rapprochées de

Paris; ce sera un privilége de plus pour des régions déjà favorisées sous tous les rapports, inconvénient inévitable de ces mesures partielles qui consistent à prendre à tous pour donner à quelques-uns. La combinaison qui se présenterait le plus naturellement pour répandre avec égalité la somme prêtée, serait d'affecter un million à chaque département pour y drainer environ 4,000 hectares; elle a ses embarras et ses dangers, en ce que tous ne présentent pas les mêmes chances de succès. La liberté la plus absolue est nécessaire chez ceux qui seront chargés d'appliquer la loi sous leur responsabilité : si l'opération ne réussissait pas, il y aurait dans ce pays si mobile une réaction terrible contre le drainage, ce qui serait un grand malheur.

Passons maintenant aux autres formes que peut prendre le crédit. On accuse beaucoup le Crédit foncier de n'avoir pas rempli les espérances qu'il avait fait naître; cette allégation n'est pas juste. Non-seulement le Crédit foncier a fait tout ce qu'il pouvait faire, mais il a été au delà; ce qui le prouve, c'est le taux de ses obligations. Dès qu'il a vu son crédit baisser, il devait s'arrêter. Cette institution ne peut être qu'un intermédiaire; elle emprunte d'une main pour prêter de l'autre; dès l'instant qu'on cesse de lui prêter, elle ne peut plus prêter elle-même. La baisse de ses obligations a eu plusieurs causes: la principale est l'emprunt public de 1,500 millions, qui leur a fait une concurrence formidable, puis cette foule d'actions et d'obligations qui offrent des conditions meilleures : dans cette situation, c'est déjà beaucoup que d'avoir pu réunir 60 millions. L'institution du Crédit foncier paraît destinée à transformer l'hypothèque; mais cette immense révolution ne peut s'accomplir comme un changement à vue. Il a fallu un demi-siècle à la Banque de France pour devenir ce qu'elle est ; il en faudra au moins autant au Crédit foncier pour porter tous ses fruits. Ce qu'on pourra tenter pour brusquer son succès, pour l'introduire violemment dans les habitudes, tournera contre lui. L'avenir ne lui reviendra qu'autant que les conditions générales du marché s'amélioreront et que ses obligations remonteront au pair.

On parle beaucoup d'autres projets pour faciliter aux agriculteurs l'accès au crédit personnel. J'ai moi-même indiqué les moyens qui me paraissaient les meilleurs. Après la suppression de l'Institut agronomique, le ministère de l'agriculture et du commerce crut devoir donner aux professeurs qui venaient de perdre leurs chaires, à titre d'indemnité temporaire, des missions spéciales en rapport avec la nature de leur enseignement. J'ai reçu pour mon compte l'invitation de me rendre en Angleterre et en Allemagne pour y étudier ce qu'on appelle le *crédit agricole*. J'ai consigné les résultats de ce voyage dans un rapport déposé depuis plus de deux ans. Il ne me paraît pas impossible d'introduire ou plutôt de répandre en France quelque chose d'assez analogue aux banques d'Écosse, mais il faudrait procéder avec une extrême prudence. Les projets de banque territoriale, repoussés par l'assemblée constituante de 1848, courent encore le monde. D'autres proposent des changements à notre législation. Ce qu'il serait surtout bon de changer, ce sont les habitudes. Rien n'empêche au fond que les agriculteurs solvables ne jouissent du même crédit que les autres industriels pour leurs opérations à court terme, à la seule condition de prendre les usages de l'industrie et de payer exactement à l'échéance comme des commerçants.

Cette transformation de l'agriculture en industrie viendra peu à peu, à mesure que les débouchés se perfectionneront. Il est utile d'y aider, non de l'imposer. L'anticipation et l'excès du crédit ont de graves inconvénients. On ne peut sans danger développer outre mesure le goût des chances aléatoires. L'homme n'est pas uniquement fait pour être un animal emprunteur. En agriculture surtout, où il est si facile de céder à des illusions, où l'amour de la propriété devient si vite une passion, il vaut mieux attendre le crédit que de le devancer. Emprunter pour acheter de la terre est évidemment une folie, et qui peut se flatter de ne pas s'y laisser aller ? Avant d'aspirer au capital qu'on n'a pas, il faut commencer par se bien servir de celui qu'on a. S'il est bon d'avoir recours au crédit, il est encore meilleur de s'en passer.

Avez-vous, avec le goût et l'expérience de l'agriculture, un faible capital ? Mieux vaut, dans le plus grand nombre des cas, vendre la moitié de votre propriété pour cultiver l'autre; mieux vaut même renoncer tout à fait au plaisir d'être propriétaire, plaisir qu'on paye quelquefois fort cher, et se faire uniquement fermier. Un fermier aisé est plus riche qu'un propriétaire obéré. Le crédit viendra de lui-même alors, quand on verra les affaires des cultivateurs bien faites par l'emploi intelligent de leur propre capital. Il est déjà venu partout où ce fait heureux s'est présenté. Si le crédit peut être une cause, il est encore plus un effet : la confiance ne se commande pas, elle se gagne.

Il faut surtout éviter avec soin, dans tous ces beaux projets d'organisation, de porter atteinte au crédit privé. Nous avons vu à plusieurs reprises combien les meilleures intentions du monde, quand elles sont mal éclairées, peuvent nuire aux intérêts qu'elles prétendent servir. On n'avait jamais tant promis à l'agriculture qu'après la révolution de 1848, et jamais l'agriculture n'a été plus malheureuse. Les conditions de la vie sont devenues d'autant plus chères qu'on a plus parlé de la *vie à bon marché*. De même il n'y a jamais eu moins de véritable crédit que depuis qu'on préconise tant le crédit. Parcourez nos provinces ; les sources ordinaires où puisaient le commerce et l'agriculture sont taries ; les banquiers n'ont plus d'argent, les portefeuilles se vident, l'hypothèque se retire. Autrefois un capitaliste était un homme qui prêtait à ses voisins sous toutes les formes ; aujourd'hui on ne prête sur hypothèque ou sur billet que le moins possible. Les capitalistes sont dans leur droit en agissant ainsi ; le mal vient de ce qu'on leur a donné trop d'intérêt à faire d'autres placements.

L'économie politique est importune, je le sais, parce qu'elle écarte les chimères et les fausses apparences ; mais si l'on peut nier ses principes, on ne les viole jamais impunément.

IV

Il n'est pas vrai, comme on le croit en général, que les capitaux trouvent nécessairement dans l'agriculture une moindre rémunération que dans l'industrie. S'il en était ainsi, il y a longtemps que l'agriculture serait délaissée ; elle ne l'est pas pourtant et surtout elle ne l'a pas été, puisque dans un intervalle de trente ans, de 1816 à 1847, elle a fait d'immenses progrès. L'erreur vient de deux ou trois confusions. D'abord on s'exagère les profits industriels ; on ne veut voir que les grands succès, et on oublie les ruines beaucoup plus nombreuses qui jonchent le sol. Puis les capitaux qui se portent vers l'agriculture prennent une autre forme que ceux de l'industrie ; ceux-ci procèdent par masses visibles, ils se concentrent dans un petit nombre d'établissements qui frappent l'œil et l'imagination ; les autres se dispersent sur l'immense étendue du territoire, ils agissent par petites fractions, mais qui, réunies, font un énorme total. Supposez que chaque hectare absorbe en moyenne 10 francs seulement par an de capital nouveau : ce n'est rien moins, pour toute la surface de la France, que 500 millions, qui, placés à *dix pour cent*, augmentent de 1 franc le produit moyen de l'hectare, et par conséquent de 50 millions le revenu national.

Nous avons vu, il est vrai, dans ces derniers temps, des bénéfices prodigieux réalisés sur les valeurs de bourse, qui laissent bien loin derrière eux ceux qu'il est possible d'obtenir par la culture ; mais ces heureux coups de filet ne sont que des exceptions artificielles et passagères. Quiconque possédait, en 1850, des actions de chemins de fer a doublé son capital en cinq ans ; ceux qui ont profité habilement des variations des cours pour vendre et acheter à propos ont décuplé, centuplé le leur ; mais sait-on bien à quelles conditions ces brillants accidents sont possibles ? Une grande partie sont purement et simplement des gains de jeu : or, tout gagnant au jeu suppose un perdant, ce qui est entré dans certaines bourses a dû nécessairement sortir de beaucoup d'autres ; et quant à la plus-value extraordinaire des chemins de fer, elle tient surtout à deux causes, la baisse excessive qui avait suivi la révolution de 1848, et qui avait mis ces actions au-dessous de leur véritable valeur, et le magnifique cadeau que le gouvernement a cru devoir faire aux compagnies, pour relever l'esprit d'association, en retardant d'un demi-siècle le moment où les chemins doivent appartenir au domaine national. Si ces deux circonstances, dont l'une a produit l'autre, n'étaient pas survenues, ce que nous avons vu eût été impossible. Il faut espérer qu'elles ne se reproduiront plus. Le seul surcroît de profits accordé gratuitement par l'État aux actionnaires des chemins de fer, aux dépens du public, par la prolongation de jouissance, doit atteindre un milliard.

Lors des concessions primitives, les bénéfices présumés de ces entreprises avaient été calculés sur le pied de 8 pour 100. Il en sera probablement de même pour les concessions à venir. Ce n'est qu'à l'aide de moyens factices qu'on a pu les porter à 12,15 et même 20 pour 100. Les autres spéculations principales sorties de la puissante explosion qui a succédé à quatre ans d'inertie forcée, paraissent avoir traversé leur plus belle phase. La furie française a fait sa trouée; le temps des hausses extraordinaires doit être bien près de passer (1). Les capitaux pourront alors refluer vers les entreprises privées, abandonnées depuis quelque temps pour la forme collective. Ce sera moins frappant, car en toute chose l'accumulation fait plus d'effet, mais ce sera au moins aussi utile. L'esprit d'association a ses avantages, que je suis loin de contester. Je ne veux dire aucun mal de la Bourse : ce grand marché d'argent est absolument nécessaire dans un pays comme le nôtre; il ne peut pourtant

(1) Tout ce qui est arrivé depuis la publication de cette étude, a confirmé cette prévision.

pas tout embrasser. Il n'y a rien à faire pour empêcher les capitaux de s'y porter ; il suffit de ne pas les y attirer. Comme les vagues de l'Océan, les capitaux sont soumis par leurs lois à des intermittences ; ils se portent tour à tour d'une plage à l'autre, suivant le niveau des profits. La cherté même des denrées agricoles, qui tient en partie à leur désertion, doit contribuer à les ramener.

On confond toujours, quand il s'agit d'agriculture, l'argent placé en achat de terre et l'argent consacré à des dépenses d'amélioration et d'exploitation. Le capital d'achat ne rapporte en effet que 2 ou 3 pour 100, tandis que le même capital placé autrement peut rapporter le double, mais cette différence elle-même a ses causes et ses compensations. La plus-value du fonds ajoute tous les ans 1 pour 100 environ au revenu apparent, et l'économie du séjour ajoute au moins autant pour ceux qui résident, sans compter la satisfaction morale, la sécurité, la considération extérieure, qui s'attachent à la possession du sol. Toute fortune qui ne s'assied pas sur des immeubles pour une portion notable finit presque toujours par disparaître. Il n'en faut pas trop, c'est là le danger, mais il en faut assez ; de tout temps, après les grandes marées mobilières, l'argent est revenu tôt ou tard vers le sol.

Quant au capital d'amélioration et d'exploitation, il ne faut pas se lasser de le redire, il ne doit pas rapporter et ne rapporte pas moins de 10 pour 100 ; autrement tout bail à ferme serait impossible. Nos fermiers possèdent en général un faible capital : s'il ne leur donnait pas de quoi vivre, ils n'entreprendraient pas de cultiver. Ce qui prouve que l'industrie agricole a, comme une autre, sa rémunération, c'est qu'en France, comme en

Angleterre, les points où les entrepreneurs de culture se rencontrent en plus grand nombre et engagent les plus grands capitaux sont précisément ceux où il y a le plus de spéculations industrielles, et où conséquemment il leur serait facile de préférer d'autres placements, s'ils étaient plus lucratifs.

Prenons pour exemple le bétail, qui forme la partie la plus essentielle du capital d'exploitation : un bénéfice de 10 pour 100 sur le bétail est un véritable minimum. Une vache rapporte habituellement de produit brut la moitié de sa valeur ; tous frais déduits, elle doit donner au moins 20 pour 100. Un troupeau de brebis se double tous les ans. Il est très-rare que l'achat de bestiaux maigres pour l'engraissement ne rapporte pas 5 pour 100 en trois mois. Une porcherie bien conduite donne davantage. Les autres branches du capital d'exploitation, pour n'être pas tout à fait aussi fructueuses, ne sont pas improductives. Si une machine de 500 francs n'épargne pas 50 francs au moins de main-d'œuvre, elle ne vaut rien. Si 500 francs de chaux, de guano, de noir animal, enfouis dans le sol, ne rentrent pas en deux ou trois récoltes, laissant comme bénéfice net toute la fertilité ultérieure, ils sont employés sans discernement. Si un drainage, une irrigation, un défoncement, un endiguement, un chemin rural, ne donnent pas 10 pour 100 de ce qu'ils coûtent, dont moitié pour le propriétaire et moitié pour le fermier, ils sont mal faits ou faits mal à propos. Il ne faut pas qu'un bon chemin rural, par exemple, qui a coûté 1,000 francs, épargne beaucoup de frais de traction, de réparation de charrettes, de temps perdu par les hommes et les animaux, pour représenter au bout de l'année une économie de 100 francs.

La seule différence essentielle entre l'agriculture et l'industrie, c'est que les entreprises agricoles ont des bornes plus étroites que les autres. Un cultivateur peut difficilement diriger avec profit au delà d'une certaine étendue de terre ; un capital roulant de 100,000 francs est déjà considérable pour une seule exploitation ; s'il arrive quelquefois qu'on aille au delà, ce n'est que dans des cas exceptionnels. Un chef d'industrie peut, au contraire, gouverner plusieurs millions sans embarras et multiplier ses profits par la somme des capitaux dont il dispose. Cette infériorité est réelle, mais il ne faut pas l'exagérer. Au point de vue de l'intérêt général, elle n'a aucune valeur. Qu'importe au bien public qu'une seule personne administre un million, ou que ce million soit partagé entre dix, vingt, trente entrepreneurs, si le résultat final est le même ? Il vaut nême mieux à certains égards qu'un bénéfice annuel e 100,000 francs soit réparti entre plusieurs qu'accumulé ur une seule tête. Outre que le bien-être moyen et la jusice distributive y gagnent, la moralité publique et la prouction elle-même y sont intéressées, en ce sens que les ortunes grandes et rapides tournent au luxe plus facileient. Les ambitions sont moins excitées, j'en conviens, t, sous ce rapport, l'impulsion est moins forte ; mais, ême au point de vue des intérêts individuels, une indusrie en quelque sorte universelle, qui permet à plus d'élus l'arriver au profit, a bien son prix, auprès de celles qui ortent des résultats plus concentrés, mais accessibles seuement à un petit nombre.

Il n'est pas d'ailleurs impossible de donner à des entrerises agricoles la forme qui a aujourd'hui le plus de faeur, celle des sociétés par actions. Cette forme peut, à certains égards, remplir un vide dans l'agriculture comme dans l'industrie. Nous manquons à peu près en France d'un élément qui a beaucoup contribué en Angleterre au progrès rural, la très-grande propriété. Il n'est nullement à désirer qu'elle se substitue chez nous à la petite qui est beaucoup plus conforme à la tendance générale de notre société ; elle aurait cependant, non comme règle, mais comme exception, une utilité réelle, quand ce ne serait que pour activer les progrès de l'autre. Toutes les fois qu'il s'agit d'importer les procédés de l'agriculture anglaise, on est arrêté par le défaut de capitaux accumulés; il n'y a guère que l'association qui puisse les fournir. Ce qui nous reste de grands propriétaires a généralement peu de goût pour les entreprises agricoles ; la plupart ont plus de terre que d'argent, et les grandes fortunes sont soumises comme les autres aux causes permanentes de dislocation, qui rendent difficiles les efforts persévérants. Des compagnies bien organisées pourraient remplir la place de ces grands seigneurs anglais qui ont à administrer d'immenses domaines.

Il est surtout un ordre de travaux qui appelle en quelque sorte leur intervention, c'est la mise en valeur des terres incultes.

La France a des déserts; osez les cultiver (1).

La statistique accuse 9 millions d'hectares incultes, ou l'équivalent de quinze départements ; le tiers environ n'est bon qu'à porter du bois, mais les deux autres tiers, ou 6 millions d'hectares, pourraient être mis en culture ; ceux-mêmes qui ne sont propres qu'au bois rapporteraient, s'ils

(1) Voltaire, *Épître sur l'agriculture*, en 1761.

étaient semés, un revenu considérable. Conquérir au travail et à la production ces 9 millions d'hectares, ce serait en réalité augmenter d'un sixième l'étendue du sol national. Presque tous sont situés dans la moitié méridionale de la France; la Bretagne est la seule province du nord qui en possède de vastes étendues. On a souvent échoué jusqu'ici quand on a voulu les mettre en valeur, parce qu'on ne s'était pas rendu compte des capitaux et du temps nécessaires pour cette opération. A 600 francs par hectare, ce qui est un minimum, il ne faut pas moins de cinq milliards, et on devrait probablement, pour bien faire, aller jusqu'à dix ; à 100 millions par an, on en a pour un siècle. Jamais plus grande et plus belle œuvre n'a pu tenter l'ambition des capitalistes ; mais rien ne serait plus dangereux que de l'entreprendre avec des capitaux insuffisants : mieux vaut laisser ces terres dans l'état où elles sont que de disséminer sur de vastes espaces des efforts impuissants.

Cette immense révolution s'accomplira cependant, ou pour mieux dire, elle s'accomplit déjà dans la mesure des faibles ressources qu'on peut y consacrer. Plusieurs milliers d'hectares incultes passent tous les ans à une condition meilleure ; si l'on n'en défriche pas davantage, c'est que les capitaux font défaut, ou que les terres elles-mêmes manquent sur le marché. La plupart sont encore communales et n'entrent que peu à peu dans le domaine de la propriété privée ; une bonne loi sur les communaux précipiterait le mouvement, la formation de quelques grandes compagnies achèverait de le rendre général. Seules, ces compagnies peuvent faire avec ensemble et promptitude les grands travaux étrangers à la culture proprement dite, et nécessaires pour amener la population sur des territoires aujourd'hui déserts, comme routes, ponts, canaux d'irrigation, de desséchement ou de navigation, constructions de bourgs et villages. Vingt de nos départements ont chacun plus de 100,000 hectares de terres incultes, dix en ont plus de 200,000 ; presque tous sont traversés par des lignes de fer. Supposez que les compagnies propriétaires de ces lignes achètent les terrains vagues les plus rapprochés à droite et à gauche de la voie et y portent la vie par des dépenses fécondes, les deux créations s'aideront mutuellement.

Il y a bien peu de terres qui ne puissent aujourd'hui être exploitées avec fruit, au moins en bois. Depuis que les propriétés merveilleuses du noir animal sur les bruyères nouvellement défrichées ont été découvertes, les landes de Bretagne reculent sensiblement ; en vingt-cinq ans, la population a augmenté d'un cinquième dans le Finistère et la Loire-Inférieure. Depuis que l'action de la chaux dans les terres siliceuses est bien connue, les landes de l'Anjou, de la Vendée, du Poitou, disparaissent peu à peu, la valeur moyenne des terres a doublé. Le même mouvement ne se fait pas encore sentir dans le Limousin, l'Auvergne, le Périgord; mais il a commencé dans le Berri, le Nivernais, le Bourbonnais. Les versants méridionaux des montagnes centrales n'ont pas les mêmes caractères ; c'est probablement l'arboriculture qui est destinée à les transformer : le châtaignier, le noyer, le mûrier, le chêne-liége, le pin à résine, le prunier, l'amandier, la vigne, peuvent concourir, avec les arbres fruitiers proprement dits, à peupler les pentes des Cévennes, des Pyrénées et des Alpes, les bords de la Méditerranée et de la baie de Biscaye. La plupart de ces plantations exigent beaucoup de temps pour donner des produits, et nos générations impatientes se montrent peu disposées à attendre ; les compagnies ont plus d'avenir.

Sur d'autres points s'étendent de vastes étangs que nos pères avaient multipliés pour avoir du poisson, dans des régions éloignées de la mer et des fleuves, mais qui n'ont plus aujourd'hui la même raison d'être, et qui répandent autour d'eux l'insalubrité. L'ancienne principauté de Dombes, dans le département de l'Ain, contient à elle seule 1,500 de ces étangs, d'une superficie totale de 20,000 hectares, dont les émanations entretiennent des fièvres meurtrières. On a dit avec raison que si les poissons servent d'ordinaire à nourrir les hommes, ici ce sont les hommes qui nourrissent les poissons. Dans la Brenne, qui forme une des divisions du Berri, les étangs n'ont pas tout à fait la même étendue : 10,000 hectares environ au lieu de 20 ; mais les conséquences sur la santé publique ne sont pas moins pernicieuses. En ajoutant aux étangs proprement dits les marais et terrains marécageux, on trouve en France un total de 500,000 hectares à dessécher, œuvre d'autant plus gigantesque que des questions de propriété s'y rattachent (1).

(1) Depuis que ceci est écrit, deux bonnes lois ont été votées dans la session de 1857, l'une sur les landes, l'autre sur la Dombes. Par la première, l'État se charge de boiser lui-même les terrains *communaux* des Landes de Bordeaux, jusqu'à concurrence d'une somme de 6 millions; l'intervention de l'État se justifie beaucoup plus en matière de reboisement qu'en toute autre, ainsi que j'ai essayé de le démontrer dans une de mes études précédentes. La loi sur la Dombes vaut mieux encore; elle a pour but de faciliter la licitation des propriétés grevées de droits différents : ici, c'est le plus fécond de tous les principes, le principe de la propriété libre, qui se dégage des complications du passé. Nul doute que ces deux lois ne produisent de bons effets avec le temps, condition indispensable de toute amélioration sérieuse.

V

Un troisième élément concourt enfin, avec les bras et les capitaux, à la production rurale comme à toute autre : c'est l'instruction spéciale, qui s'acquiert par deux voies, l'expérience et la science. Ici l'action de l'État peut être plus sensible, sans grands sacrifices. Au premier rang des moyens d'enseignement mutuel qu'il peut organiser, figurent les concours. L'année dernière, le succès de ces fêtes de l'agriculture était déjà complet ; il a été éclatant cette année. Sans doute il vaudrait mieux que, comme en Angleterre, l'industrie agricole eût pris elle-même l'initiative ; ce serait plus vrai, plus sérieux et plus utile. Malheureusement elle ne l'a pas fait ; il est impossible d'y mieux suppléer. Suivant notre habitude, nous avons dépassé du premier coup, en élégance et en richesse, les plus belles expositions anglaises. Si la réalité nous manque, l'apparence ne nous manque jamais.

Au lieu de ces concours en plein champ, établis successivement sur tous les points de l'Angleterre, avec l'argent des seuls souscripteurs, et où l'on souffre de la pluie et du soleil, nous avons eu un immense jardin, sous la voûte d'un palais sans égal, au milieu de la plus superbe capitale et de la plus belle promenade du monde, des arbres, des gazons, des fleurs, des statues, des fontaines, des loges innombrables pour les animaux disposées avec un goût parfait et une exquise propreté, des échantillons choisis de toutes les races de l'Europe transportés et nourris aux frais de l'État, des gardiens de toutes les nations, tyroliens, suisses, hongrois, écossais, avec leurs costumes pittoresques, la foule des élégants et des jolies femmes circulant en toilette de printemps au milieu de ces merveilles, et s'étonnant que l'agriculture, cet art si sale, ait pu prendre un air si gracieux et si charmant.

La population de Paris sera toujours plus ou moins au régime du peuple romain, il faudra toujours s'occuper de lui donner du pain et des spectacles; ce n'est pas moi qui me plaindrai que ce grand théâtre reçoive quelquefois des décorations agricoles. L'exposition de 1856 ne nous a rien appris de nouveau, mais elle a eu ce résultat inappréciable de faire toucher du doigt aux plus incrédules tout un ordre de faits inconnus du public. Tout le monde sait maintenant que l'agriculture a, comme l'industrie, ses inventions et ses prodiges, et qu'un bœuf de Durham ou d'Angus, une vache de Suisse, d'Écosse ou de Hollande, un mouton des Dunes ou des monts Cheviot, un cochon d'Essex ou de Leicester, sont des créations tout aussi admirables qu'une locomotive ou un métier mécanique. Les mauvaises plaisanteries qui ont eu autrefois tant de succès contre les mêmes animaux, rassemblés à l'institut de Versailles, en auraient un peu moins aujourd'hui. Quand on entend dire que des taureaux peuvent se vendre 30,000 fr., ce qui étonne bien encore, mais ne paraît plus absurde et impossible, on en est naturellement amené à conclure que l'agriculture, quand elle est bien conduite, peut être une spéculation lucrative. En parcourant la galerie des instruments, on est d'abord stupéfait et confondu de voir des engins à vapeur, de puissantes machines à battre, de lourds rouleaux, d'autres machines de forme bizarre qu'on prétend être des *moissonneuses*, et on est conduit par la réflexion à se dire que, puisqu'il s'en présente tant, sous le nom de fabricants si divers, c'est qu'on doit en vendre beaucoup, et que ces outils si étranges, si nouveaux, d'une utilité si invraisemblable, ont dû cependant entrer quelque part dans la pratique journalière.

A défaut de résultats plus positifs, ceux-ci suffiraient. On peut en constater d'autres. Parmi les animaux, on a beaucoup remarqué une race encore peu connue en France, qui a fait cette année une éclatante apparition, celle des bœufs noirs sans cornes d'Angus en Écosse, un peu moins précoce que les durham, mais supérieure pour la qualité de la viande, et qui arrive à des proportions monstrueuses dans un des pays les moins naturellement fertiles de l'Europe. Les moutons anglais et écossais de montagne, les *cheviots* et les *black-faced*, paraissaient aussi pour la première fois dans nos concours. Pour les pays gras et fertiles, une précieuse acquisition s'est présentée, celle des énormes brebis du Holstein, qui n'ont pas moins de quatre agneaux, ce qui ouvre à l'art des éleveurs une série nouvelle et inattendue d'expériences. Il serait imprudent de se prononcer d'avance; mais si cette heureuse fécondité peut se maintenir sur un point quelconque de notre sol, sans entraîner de trop grands frais d'alimentation, cette conquête suffirait pour payer les frais de l'exposition.

Les animaux de l'espèce bovine venus du centre de l'Europe étaient curieux sans doute, mais sans aucun profit pour nous; nous avons aussi bien ou mieux. J'ai peine à croire que les bœufs hongrois, avec leurs cornes extravagantes, soient bons à quelque chose. Les hommes qui les accompagnent portent un costume oriental fort peu commode pour le travail. Les buffles n'ont quelque utilité que dans des régions chaudes et humides, qui ne se rencontrent que bien rarement sur le continent européen. Les moutons des steppes hongroises ont beaucoup frappé par leur rusticité ; on dit que cette race est excellente laitière, et qu'elle donne de bonne viande d'agneau ; sa laine grossière et feutrée sert à faire le manteau national.

La collection des mérinos autrichiens et saxons était admirable. Ces troupeaux sont aussi puissants par le nombre que par la qualité; le prince Esterhazy ne possède pas moins de 160,000 têtes ; d'autre se nont 30,000, 20,000, 10,000. Le mouton est là, comme en Écosse, à peu près l'unique habitant de vastes solitudes qui, sans lui, seraient tout à fait désertes. Il n'en sera probablement pas toujours ainsi ; les moutons feront venir les hommes, mais pour le moment c'est le pays du monde le plus propre à la production économique de la laine fine : il peut en fournir toute l'Europe.

Nos races nationales d'animaux domestiques pourraient donner lieu à une foule d'observations. La matière est si immense et si complexe, qu'on ne doit pas l'aborder sans la traiter à fond. La moitié méridionale de la France manque toujours presque complétement ; ce n'est pas une douzaine d'animaux, sortis de leur milieu naturel et transplantés dans un autre monde, qui peut combler cette lacune. A côté des mérinos à laine fine de la Saxe et de la Moravie, on regrettait de ne pas voir notre troupeau de Naz, qui peut très-bien soutenir la comparaison, et auprès des brebis laitières de la Hongrie, celles de l'Aveyron.

On ne parle plus des yaks. La difficulté de l'arrachage fait peu à peu abandonner l'igname de Chine. Parmi les nouvelles importations, une seule tient bon, le sorgho, non plus comme plante alimentaire, car le pain qu'on en fait est noir et amer, mais comme plante à sucre et à alcool dans le Midi et comme plante fourragère dans le Nord; reste à résoudre plus d'une question avant qu'il se répande, car il paraît très-épuisant, et dans tous les cas assez difficile sur les conditions de sol et de climat.

Le nombre des machines était de deux mille. Parmi les nouvelles, deux surtout m'ont paru mériter l'attention: l'une est un outil fort simple, inventé par un professeur d'agriculture allemand, pour fabriquer des tuyaux de drainage, et qui ne coûte pas plus de 60 francs avec ses accessoires, ce qui le met à la portée des plus petits tuiliers de campagne; l'autre est une espèce de rouleau plantoir pour la culture des céréales en touffes, inventé par M. Auguste de Gasparin, frère de l'illustre agronome. La machine à drainer, de Fowler, a passé enfin la Manche, elle a été accueillie avec une extrême curiosité: il ne paraît pourtant pas que ce tour de force mécanique puisse devenir d'un grand usage. Cette machine, placée à la surface du sol, creuse un sillon souterrain à la profondeur voulue, et y dépose un chapelet de tuyaux. C'est incroyable, mais c'est un fait. Malheureusement elle est bien chère. Lord Willoughby d'Eresby a envoyé sa fameuse charrue à vapeur, dont l'utilité est fort contestée. La France a produit de son côté une piocheuse à vapeur, qui a de grandes qualités, mais qui ne paraît pas avoir encore complétement résolu le problème.

Les instruments connus et éprouvés, se multiplient avec une assez grande rapidité. Il y avait des machines à moissonner de vingt origines différentes, la plupart françaises. Les locomotives à vapeur ne font pas moins de progrès;

on en compte déjà plusieurs centaines en activité sur notre sol.

Sans aucun doute, la culture nationale tirera un véritable profit de cette exposition comme de la précédente. Répétons seulement que ces sortes de succès paraissent toujours plus grands qu'ils ne le sont. Les concours régionaux font moins de bruit et plus de besogne, en ce qu'ils vont chercher davantage les cultivateurs; ces concours eux-mêmes ne font encore qu'effleurer les grandes masses, et ne leur communiquent qu'un faible ébranlement, qui cesse bien près de la tente officielle où se distribuent les prix. Formées sur un modèle anglais, les expositions n'ont et ne peuvent avoir qu'un but, développer la grande culture, et on sait combien ce genre de culture, si florissant en Angleterre, a répugné jusqu'ici à notre caractère national. C'est un fait singulier et caractéristique que la culture dominante, celle qui occupe les deux tiers au moins du sol cultivé, reste à peu près étrangère à ces grandes représentations. Parviendra-t-on à exciter suffisamment l'esprit d'entreprise agricole pour ouvrir une nouvelle source de richesse ? C'est une question. Si frappants qu'ils soient quand on les voit rassemblés en un seul faisceau, ces moyens de production sont bien peu efficaces quand ils se répandent sur l'immense étendue du territoire national.

L'État peut y joindre un dernier stimulant qui a peut-être plus de puissance, l'enseignement agricole. Nous avons vu un temps où il n'était question que de l'enseignement agricole; nous l'avons vu ensuite tout à fait passé de mode : aujourd'hui, par suite de la persistance des disettes, nous le voyons remonter sur l'eau. Le fait est que cet enseignement serait impuissant, comme toute autre recette, à changer du soir au matin la face de la France : il devient ridicule comme toute chose quand on le pousse trop loin, et la prétention de couvrir le pays de fermes officielles cultivées aux frais de l'État par des fonctionnaires publics n'a pas le sens commun ; mais il n'en est pas moins absurde de nier que, renfermé dans ses véritables limites, l'enseignement agricole n'ait son utilité. Toutes les nations le pratiquent, toutes sans exception, y compris l'Angleterre et l'Écosse, et il serait bien étrange qu'en France, où tout s'enseigne plus largement qu'ailleurs, on n'enseignât pas précisément ce qu'il y a de plus nécessaire. S'il s'agissait d'une grande dépense, je comprendrais qu'on hésitât ; mais dans un temps comme celui-ci, qu'est-ce qu'un ou deux millions par an pour étudier les meilleurs moyens de nourrir et de vêtir la population ? L'entretien du bois de Boulogne coûte davantage.

Les quelques établissements publics d'instruction agricole qui ont survécu à la proscription n'ont pas peu contribué à l'éclat des deux expositions de 1855 et 1856. Si l'on retranchait de la partie française les collections de Grignon, de Grand-Jouan, de la Saulsaye, des fermes-écoles, les animaux de Rambouillet, du Pin, de Saint-Angeau, d'Alfort, de Montcavrel, de Gevrolles et leurs dérivés, il ne resterait que bien peu de chose.

On ne se fait encore de l'enseignement agricole qu'une idée fausse et étroite. On parle de l'établir dans les écoles primaires, comme si la France avait besoin d'ouvriers agricoles. Nous avons les premiers ouvriers agricoles du monde, et si l'on entreprend de leur enseigner la pratique de l'agriculture, il n'en est pas un qui n'en sache plus que tous les professeurs. La pratique proprement dite ne s'enseigne pas; ce qu'il faut enseigner, c'est ce qui nous manque, l'emploi de la science et du capital. Qui peut croire encore, devant ces engrais artificiels, ces analyses de sols, ces échantillons géologiques, ces machines compliquées, ces instruments de précision, ces produits nouveaux extraits de plantes anciennement connues, ces animaux pétris à volonté par la main de l'homme, que la chimie, la physique, la zoologie, la botanique, la mécanique, toutes les sciences, n'aient rien de commun avec l'exploitation du sol? Comment espérer de ramener à l'agriculture les classes riches et éclairées, les seules qui puissent lui apporter un élément nouveau, car l'élément populaire, elle l'a, si l'industrie agricole ne se transforme pas, comme l'industrie manufacturière, par l'exercice généreux des plus hautes facultés de l'esprit humain? Les corbeilles de fleurs, les boxes peintes, les animaux peignés et lissés, toute cette coquetterie a sa valeur, mais à la condition qu'on fera quelque chose de plus fécond, et qu'après l'attrait piquant des boudoirs on recherchera le travail patient des laboratoires.

Il ne suit nullement de là que l'État doive aspirer à *diriger* l'agriculture. Il peut éclairer, non diriger : en enseignant la médecine, par exemple, il ne la dirige pas, il lui fournit les moyens de se mieux diriger elle-même. Il peut également concourir à mettre l'agriculture en meilleure voie, en l'aidant à former non des journaliers, qui se forment tout seuls, mais des chefs d'entreprise instruits.

C'est surtout par les propriétaires aisés que l'impulsion nouvelle peut être donnée, en attendant qu'il se crée partout une classe de bons fermiers. Ces propriétaires ne sont en aucune façon obligés de cultiver eux-mêmes : sauf des exceptions fort rares, ils seraient d'assez mauvais cultivateurs; mais ils peuvent assister leurs fermiers et métayers de leurs conseils et de leur argent, les encourager par leur présence, quelquefois même prendre le timon pour traverser une transition difficile, et si l'on veut qu'ils y portent la résolution et l'intelligence nécessaires, il faut que leur éducation ne les en éloigne pas. Ainsi seulement pourra se résoudre, si jamais il doit être résolu, ce grand problème de la résidence des propriétaires français; tant qu'ils ne trouveront pas dans la vie des champs honneur, plaisir et profit, ils la déserteront, et la seule chance qui reste encore de constituer en France la grande culture sera perdue; le flot de la petite propriété envahira tout.

VI

Mais il ne faut jamais l'oublier, tous ces moyens qui émanent plus ou moins de l'État, travaux publics, institutions de crédit, grandes compagnies, concours, écoles d'agriculture, ne peuvent nullement répondre à l'immensité des besoins; une seule force est assez puissante pour agir partout à la fois, c'est l'intérêt individuel. Tous les matins, sur tous les points de la France, des millions de cultivateurs, qu'ils soient propriétaires, fermiers ou métayers, se lèvent avec le jour et attellent leurs animaux de travail, chacun d'eux connaît par une longue habitude le fort et le faible de son champ, chacun a les besoins de sa famille à satisfaire. Dès que l'intervention de l'État peut gêner à un degré quelconque la libre action de ces nombreux travailleurs qu'excite l'aiguillon de la nécessité, il doit s'arrêter. En attendant qu'on fasse mieux qu'eux, ce sont eux qui nous nourrissent.

En France même, le temps où l'agriculture a le plus grandi, est précisément celui ou l'État a le moins fait pour elle en apparence. De 1816 à 1847, le ministère de l'agriculture existait à peine, et on ne s'en trouvait pas beaucoup plus mal. L'ordre, la paix, la liberté, l'économie, voilà les divinités fécondes; on peut aider à leur action, non les remplacer. Il n'y a pas de spectacle plus triste que de voir ceux qui devraient être les plus indépendants des hommes, les cultivateurs, attendre de l'autorité une impulsion ou un secours et perdre leur temps en démarches inutiles pour solliciter ce qui ne peut leur venir que d'eux-mêmes.

Cette manie nationale, dont tout le monde commence à sentir les inconvénients, se donne pleine carrière chez les rêveurs qui, n'ayant le plus souvent pas su conduire leurs propres affaires, veulent absolument faire par force le bonheur d'autrui. Chaque jour voit éclore quelque nouveau projet qui ne demande rien moins que tout le poids de la puissance publique aidé de toutes les ressources du budget. Si vos conseils sont si bons, peut-on dire à leurs auteurs, commencez par les pratiquer vous-mêmes.

L'État a cet inconvénient capital qu'il peut se tromper comme tout le monde, et sa puissance rend ses erreurs infiniment redoutables. A diverses époques de notre histoire, nous avons vu l'État se mêler fort mal à propos de questions agricoles, tantôt pour interdire la culture de la vigne, tantôt pour fixer arbitrairement le prix du blé, tantôt pour prohiber un assolement nouveau. On croyait bien faire, mais on était ignorant et présomptueux, et on n'arrivait qu'à faire beaucoup de mal. L'administration est aujourd'hui plus éclairée, tout garantit qu'elle ne tomberait plus dans d'aussi grosses fautes, mais elle peut en commettre de plus petites. L'esprit de système se glisse facilement dans les esprits, et quand on est armé d'un pouvoir quelconque, on peut être aisément conduit à en abuser.

Voyez, par exemple, ce qui se passe dans les concours régionaux. Certes, voilà une manière excellente en soi d'éclairer les cultivateurs ; peut-on affirmer cependant qu'il n'y ait rien à reprendre dans l'exécution ? L'administration a une idée fixe, elle veut exciter à produire de la viande, et elle a raison à beaucoup d'égards, mais cette préoccupation n'est-elle pas quelquefois un peu exclusive ? tient-on toujours un compte suffisant des difficultés et des exigences locales ? Tel ou tel membre envoyé de Paris ne se montre-t-il pas engoué à l'excès de telle ou telle race de bétail, de telle ou telle machine aratoire, de tel ou tel système de culture ? L'orgueil exagéré de quelque représentant de la théorie ne blesse-t-il pas de temps en temps les praticiens ? ne leur donne-t-on pas plus d'une fois l'occasion de sourire, par des affirmations plus tranchantes que justifiées ? Les décisions enfin sont-elles toujours complétement irréprochables ?

Mieux vaudrait que le jury de ces concours fût moins exclusivement désigné par le pouvoir central. En admettant les cultivateurs du pays à s'y faire représenter, on les intéresserait au succès, on dissiperait plus vite leurs défiances à l'égard de tout ce qui est nouveau ; on les exciterait à réfléchir, à discuter, à se rendre un plus juste compte de leurs répugnances et de leurs sympathies. Cette uniformité qui fait l'admiration de quelques béats, y perdrait sans doute, mais la vérité y gagnerait, et la vérité, c'est la vie. Au fond, c'est toujours à peu près le même concours qui se tient successivement aujourd'hui sur tous les points du territoire ; ce sont partout les mêmes animaux, les mêmes machines, les mêmes juges, les mêmes discours, presque les mêmes lauréats ; la vérité veut plus de diversité, surtout dans un aussi grand pays que le nôtre, qui offre de si profondes différences et jusqu'aux contrastes les plus accusés.

Pour que les cultivateurs s'habituent à faire leurs affaires eux-mêmes, ils faut qu'ils puissent se réunir et se concerter aussi souvent qu'il leur plaît, sans convocation officielle. En Angleterre, on peut presque dire qu'on se réunit trop ; les *clubs*, les *meetings*, les *exhibitions*, prennent aux fermiers beaucoup de temps et d'argent ; en France on tombe dans l'excès contraire, on ne se réunit pas assez. Beaucoup de comices cantonaux ont disparu. Le congrès central d'agriculture, institution libre qui rassemblait, à Paris, des représentants bénévoles de tous les départements, a été supprimé. Les réunions mêmes que l'autorité a formées n'existent que de nom ; les chambres consultatives d'arrondissement ne sont plus convoquées, le conseil général d'agriculture ne s'est pas réuni une seule fois depuis qu'on l'a réorganisé. Nous avons heureusement, à défaut de tout autre moyen de propagande, d'excellents journaux spéciaux (1) ; mais rien ne remplace l'échange oral des idées, le contact immédiat des hommes. Tout le monde gagnerait à une plus grande latitude, l'autorité surtout qui n'a aujourd'hui pour s'éclairer que des documents d'origine purement administrative.

Gardons-nous de tomber dans ces villages de carton peint élevés par l'adroit mensonge de Potemkin sur le pas-

(1) On peut citer surtout le *Journal d'agriculture pratique*, parfaitement dirigé par M. Barral.

sage de l'impératrice Catherine. La centralisation est précisément le mal dont souffre l'agriculture ; gardons-nous de la prendre pour un remède. Sachons bien que, par la nature même des choses, tout pouvoir sans contrôle cherche beaucoup plus le brillant que l'utile. Nous avons beaucoup plus à craindre de l'abus qu'à espérer du bon usage. *Un repas inutile de* 3,000 *livres me fait une peine incroyable*, disait Colbert à Louis XIV, et il ne pouvait empêcher que l'argent de la France ne vînt se perdre dans les magnificences de Versailles.

Les pays les plus riches de l'Europe, sous le rapport agricole comme sous tout autre, les Pays-Bas, l'Angleterre, l'Allemagne, la Suisse, sont précisément ceux où l'autorité centrale a eu le moins de force et s'est le moins mêlée des intérêts privés. Ceux au contraire où languissent l'agriculture, le commerce et l'industrie, l'Autriche, l'Espagne, la Russie, la Turquie, sont ceux où la puissance publique a eu le plus d'action. Dans les uns apparaît la vraie richesse, celle qui se manifeste par l'aisance et la densité de la population ; dans les autres, domine la fausse, celle qui, pour briller sur un point, épuise tous les autres et fait le désert autour d'elle.

Les esprits absolus trouveront peut-être que ces idées ne sont pas suffisamment logiques : les uns penseront que j'accorde encore trop à l'intervention de l'État ; les autres, en bien plus grand nombre, que je ne lui accorde pas assez ; j'ai cherché à me maintenir dans le juste milieu qui est ici, comme partout, la seule voie véritablement pratique. « C'est sortir de l'humanité, dit Pascal, que de sortir du milieu ; la grandeur de l'âme humaine consiste à savoir s'y tenir. »

Quand il m'arrive de fermer les yeux pour rêver un monde idéal, je ne vois pas un lac artificiel entouré de chalets factices, des allées où roulent d'innombrables calèches achetées d'hier et qui seront probablement revendues demain, toute une foule oisive et dorée au milieu d'un paysage ravissant, mais faux. Je vois la réalité au lieu de l'apparence, une véritable campagne arrosée par une véritable rivière, semée d'habitations rustiques et peuplée de familles laborieuses. L'art de l'homme, corrigeant les inégalités de la nature, y a trouvé l'union de l'utile et du beau. La rivière, contenue dans ses bords, roule en paix ses eaux transparentes, et féconde par des dérivations latérales les plaines qu'elle traverse, au lieu de les dévaster par ses inondations. Les prairies, tout aussi vertes que des pelouses, s'étendent à perte de vue, et, fertilisées par la culture la plus attentive, nourrissent d'innombrables animaux, moutons chargés de laine, chevaux à la course rapide, vaches aux mamelles gonflées de lait. Les routes, non moins bien entretenues que des allées de parc, circulent au milieu des champs couverts de blé et des vignes couvertes de fruits ; les chars qui portent la moisson ou la vendange se croisent facilement dans tous les sens. Les maisons, tout aussi élégantes mais plus commodes que les chalets les plus découpés, s'entourent aussi de fleurs et d'ombrages ; mais ceux qui les habitent les ornent de leurs propres mains et y goûtent en paix une aisance achetée par le labeur de chaque jour. A peu de distance apparaît la ville, qui, aussi bien pavée, aussi bien éclairée qu'une capitale, n'a que quelques milliers d'habitants, tous livrés à la pratique des arts, des sciences, des industries, et garantis par leur petit nombre et par leurs épargnes contre les dangers des grandes agglomérations. Derrière des futaies séculaires s'élèvent çà et là quelques châteaux, séjour respecté des influences utiles, des capitaux accumulés, des loisirs honorablement gagnés et honorablement remplis. Partout la richesse par le travail et l'honnêteté, nulle part la corruption, le luxe et le jeu ; et pour achever de donner à l'homme toute la somme de bonheur dont il peut jouir sur cette terre, l'église, dominant cette scène à la fois active et paisible, rappelle à tous la pensée de Dieu et les console par la perspective de l'infini des maux inévitables de notre nature.

Malheureusement il est plus facile d'obtenir en ce genre le faux que le vrai : l'un n'exige que quelques millions dépensés avec goût, l'autre demande beaucoup plus de temps et de peine ; mais aussi quelle différence dans les résultats ! et combien l'œil et le cœur se reposeraient plus délicieusement sur la vérité que sur l'apparence !

VII

LE DÉNOMBREMENT DE 1856 (1)

(1er avril 1857)

I

Il y a deux ans bientôt, je disais, à propos de la cherté des denrées alimentaires (2) : « Je voudrais croire qu'il y a eu augmentation dans la demande plutôt que diminution dans la production; malheureusement je ne puis. La consommation a sensiblement augmenté à Paris et sur les autres points où se font de grands travaux publics extraordinaires; dans l'ensemble, elle ne s'est pas accrue. Un fait incontestable le prouve : le progrès de la population s'est à peu près arrêté. De 1841 à 1846, la population avait monté en cinq ans de 1,170,000 âmes; de 1847 à 1851, elle n'a monté que de 383,000; nous ne saurons que l'année pro-

(1) Cette étude a d'abord fait l'objet de deux notes lues à l'Académie des sciences morales et politiques dans les séances du 3 janvier et du 15 mars 1857; ces deux notes ont été ensuite fondues ensemble dans la *Revue des Deux Mondes* du 1er avril.

(2) Voir plus haut, page 47.

chaine quel aura été le progrès de 1851 à 1856; mais les résultats connus par la comparaison des naissances et des décès permettent d'affirmer qu'il ne sera pas beaucoup plus sensible. »

Le dénombrement officiel de 1856 n'a que trop vérifié cette prévision : l'accroissement de la population nationale n'a été, dans cette nouvelle période quinquennale, que de 256,000 âmes.

Ce résultat inouï a paru si peu vraisemblable, qu'il a soulevé quelques doutes sur l'exactitude du recensement. Ces sortes d'opérations, par leur immensité, peuvent en effet donner lieu à une foule d'erreurs. Ce sont les maires qui les exécutent sous la direction des préfets, et chacun sait combien notre organisation municipale offre peu de garanties, soit pour une recherche scrupuleuse, soit pour une parfaite sincérité. On craint toujours que des intentions fiscales ne se cachent sous la demande de ces renseignements statistiques, dont tout le monde ne comprend pas la nécessité ; cette crainte est, jusqu'à un certain point, justifiée par les faits, en ce sens que le nombre des habitants d'une commune détermine l'assiette de quelques impôts, celui sur les boissons, par exemple ; on se croit donc et on est réellement, dans quelques cas, intéressé à dissimuler la vérité.

Même avec les meilleures intentions du monde, le mouvement de ce qu'on appelle les populations flottantes est une cause perpétuelle de confusion. Autrefois on prenait pour base des dénombrements le domicile ; depuis quinze ans, on a adopté une règle plus positive, la résidence, mais même avec cette nouvelle base, de nombreuses questions se présentent. Où compter les individus absents pour une cause temporaire de leur résidence habituelle? où compter les troupes de terre et de mer qui changent de garnison, celles qui partent pour l'extérieur ou qui en reviennent? Le temps lui-même est une difficulté : en principe, le dénombrement devrait se faire partout le même jour; mais en réalité il traîne toujours plusieurs mois, et on sait qu'en fait de statistique la vérité d'aujourd'hui n'est pas celle de demain. Enfin les circonstances politiques ne sont pas sans influence. Les hommes spéciaux n'attachent pas une foi entière aux deux dénombrements de 1841 et de 1851, le premier ayant été exécuté au milieu d'une grande agitation populaire excitée par les journaux du temps contre le recensement, le second ayant été fait par des autorités incertaines, au milieu d'une grande inquiétude de l'avenir et à la veille d'un coup d'État.

Ces causes et beaucoup d'autres font des dénombrements une œuvre difficile et chanceuse. Il ne faut pourtant pas s'en exagérer la portée. Depuis trente ans environ, cette opération se répète tous les cinq ans, et à force de se reproduire, elle va toujours en se perfectionnant. Les occasions d'erreur sont aujourd'hui parfaitement connues, on s'applique avec succès à les éviter. On a organisé de nombreux moyens de contrôle. Les travaux des statisticiens, en permettant de comparer les procédés suivis chez nous avec ceux des autres peuples, ont fait connaître les lacunes et les moyens d'y porter remède. On a introduit des classifications par sexe, par âge, par profession, qui rendent plus facile la rectification des erreurs. Chaque dénombrement est l'objet d'un travail spécial de révision, soit de la part de l'administration, soit de la part des savants qui s'occupent de ces matières. On n'est pas sans doute arrivé à la perfection, mais on y marche, et les résultats acquis, sans atteindre une précision impossible, ont du moins une certitude suffisante pour qu'on puisse asseoir une opinion.

Il existe d'ailleurs un moyen de comparaison excellent : c'est le tableau annuel des naissances et des décès d'après les registres de l'état civil. A chaque dénombrement, il y a un écart sensible entre le résultat du dénombrement et celui du tableau des naissances et des décès ; mais cet écart, qui s'explique par l'excédant de l'émigration sur l'immigration, va toujours se réduisant, et bien que des oscillations assez marquées aient eu lieu antérieurement, on peut dire qu'aujourd'hui la différence entre les naissances et les décès, accrue de l'émigration probable, coïncide, à quelques milliers près, avec les dénombrements. Ainsi, d'après les registres de l'état civil depuis un demi-siècle, la population en 1851 aurait dû être de 35,922,000 âmes ; le recensement a donné 35,783,000 : différence, 139,000 âmes seulement en cinquante ans (1). L'excédant de l'émigration sur l'immigration suffit parfaitement pour remplir ce vide. Être arrivé là, c'est être bien près d'une précision mathématique.

Depuis 1851, la même correspondance se retrouve. Voici en effet le tableau annuel des naissances et des décès en 1852, 1853 et 1854 :

	Naissances.	Décès.
1852....	965,000	811,000
1853....	937,000	795,000
1854....	923,000	992,000
Totaux..	2,825,000	2,598,000

Excédant des naissances sur les décès : 227,000

(1) M. Legoyt, *Journal des économistes* de mars 1857, page 326.

Nous n'avons pas encore tous les chiffres de 1855, mais nous savons déjà, par les départements dont les relevés sont connus, que cette année se soldera comme la précédente par un excédant de mortalité. S'il en est ainsi, le résultat du tableau des naissances et des décès sera encore au-dessous du dénombrement, à moins que 1856 ne vienne remplir la différence. Ce calcul n'est pas et ne peut pas être d'une exactitude rigoureuse, parce que le recensement, étant fait au mois de juin, comprend les six derniers mois de 1851 et les six premiers mois de 1856, tandis que les relevés de l'état civil se donnent par année; mais on voit que l'erreur, s'il y en a une, ne peut jamais être bien considérable.

Quelques personnes ont soupçonné que la portion de l'armée d'Orient qui n'était pas encore rentrée en France au 15 mai 1856, jour fixé pour le recensement des troupes de terre et de mer, avait été omise, ce qui donnerait lieu à une addition que les uns évaluent à 95,000 hommes, les autres à 80,000. En supposant que cette omission ait réellement été faite, l'accroissement de population ne serait encore que de 335 à 350,000 âmesen cinq ans, ce qui laisserait subsister toutes les observations sur le fait du ralentissement. Cependant il y a tout lieu de croire qu'il n'en est rien ou à peu près rien. Le rapport probable entre le relevé des registres de l'état civil et le résultat du dénombrement serait déjà une raison suffisante pour écarter cette conjecture. D'autres faits, qu'il serait trop long de rapporter ici, prouvent en outre que, sur beaucoup de points, sinon partout, on a compté comme présents des corps de troupes qui ne l'étaient pas, mais qui avaient leurs dépôts dans la ville recensée, ce qui est conforme aux principes ordinairement suivis, et rappelés, soit dans le décret du 9 février 1856 qui a ordonné le recensement, soit dans la circulaire ministérielle du 14 mars qui en a réglé l'exécution.

Je ne parle pas des doubles emplois qui sont toujours assez nombreux, quoi qu'on fasse, et qui compensent et au delà les omissions possibles, parce que c'est là un compte tout technique. Il suffit, pour la grande majorité des lecteurs, de savoir en gros à quoi s'en tenir sur le degré de confiance que mérite l'opération.

Il est enfin à remarquer que le produit du dénombrement n'a eu rien d'imprévu pour les observateurs attentifs qui suivaient de l'œil le mouvement de la population. On voit que je l'avais moi-même annoncé d'avance. Dans les localités intéressées, départements, arrondissements, cantons et communes, on n'a pas élevé le moindre doute quand le résultat a été connu. Même sur les points, malheureusement très-nombreux, où la population a diminué au lieu d'augmenter, tout le monde touchait en quelque sorte du doigt cette diminution. Le manque de bras et la hausse des salaires en donnaient à tout moment la démonstration.

Ce n'est pas, comme on pourrait le croire, l'émigration à l'extérieur qui a produit ces vides. L'émigration en Algérie, en Californie, en Amérique, n'enlève pas plus de 10,000 têtes par an en moyenne, et elle est à peu près compensée par les étrangers, Belges, Allemands, Suisses, etc., qui viennent s'établir en France, et surtout à Paris, sans compter ceux de nos émigrants qui rentrent en France après un séjour plus ou moins prolongé à l'extérieur. Il est vrai que, dans ces dernières années, il faut joindre à l'émigration volontaire les déportations de forçats et autres; mais le nombre des déportés n'a pas dépassé plusieurs milliers, ce qui permet de le négliger quand il s'agit d'une nation aussi considérable que la nôtre. Cette question de l'émigration à l'extérieur a son importance pour quelques départements, comme le Bas-Rhin, la Haute-Saône, les Basses-Pyrénées; elle n'en a pas pour la France entière.

Un ralentissement marqué depuis dix ans, et surtout depuis cinq, une fois bien constaté, il reste à en apprécier le véritable caractère. Une population qui s'accroît lentement, et même une population qui reste stationnaire ou qui diminue, n'est pas dans tous les cas un phénomène à déplorer. Il peut arriver au contraire que ce soit un symptôme heureux, quand il coïncide avec une augmentation de production et de bien-être. Le genre humain a beaucoup plus souffert jusqu'ici par la surabondance que par la rareté de la population; c'est l'excès de population qui produit la misère. Avant 1847, la France était déjà un des pays de l'Europe où la population s'accroissait le moins vite, et tout n'était pas à regretter dans cette lenteur, puisque la prospérité générale marchait plus rapidement. Cette fois il n'y a pas moyen de se faire illusion : la brusque interruption qui vient de se produire a quelque chose de violent et d'excessif qui frappe au premier coup d'œil, et quand on y regarde de plus près, on découvre l'action des causes les plus douloureuses.

II

Jusqu'aux premières années de ce siècle, les philosophes politiques ont professé sur cet important sujet des idées incomplètes. Uniquement frappés de l'importance d'une grande population pour la puissance des États, ils insistaient sur ce point sans s'inquiéter assez de la condition des peuples. A leur exemple, les gouvernements encourageaient aveuglément le progrès des mariages et des naissances. Un homme de génie, Malthus qui a été depuis indignement calomnié, est le premier qui ait relevé cette erreur. Né dans un pays où l'excès de population amenait sous ses yeux de violentes souffrances, l'Angleterre, il a écrit un livre célèbre dont beaucoup de gens parlent sans l'avoir lu, et où il démontre avec la dernière évidence le danger de cette préoccupation exclusive. Ce n'est pas la population proprement dite qu'il faut s'efforcer de multiplier, c'est la quantité des subsistances. L'homme a une puissance organique de multiplication qui n'a pas besoin d'être excitée et qui doit au contraire être contenue par la raison, car elle tend toujours à dépasser les moyens d'existence, et dans ce cas, c'est la maladie et la mort qui se chargent de rétablir l'équilibre. Telle est en peu de mots la théorie de Malthus, théorie d'une vérité frappante, et dont l'auteur doit certainement compter parmi les principaux bienfaiteurs du genre humain.

Malheureusement il n'est pas d'homme dont les idées, si justes qu'elles soient, ne puissent être défigurées par la passion ou par la légèreté, et Malthus a eu plus que tout autre ce triste privilége. Les premiers qui l'ont trahi ont été parmi ses propres sectateurs. Lui, si sage et si modéré, il a eu la douleur de voir professer sous son autorité des idées aussi odieuses qu'absurdes. Ses adversaires en ont profité ou s'y sont laissé prendre, et de ces déplorables exagérations est sortie une polémique qui dure encore, et qui a fini par obscurcir singulièrement sa doctrine.

Le seul moyen de rentrer dans le vrai est de relire Malthus lui-même ; on verra que, loin de prêcher la dépopulation et le vice, il s'est tenu dans l'exacte mesure. « La plus grande objection, dit-il, qu'on ait faite à mes principes, c'est qu'ils contredisent le commandement primitif du Créateur, l'ordre de croître, de multiplier et de remplir la terre. Ceux qui m'opposent cette objection n'ont pas lu mon ouvrage, ou n'ont fait attention qu'à quelques passages détachés, sans en saisir l'ensemble. Je suis pleinement persuadé que c'est le devoir de l'homme d'obéir à ce commandement, et je ne crois pas qu'il y ait un seul passage de mon écrit dont on puisse inférer le contraire, lorsqu'on le lit à sa place et avec intelligence. Tous les commandements donnés à l'homme par Dieu sont subordonnés aux lois de la nature, dont il est l'auteur. Si, par une opération miraculeuse, l'homme pouvait vivre sans nourriture, nul doute que la terre ne fût rapidement peuplée. Dieu lui-même a mis des règles à la multiplication de l'espèce ; nous devons, en qualité de créatures raisonnables, et pour obéir à sa volonté, nous conduire d'après ces règles. »

Au lieu de se montrer opposé au développement de la population, Malthus montre dans quelles conditions ce développement peut se produire. « Supposons, dit-il, qu'on dise à un fermier de garnir sa terre de bestiaux, on lui donnera à coup sûr un fort bon conseil; mais on entendra évidemment parler de bestiaux sains et en bon état, non de bêtes affamées et maladives, et on ne saurait considérer comme un ennemi de l'accroissement des troupeaux celui qui conseillerait avant tout au fermier de mettre sa terre en état de les nourrir. » Réduite à ces termes, qui sont les seuls vrais, la thèse de Malthus ne soulève aucune objection sérieuse. Il est évident qu'une population plus nombreuse que les moyens de subsistance ne peut être dans un pays qu'une cause d'épidémie et de mortalité. A défaut du bon sens, mille exemples le démontrent. Ce qui importe par-dessus tout, c'est la longueur moyenne de la vie; la densité de la population ne vient qu'après. Toute une science s'est formée depuis Malthus, et sous l'influence de ses principes, pour la comparaison perpétuelle de ces deux éléments.

Donc, pour que le développement de la population ne soit pas un mal en soi, il faut qu'il soit proportionné au progrès des subsistances, et le moyen que Malthus propose pour maintenir cette proportion désirable n'est pas moins avoué par la religion que commandé par la raison : c'est ce qu'il appelle en anglais *moral restraint,* assez mal traduit jusqu'ici par contrainte morale, et que j'aime mieux traduire par *continence volontaire,* non assurément une continence absolue, un célibat systématique, mais une abstention réfléchie, dans le cas unique où l'on a tout lieu de croire que l'on ne mettra au monde qu'un enfant misérable, ce qui n'entraîne en aucune façon la désobéissance au précepte divin toutes les fois qu'on a la conviction du contraire. Il n'y a rien là qui ne soit conforme aux lois de la morale; l'Église elle-même recommande la chasteté comme une vertu.

Quant à l'abus qui peut être fait de cette sage prescription, Malthus n'en est nullement responsable. « J'appelle *moral restraint,* dit-il formellement, *l'abstinence du mariage jointe à la chasteté;* le libertinage et tout ce qui peut être contraire à la génération, en dehors de la chasteté, appartiennent à la classe des vices. » Le mot même qu'il emploie, quoique mal choisi, suppose une contrainte, une surveillance exercée sur soi-même, une privation imposée par un devoir, ce qui aurait dû couper court à tous les abominables commentaires qu'on a faits.

D'après lui, il y a deux sortes d'obstacles au progrès de la population : les obstacles *préventifs,* qui sont au nombre de deux, l'un bon et utile dans ses justes limites, la continence volontaire, l'autre mauvais et répréhensible, le libertinage ; et les obstacles *répressifs,* qui sont aussi au nombre de deux, l'un qui dépend jusqu'à un certain point de la volonté de l'homme, la guerre, l'autre qui n'en dépend pas et qui arrive fatalement quand la population excède les subsistances, la mortalité ; il préconise fortement le premier, afin d'écarter le plus possible les trois autres.

En même temps que sa théorie de la population, et comme conséquence de cette théorie, Malthus a fait le procès à la charité légale, telle qu'elle était organisée en Angleterre de son temps. Cette seconde partie de son opinion n'est pas moins irréprochable que la première. Ce qu'il combat par des arguments invincibles, c'est le *droit* du pauvre à être secouru dans tous les cas ; il prouve que ce droit ne peut pas exister, puisqu'il est d'une satisfaction impossible quand la quantité des subsistances ne suffit pas pour nourrir tout le monde, et que les secours donnés au pauvre sans travail ont précisément pour effet d'augmenter la somme de la misère en réduisant la quantité de la production. Tous ces résultats sont mathématiques. S'ensuit-il que Malthus repousse absolument la charité même publique ? En aucune façon, il montre seulement le danger de cette charité ; en prouvant qu'on ne peut donner aux uns sans ôter aux autres, et que l'aumône mal faite multiplie les pauvres, il n'a d'autre but que de mettre en garde contre des entraînements irréfléchis, sans attaquer le principe même de la charité, et en le rendant plus sublime encore, s'il est possible, en même temps que plus éclairé. Ce qui le prouve, c'est que ses élèves mis à l'œuvre n'ont pas proposé de supprimer la taxe des pauvres, et se sont contentés d'en modifier l'application dans un sens plus rationnel et plus juste.

Examinons maintenant, à la lueur de la théorie de Malthus, ce qui s'est passé en France depuis un demi-siècle.

En 1790, la population de la France, d'après un recensement ordonné par l'assemblée constituante, était de 26 millions et demi, y compris le département de Vaucluse, qui n'a été ajouté que plus tard. Vingt-cinq ans après, en 1815, elle était, suivant toutes les apparences, de 29 millions et demi : différence en plus, 3 millions ; trente ans après, en 1846, elle était de 35,400,000 : différence, 6 millions ; dix ans après, en 1856, elle est de 36 millions ; différence, 600,000 âmes : d'où il suit que, pendant la période révolutionnaire et impériale, la population s'est accrue en moyenne de 120,000 âmes par an ; pendant la période de la restauration et de la monarchie constitutionnelle, de 200,000, et dans les dix ans écoulés depuis 1846, de 60,000.

Or, d'après Malthus, la puissance virtuelle de multiplication est telle chez l'homme, que, si elle n'était pas arrêtée par le défaut des subsistances, la population pourrait doubler en vingt-cinq ans ; elle aurait pu être à ce compte en France de plus de cent millions en 1846. Ce qui l'a empêchée d'arriver si haut, c'est le défaut des subsistances. Nous savons en effet que, de 1790 à 1846, la production agricole a seulement doublé. D'un autre côté, si la population avait marché exactement du même pas, elle aurait été en 1846 de 53 millions ; elle n'était cependant que de 35 et demi. D'où vient cette nouvelle différence ? D'une amélioration progressive dans les conditions de la vie moyenne.

Si la répartition égale des subsistances entre les habitants donnait en 1790, je suppose, 100 francs par tête, la même répartition en 1846 donnait 150 francs. En ajoutant la production industrielle et en supposant que cette production fût en 1790 de 50 francs par tête et en 1846 de 150, l'aisance moyenne aurait doublé ; c'est en effet ce qui a dû arriver, car si nous tenons compte de l'élément indiqué par Malthus comme la véritable mesure de la prospérité des peuples, la longévité moyenne, nous trouvons que, dans cet intervalle, la durée de la vie chez les Français a passé de 28 ans à 39 ; c'est ce qui résulte surtout des savantes recherches de MM. Charles Dupin, Moreau de Jonnès et Villermé.

Si nous voulons rechercher quelle est, dans le cours de ces cinquante-six ans, la période où la vie moyenne s'est le plus accrue, nous trouverons qu'elle coïncide avec celle où l'ensemble de la population a monté le plus vite, c'est-à-dire de 1815 à 1846. Si les choses s'étaient passées avant

1815 comme après, l'accroissement de population aurait été en tout de 11 millions d'âmes au lieu de 9, et la durée moyenne de la vie se serait augmentée de 15 ans au lieu de 11. Ce double progrès allait en s'accélérant à mesure qu'on avançait; telle était la situation de la France dans les années qui ont immédiatement précédé 1847, que la population s'augmentait chaque année de 200,000 âmes, et qu'en même temps la durée moyenne de la vie s'accroissait d'un an tous les trois ans.

Ces résultats étaient satisfaisants. Auraient-ils pu l'être davantage? Assurément. Dans presque tous les pays qui nous entourent, en Angleterre, dans les Pays-Bas, en Allemagne, en Italie, le progrès de la population était plus rapide que chez nous, et si la durée moyenne de la vie ne s'accroissait pas partout également, elle dépassait sur quelques points, en Belgique par exemple, la mesure française. Quand on étudie ce qu'on appelle la population spécifique, on trouve que la Belgique contenait en 1851 147 habitants par cent hectares, l'Angleterre 130, la Hollande 90, l'Allemagne 80, l'Italie 80, la France 67 seulement (1). Cette différence tenait sans nul doute aux grandes pertes d'hommes que nous avions souffertes pendant les guerres de la révolution et de l'empire, et qui n'avaient pu encore être complétement réparées par trente ans de paix; mais les autres peuples avaient souffert aussi des pertes du

(1) Ce chiffre même n'étant qu'une moyenne ne donne, comme toutes les moyennes, qu'une idée très imparfaite des faits; en divisant la France en quatre parties égales, on trouve que le premier quart avait en 1851, 100 habitants par 100 hectares, le second 70, le troisième 60 et le quatrième 40, comme la Hongrie; depuis 1851, cette disproportion déjà si forte s'est encore accrue.

même genre, quoique moins fortes, et il fallait qu'à cette cause apparente il s'en joignît quelque autre, qui agît même pendant la paix.

La continence volontaire prêchée par Malthus avait certainement sa part dans ce résultat, et il n'y avait là rien que de sage et de légitime. La France est le pays où les conseils de Malthus ont été le plus attaqués ; c'est en même temps celui où ils sont le plus instinctivement suivis. Je voudrais attribuer à cette seule cause le petit nombre des naissances, qui restaient presque stationnaires, et qui paraissent même avoir diminué depuis 1789 ; malheureusement, il faut faire aussi la part du second obstacle préventif signalé par Malthus, et qui n'est autre que le vice. La population française, si vive, si ardente, si mobile, se livre facilement aux penchants nuisibles qui ont pour effet de diminuer les mariages et les naissances, et qui finissent par attaquer les forces vitales et par abréger la vie. C'est là un danger toujours présent, toujours menaçant, qu'il faut surveiller d'autant plus près qu'il se confond aisément, pour l'observateur superficiel, avec la continence volontaire, dont il est la coupable parodie. Cette influence délétère s'exerçait sans aucun doute et contribuait à ralentir le progrès national.

L'agriculture a fait de grands progrès en France depuis 1790, puisqu'elle a doublé ses produits ; mais elle aurait pu en faire davantage. Le moment de sa plus grande prospérité a été la période de trente années qui a précédé 1847, puisqu'elle fournissait à un accroissement annuel de population de 200,000 âmes, et à une amélioration constante du régime alimentaire. On pouvait cependant, même dans cette période, concevoir mieux encore. La production s'augmentait en moyenne d'environ 2 pour 100 par an, et il n'est pas de cultivateur qui ne sache qu'on peut obtenir une progression plus rapide sans se jeter dans les chimères des utopistes. Sur beaucoup de points du pays, on atteignait jusqu'à 5 et même 10 pour 100, quand toutes les circonstances étaient favorables. Si elles ne l'étaient pas également partout, la faute en était à l'abus de la centralisation et à l'excès des dépenses militaires.

Quoi qu'il en soit, c'était sans comparaison l'époque la plus florissante que la France eût jamais vue que les dernières années de la monarchie parlementaire, et s'il était possible de rêver mieux, il était raisonnable de se montrer *satisfait*, comme on disait alors.

III

Arrivent la disette de 1847 et la révolution de 1848, tout change ; l'excédant des naissances sur les décès, qui avait été de 237,000 âmes en 1845, descend à 62,000 en 1847, et tombe jusqu'à 13,000 en 1849, année du choléra. Le progrès de la population se ralentit, la durée moyenne de la vie ne s'accroît plus. Ce nouveau mouvement s'aggrave encore après 1851, sous la double influence de la disette et de la guerre. Dans les années 1854, 1855, et probablement aussi 1856, la somme des décès l'emporte pour la première fois sur les naissances; la population recule au lieu d'avancer.

Rien n'est plus curieux et plus instructif à observer que l'effet des circonstances politiques sur le mouvement de la population. Il a suffi de l'inquiétude universelle jetée dans les esprits en 1848 par la menace d'atteintes à la propriété pour diminuer sensiblement le nombre des naissances. C'était là un effet de la prévoyance que Malthus aurait déploré tout le premier, sinon en lui-même, du moins dans sa cause. La même inquiétude a certainement contribué à augmenter le nombre des décès. Quiconque a conservé le souvenir des terribles agitations de ce temps ne saurait s'en étonner. Il est remarquable que les deux années qui, depuis longtemps, avaient présenté le chiffre de décès le plus considérable, 1832 et 1849, aient suivi de près deux révolutions. Dans l'un et l'autre cas, la mortalité a pris le nom de *choléra* ; mais très-probablement, elle n'aurait pas été aussi grande en temps prospère. Toutes les industries nationales s'étaient arrêtées, et la première de toutes, l'industrie agricole, avait plus souffert que toute autre de l'incertitude de l'avenir.

Cette crise violente a duré deux ans. Dès 1850, la France reprend confiance en elle-même : l'excédant des naissances sur les décès, qui était tombé à 13,000 en 1849, remonte brusquement à 187,000 en 1850, et se maintient à peu près aux environs de ce chiffre dans ces trois années suivantes; ce n'était pas encore l'équivalent de 1845, mais enfin c'était beaucoup mieux que sous la république, et on pouvait espérer un progrès continu, quand surviennent quatre mauvaises récoltes successives. Le mouvement rétrograde commence alors, et la mort, dans ce perpétuel combat, l'emporte sur la vie. L'excédant annuel des naissances étant, avant 1847, de 180,000, et l'excédant des décès ayant été, en 1854, de 70,000, c'est une différence de 250,000 existences pour cette seule année sur le cours normal et régulier.

Il est très-difficile d'apprécier ce que la France a perdu depuis quatre ans par cette succession de mauvaises années ; dans tous les cas, on peut hardiment l'évaluer à plusieurs milliards.

Cette perte a commencé par la récolte de 1853, mais elle a été d'abord peu sensible, à cause des réserves de 1852, qui ont servi à combler une partie du déficit ; elle ne s'est déclarée sérieusement que l'année suivante. On ne peut guère la porter, pour les céréales, à moins de 10 ou 12 millions d'hectolitres par an ; l'importation arrive presque à ce chiffre, et il s'en faut de beaucoup que l'importation remplisse tous les vides, l'élévation permanente des prix prouve le contraire. Or, 10 ou 12 millions d'hectolitres, c'est, aux prix ordinaires, de 200 à 240 millions par an. et aux prix actuels un tiers en sus, ce qui donne, pour quatre ans, au moins un milliard. La perte sur le vin est plus forte encore : elle s'élève à plus de la moitié de la récolte ordinaire, ou 20 millions d'hectolitres par an, soit, à 20 fr. seulement l'hectolitre, 1,600 millions en quatre ans. La soie à son tour a diminué de près de trois quarts, par suite d'une maladie incompréhensible qui atteint le ver dans la source de sa reproduction.

Le bétail enfin, cette portion si précieuse du capital agricole, a souffert dans une proportion inconnue, mais certaine, du déficit de nourriture causé par la rareté et la mauvaise qualité des fourrages, la maladie persistante des pommes de terre et l'insuffisance des céréales. Tous les cultivateurs se souviennent d'épizooties terribles qui, à plusieurs reprises, ont enlevé les moutons par troupeaux entiers. Le gros bétail n'a pas été aussi profondément atteint, mais un symptôme significatif semble indiquer que, là aussi, les existences ont diminué. Les bestiaux maigres étaient autrefois à meilleur marché que les bestiaux gras; aujourd'hui les deux prix se rapprochent et se confondent presque, si bien que l'industrie des engraisseurs, qui consistait à acheter des bêtes maigres pour les revendre grasses, ne peut plus s'exercer. La conséquence de ce fait est doublement fâcheuse : la qualité de la viande y perd, et, ce qui est plus grave, pour avoir la même quantité de viande avec des bestiaux maigres qu'avec des bestiaux gras, on est forcé d'en abattre beaucoup plus.

La diminution de production, qui a été l'effet naturel des circonstances atmosphériques, aurait certainement suffi pour exercer une action sur la population; un concours particulier de circonstances a achevé de l'aggraver. Au moment où l'agriculture avait le plus besoin de toutes ses ressources pour lutter contre l'influence funeste des saisons, elle s'est vue privée à la fois de bras et de capitaux par la guerre et par un autre genre d'attraction, le luxe.

Il y a peu à insister sur la guerre; son action est évidente; on n'enlève pas impunément soit au travail, soit au mariage, la fleur de la population virile. Le nombre des hommes de vingt à trente ans étant en tout d'environ 3 millions, une armée de 500,000 hommes en prend le sixième; une perte de 100,000 en enlève 1 sur 30. En même temps que les hommes, la guerre a absorbé pour 2 milliards de capitaux, qui se seraient répartis en temps ordinaire sur les industries utiles, et dont l'agriculture aurait eu sa part. Le vide produit par ces 2 milliards n'est pas moins visible dans les campagnes que celui des bras, les capitaux y manquent généralement.

Pour montrer avec quelque précision les caractères et les conséquences du luxe, il est nécessaire d'aborder le second fait que le dénombrement de 1856 a mis en lumière, l'immense mouvement de déplacement qui pousse la population des départements pauvres vers les départements riches, et surtout vers les grandes villes.

Cinquante-quatre départements ont vu leur population diminuer au lieu de s'accroître depuis 1851 ; 32 seulement se sont accrus, et sur ces 32 il en est 12 environ où l'augmentation a été considérable (1). Parmi les départements qui ont perdu, les plus frappés sont ceux de la Haute-Saône, de l'Isère, de la Meurthe, du Bas-Rhin, de la Meuse, des Vosges, de l'Ariége, etc. ; celui de la Haute-Saône a perdu à lui seul le dixième de son effectif. Parmi les départements qui ont le plus gagné, figure au premier rang celui de la Seine, qui s'est accru de 305,000 âmes en cinq ans. Un accroissement aussi gigantesque était tout à fait sans exemple. Cette nouvelle agglomération s'est concentrée presque tout entière dans la banlieue de Paris, dont la population a presque doublé, et dans les 8e et 12e arrondissements, formés des faubourgs Saint-Antoine et Saint-Jacques. De 1831 à 1847, c'est-à-dire en dix-sept ans, Paris n'avait pas gagné davantage, et cette agglomération passait déjà pour artificielle et excessive à beaucoup d'égards.

Les autres grandes villes de France, Lyon, Marseille, Bordeaux, Nantes, Saint-Étienne, se sont aussi fortement accrues, et jusque dans les plus petites villes cette tendance s'est fait généralement sentir.

(1) Voir la note D à la fin du volume.

Comme la lenteur dans le progrès de la population, le mouvement de déplacement n'est pas nouveau, mais il a pris depuis 1851 des proportions extraordinaires. Il n'était pas encore arrivé, sauf dans cinq ou six départements placés sous l'influence de causes particulières, que la population diminuât, tandis qu'elle a diminué cette fois sur les deux tiers du territoire. Le réseau des chemins de fer, en s'étendant, a pu contribuer à accélérer ce mouvement, mais sans le créer, et pour qu'il soit arrivé à ce point, il faut qu'il ait des causes plus profondes et plus générales.

Quelques-unes de ces causes n'ont rien que de juste. L'homme n'est point un végétal attaché au sol qui l'a vu naître ; il est doué de la faculté de locomotion et maître de l'exercer à son gré. Il est naturel, il est utile que chaque ouvrier use de sa liberté pour se porter des points où ses services ne sont que faiblement rémunérés sur ceux où ils le sont davantage. Quand les choses sont livrées à leur cours naturel, le salaire se mesure à la quantité de la production, et si le salaire s'accroît sur un point, c'est qu'on y produit plus ; il est de l'intérêt public comme de l'intérêt privé que les bras y affluent. Ces considérations générales avaient en France une application particulière. Le nombre des bras employés à la culture y était trop élevé pour le résultat obtenu ; on y trouvait environ 40 têtes de population rurale pour 100 hectares, tandis que l'Angleterre n'employait que 30 têtes sur la même étendue pour produire le double.

En même temps, l'insuffisance de la population industrielle nuisait aux progrès de l'agriculture, en bornant ses débouchés. Ce rapport nécessaire entre la richesse industrielle et la richesse agricole est maintenant généralement connu et accepté.

Les bras qui s'éloignent de l'agriculture pour se porter vers l'industrie obéissent donc à la loi du progrès. Les cultivateurs français qui se plaignaient autrefois de manquer de bras avaient certainement tort, puisque ces plaintes coïncidaient avec une augmentation constante de population même rurale, avec un progrès correspondant de la production et un bas prix quelquefois excessif des denrées alimentaires. Un plus juste équilibre entre les forces industrielles et les forces agricoles s'établissait peu à peu par la nécessité même ; les deux branches du travail national marchaient du même pas et se prêtaient un mutuel secours. L'usage des machines commençait à pénétrer dans la culture, et si elles n'entraient que lentement dans les habitudes, faute d'instruction et de capital, le travail les remplaçait en attendant. Aujourd'hui tout est brusquement bouleversé. Au lieu d'une transformation progressive, nous avons une violente perturbation. L'agriculture a perdu tout à coup un nombre immense de bras, sans que l'industrie proprement dite les ait gagnés, et la production souffre sous toutes ses formes.

Cette crise tient à la diminution positive de la population laborieuse depuis trois ans. Quand l'ensemble de la population s'accroît, une branche du travail peut gagner sans que l'autre perde beaucoup ; mais quand la population diminue, il n'en est pas de même. Le nombre des hommes valides doit être en France de 8 millions environ, dont 6 millions de cultivateurs. Que 600,000 hommes désertent la culture, c'est une diminution de 10 pour 100, et si en même temps l'équivalent de ces 600,000 hommes est emporté par le choléra et par la guerre, l'industrie n'a rien gagné ; les bras enlevés d'un côté n'ont fait que remplir le vide opéré de l'autre par la mort. Si enfin, parmi ces 600,000 hommes, la moitié seulement a disparu, mais que l'autre ait été détournée accidentellement vers des occupations improductives, le résultat est identique : ils manquent également à la production agricole, sans que la production industrielle en ait conquis un seul.

J'ai dû poser des chiffres hypothétiques pour faire bien comprendre le jeu des faits. J'ignore de combien les populations rurales ont réellement diminué, je sais seulement que cette réduction a été énorme. Dans les campagnes, on voit des villages entiers presque dépeuplés. Dans les départements où le dénombrement a accusé une dépopulation marquée, le vide apparent est plus grand que ne l'indique le document officiel. On a porté partout comme présents dans les communes, en vertu des circulaires ministérielles, les ouvriers absents pour une cause temporaire, et qui sont considérés comme devant revenir à leur résidence habituelle, y compris ceux employés aux chemins de fer et aux travaux de Paris. Cette circonstance fait présumer que le déplacement, si considérable qu'il soit d'après les chiffres officiels, doit avoir en réalité des proportions beaucoup plus fortes, et il est à remarquer que l'émigration et la mortalité ont surtout porté sur les hommes adultes, qui emportent avec eux la force effective. En fait, beaucoup de travaux ordinaires des champs n'ont pu être exécutés faute de bras.

Je ne voudrais pourtant pas que les cultivateurs s'en prissent à l'industrie de leurs embarras. Rien n'annonce que l'industrie ait pris dans ces derniers temps un développement subit. Tout le monde sait que la plupart des matières premières, comme la soie, la laine, l'huile, l'alcool, etc., deviennent extrêmement rares et chères, ce qui a dû ralentir un grand nombre de manufactures. La production métallurgique a seule fait de grands progrès, grâce à l'exécution continue des chemins de fer ; mais il ne paraît pas que cette destination ait pris beaucoup plus de bras qu'à l'ordinaire. Au lieu de faire trop de chemins de fer, nous n'en faisons pas assez. Nous sommes de plus en plus en arrière de l'Angleterre, de la Belgique et de l'Allemagne. La moitié environ des chemins de fer existants étaient déjà ouverts en 1851, et on n'en a ouvert depuis que 600 kilomètres en moyenne par an, ce qui suppose un surcroît assez limité d'ouvriers et d'employés (1).

IV

Je ne suis pas également sûr du profitable emploi des 300,000 âmes concentrées à Paris. Là est, avec la guerre, la dérivation vraiment regrettable. Non que les

(1) A la date du 31 décembre 1856, le Royaume-Uni, la Belgique et l'Allemagne avaient 500 kilomètres de chemins de fer *ouverts* pour chaque million d'hectares, la France n'en avait que 117 ou moins du quart ; la différence est bien autrement grande pour l'Angleterre proprement dite.

Le petit royaume de Piémont, qui s'est mis à l'œuvre beaucoup plus tard, a déjà autant de chemins de fer que nous relativement à son étendue, et il a eu à vaincre de plus grandes difficultés en proportion, notamment pour la traversée des Apennins entre Turin et Gênes ; le voilà qui aborde maintenant le mont Cenis, tandis que nous n'avons pas encore percé nos montagnes centrales, et que nous sommes conséquemment loin du moment où nous pourrons songer à ouvrir les Alpes, les Pyrénées ou le Jura.

agglomérations urbaines, quand elles se forment naturellement, soient toujours mauvaises : Londres a presque deux fois plus d'habitants que Paris, et l'influence de ce grand centre de production et de consommation sur toutes les industries anglaises, sur l'agriculture en particulier, n'a rien que d'avantageux. Seulement Londres s'est ainsi peuplé peu à peu, par sa force propre, sans aucune excitation artificielle, et il n'en est pas de même de Paris, surtout depuis 1851. La concentration des dépenses publiques sur ce point, déjà excessive depuis longtemps, a dans ces cinq ans passé toutes les bornes. Il résulte d'un document officiel, le *Compte général de l'administration des finances* (1), que, sur un total de 2 milliards 379 millions de paiements faits par le trésor public en 1855, le département de la Seine a absorbé à lui seul 877 millions. En 1850, il avait été payé dans le même département 497 millions, et c'était déjà bien assez. S'il est naturel que le siége du gouvernement soit le théâtre de dépenses exceptionnelles, il faut que ce privilége ait ses limites.

En même temps, les dépenses publiques se sont élevées, dans les Bouches-du-Rhône, à 141 millions, dans le Var à 69, dans le Nord à 50, dans le Rhône à 39, dans le Pas-de-Calais à 37, dans la Gironde à 32, dans Seine-et-Oise à 29, etc. Dans tous ces départements, la population a augmenté.

D'un autre côté, j'ai additionné les dépenses publiques dans 28 des départements dont la population a diminué, et j'ai trouvé un total de 158 millions, ou seulement 5 millions et demi en moyenne pour chacun !

(1) Voir la note E à la fin du volume.

Je n'attache pas à ces chiffres plus d'importance qu'il ne faut ; je sais tout ce qu'on peut dire pour les expliquer ; une égalité parfaite dans la distribution des dépenses publiques est manifestement impossible ; les frais de la guerre sont pour beaucoup dans les inégalités extraordinaires de 1855 ; la dette nationale en s'accroissant a augmenté les paiements du trésor central ; tout ce qui se *paye* à Paris ne s'y *dépense* pas précisément, etc. ; tout cela est vrai, mais la disproportion est si énorme qu'elle n'en mérite pas moins de fixer l'attention.

Cette centralisation de l'argent du budget à Paris a cette conséquence fâcheuse, entre beaucoup d'autres, qu'elle y entretient un luxe extravagant. Pendant que les capitaux manquent en province pour les emplois les plus productifs, ils se perdent à Paris dans une foule de dépenses improductives. Le luxe de Paris est, à beaucoup d'égards, une des splendeurs de la France : même au point de vue des intérêts positifs, il contribue à y attirer une foule d'étrangers qui viennent nous apporter leur tribut de tous les coins du monde ; mais cette richesse, beaucoup plus apparente que réelle, s'évanouit presque aussi vite qu'elle se crée : elle est d'ailleurs essentiellement chanceuse, aléatoire, et le moindre choc suffit pour la réduire à néant, on l'a bien vu après la révolution de 1848. Si donc il était vrai, comme je le crains, que la nouvelle population parisienne fût uniquement alimentée par le luxe, et que ce luxe lui-même trouvât son principal encouragement dans les dépenses démesurées du budget, ce serait à coup sûr une des situations les plus dangereuses pour l'avenir, en même temps qu'une des plus nuisibles pour le présent.

La cherté croissante et universelle nous avertit de cette rupture dans l'équilibre national, la nature des choses résiste à la violence qui lui est faite. Le surcroît de bien-être que la population des départements vient chercher à Paris est lui-même un fait trompeur : ce bien-être n'a rien que de légitime quand il coïncide avec une augmentation de production ; quand il s'associe à une production décroissante, il aggrave le mal. Si, par exemple, on donne le pain à Paris au-dessous du prix coûtant, la population de Paris y gagne, le reste de la France y perd, car le prix même du blé prouve qu'il est rare, insuffisant, et plus on en mange sur un point privilégié, moins il en reste pour les autres. Ce n'est pas en abaissant le prix du pain au moyen des ressources publiques qu'on peut le réduire sérieusement, mais en augmentant la masse de la production, et c'est à coup sûr un fort mauvais moyen d'augmenter la production que d'employer la puissance du budget à faire concurrence au travail rural. Toute cette population produisait beaucoup et consommait peu quand elle se livrait à la culture ; aujourd'hui elle produit peu et consomme beaucoup : la conséquence est inévitable (1).

Les agglomérations de population dans les grandes villes ont en France des dangers particuliers ; si l'on doit les accepter quand elles se produisent d'elles-mêmes, on ne doit pas les exciter artificiellement. Ces masses sommeillent aujourd'hui, mais elles peuvent se réveiller à tout moment, et on sait combien leurs réveils sont terribles.

De même que la politique, la morale est ici, comme

(1) Voir la note E à la fin du volume.

toujours, complétement d'accord avec la science économique. Outre les obstacles qu'il y met indirectement en nuisant à la production, le luxe a des effets directs parfaitement connus sur le développement de la population. Rien n'est plus facile que de confondre la corruption des mœurs avec la continence volontaire, car les conséquences de l'une et de l'autre se ressemblent, mais la différence réelle est immense ; la continence volontaire est une vertu, c'est la loi du devoir appliquée à la satisfaction de l'un des penchants les plus impérieux de l'homme ; l'abus des plaisirs et les honteux calculs de l'égoïsme sont des vices. Entre la brutale insouciance du prolétaire qui met au monde des misérables, sans s'inquiéter de leur avenir, et le non moins grossier sensualisme du viveur qui s'abstient d'avoir des enfants pour s'affranchir de toute prévoyance, il y a un monde. Malheureusement c'est cette dernière tendance qui domine. Les populations urbaines l'emportent de plus en plus sur les populations rurales, et tous les chiffres de la statistique rapprochés et comparés par M. Legoyt dans le *Journal des Économistes*, s'unissent pour démontrer que les premières s'abandonnent bien plus facilement que les secondes aux penchants nuisibles ; la vie moyenne est plus courte, la proportion des mariages moins grande, le nombre des naissances moins élevé, le rapport des enfants naturels aux enfants légitimes plus considérable, et le chiffre des morts-nés plus fort, dans les villes que dans les campagnes, et à Paris que dans les autres villes.

On peut trouver quelque chose de contradictoire à accuser en même temps la misère et le luxe, mais ces deux maladies sociales n'ont rien d'inconciliable ; au contraire, elles se supposent mutuellement.

Dans les départements les plus rapprochés de Paris, comme l'Oise, l'Aisne, la Somme, Seine-et-Marne, le Calvados, l'Eure, la diminution de la population perd beaucoup de sa gravité. Il y a eu augmentation de richesse, même agricole, dans un rayon d'environ cinquante lieues autour de la capitale ; l'énorme surcroît de consommation qu'une agglomération inouïe a provoqué, a profité aux provinces les plus rapprochées. Le déficit de récolte y a été d'ailleurs peu sensible ; outre les avantages particuliers à cette fraction du territoire, où les violentes variations du climat sont plus rares qu'ailleurs, la somme des capitaux employés de longue main à l'agriculture y a triomphé jusqu'à un certain point des intempéries. Peu importe au fond, puisque la population s'y est fortement accrue sur quelques points, que quelques autres points entremêlés aient perdu.

La même observation peut s'appliquer aux départements de l'ouest en général, qui sont en progrès évident sous tous les rapports, ceux de la Loire-Inférieure, d'Ille-et-Vilaine et de Maine-et-Loire, ayant regagné sur place ce que leurs voisins de la Sarthe, du Finistère, des Côtes-du-Nord, du Morbihan, ont perdu ; de sorte que la moitié environ du territoire a gagné au lieu de perdre, l'augmentation totale y a été de 600,000 âmes, ou l'équivalent de l'accroissement normal.

Le poids des circonstances pénibles que nous avons traversées n'en a que plus porté sur l'autre moitié, l'est, le sud-ouest et le centre ; ces 43 départements, déjà beaucoup moins peuplés que les autres, ont perdu ensemble 350,000 habitants, dont moitié par la mortalité et moitié par l'émigration, ce qui ajouté aux 450,000 qu'ils auraient dû gagner en temps ordinaire, donne un déficit total de 800,000 âmes.

On peut remarquer que la plupart de ces contrées sont montagneuses et que conséquemment les conditions de la vie y sont plus rudes qu'ailleurs; on peut remarquer aussi que la plupart n'ont pas de chemins de fer ou n'en ont eu que tout récemment. Ces considérations, bien qu'accessoires, ont certainement leur valeur pour l'explication complète des faits. Mais la grande cause du mal, c'est le déficit de récolte qui a été énorme dans cette région, il a généralement dépassé le quart et sur beaucoup de points la moitié du produit normal. La hausse des denrées agricoles, si profitable aux contrées de la France qui ont un excédant à exporter, y a été un fléau de plus pour les cultivateurs, réduits eux-mêmes à faire venir du dehors une partie de leur subsistance. Voilà pourquoi une portion de la population a péri et une autre a émigré. A l'intensité près, qui a été infiniment moindre, parce que la population était moins pressée et la perte de récolte moins complète, c'est la même crise qu'en Irlande il y a dix ans.

V

Ce qui prouve que des causes particulières ont agi chez nous, c'est que le reste de l'Europe, malgré les mauvaises années, qui ont été à peu près les mêmes partout, n'a pas également souffert.

En 1851, l'Angleterre était déjà deux fois plus peuplée que la France, et sa population monte toujours; pendant que les décès excèdent chez nous les naissances, l'excédant des naissances sur les décès est d'environ 360,000 âmes par an dans les îles Britanniques, ce qui fait ressortir entre les Anglais et nous, bien que leur territoire soit moins étendu, une différence de 430,000 nouveaux êtres vivants pour 1854 et probablement aussi pour 1855. Il est vrai que les progrès de la production n'ayant pas pu suivre ce progrès de la population, l'émigration à l'extérieur a dû en enlever la plus grande partie; mais cette émigration n'est pas sans influence sur la puissance de l'Angleterre : elle répand dans tous les coins du monde la race anglo-saxonne et crée des empires nouveaux. Nous savons d'ailleurs que, depuis deux ans, elle a diminué de moitié.

En même temps l'importation des denrées agricoles ne s'accroît pas en proportion de l'accroissement de la population, et, bien que la consommation moyenne des Anglais soit supérieure à la nôtre, leurs progrès agricoles sont tels que le prix de la viande et du pain, beaucoup plus élevé autrefois chez eux que chez nous, est maintenant égal et plutôt au-dessous. La prospérité agricole est de plus en plus la base indestructible de cette puissance colossale, la plus grande que le monde ait jamais vue, sans en excepter l'empire romain, car Rome n'a jamais commandé qu'à 100 millions d'hommes, tandis que l'Angleterre commande à 200 millions.

La petite Belgique, dont le territoire n'est que le vingtième du nôtre, a passé en cinq ans, de 1851 à 1855, de 4,427,000 âmes à 4,607,000 ; différence, 180,000. Si nous avions marché aussi vite, nous aurions gagné 1,500,000 âmes.

En Prusse, les dénombrements sont triennaux; en six ans, du mois de décembre 1849 au mois de décembre 1855, la population a monté de plus de 900,000 âmes. Si nous avions marché aussi vite, nous aurions gagné 2 millions.

En Hollande, également en six ans, de 1850 à 1855, la population a monté de 204,000 âmes. Si nous avions marché aussi vite, nous aurions gagné encore 2 millions.

Je ne connais pas les chiffres des autres États, mais je suis convaincu que partout, à l'exception peut-être de l'Espagne, de la Turquie et de la Russie, le surcroît de population aura été plus considérable qu'en France, ou, en d'autres termes, que la production agricole y aura fait plus de progrès, car il faut toujours en revenir à la loi de Malthus, que le mouvement de la population se règle en fin de compte sur la quantité des subsistances.

Vainement on voudrait essayer de se persuader que, si la population n'a pas monté chez nous, l'aisance moyenne s'est accrue. Si la réduction ne tenait qu'à la diminution des naissances, la confusion serait possible ; mais l'accroissement du nombre des décès ne permet pas de s'y tromper. Bien que la population fût moins nombreuse que dans beaucoup d'autres parties de l'Europe, elle l'était encore trop pour la richesse produite, puisque la maladie et la mort sont venues la refouler dans de plus étroites limites. C'est bien l'obstacle *répressif* de Malthus qui a agi.

De 795,000 qu'il avait atteint en 1853, le nombre des décès s'est élevé tout d'un coup à 992,000 en 1854, ou près de 200,000 de différence !

La plupart de ces tristes phénomènes peuvent n'être que temporaires ; je le sais et je m'en réjouis ; il n'en est pas moins utile de constater les faits, afin qu'on évite autant que possible à l'avenir ce qui a pu dépendre de la volonté humaine dans cette grave perturbation.

Le progrès de notre commerce extérieur ne prouve rien contre cette démonstration. Il suffit de regarder aux denrées importées pour y voir plutôt un indice de malaise que de richesse. Le commerce extérieur est un signe de prospérité, lorsqu'il coïncide avec une augmentation de la production intérieure ; sinon, c'est une marque d'appauvrissement. Les céréales, les soies, les vins, les bestiaux, les viandes salées, qui entrent aujourd'hui en France plus que par le passé, viennent remplir un vide survenu dans la production nationale. Les produits industriels exportés pour les payer auraient servi à la consommation intérieure ou à d'autres échanges, si ce déficit ne s'était pas produit. En Angleterre, l'introduction des denrées alimentaires est une richesse, parce qu'elle vient s'ajouter à une production intérieure toujours croissante. Chez nous, c'est le contraire, du moins pour le moment. Rien n'est plus complexe que ces phénomènes ; les mêmes apparences cachent souvent des différences profondes. Il n'y a rien à en conclure contre la liberté commerciale, car, le déficit une fois déclaré, on est fort heureux qu'il soit comblé du dehors ; mais il vaudrait mieux qu'il n'y en eût pas.

Supposons un pays où toute la récolte en blé viendrait à manquer à la fois : ce pays ne pourrait vivre qu'en achetant à ses voisins des quantités immenses de céréales, et par conséquent en leur vendant en échange tout ce qu'il pourrait vendre, en s'imposant les plus rudes privations et en s'endettant pour l'avenir. Son commerce extérieur se serait considérablement accru ; serait-ce un signe de richesse ?

L'accroissement du produit des impôts indirects est plus difficile à expliquer ; là aussi cependant il y a beaucoup à dire. Outre que cet accroissement tient en partie à de nouveaux impôts, il a été fortement activé, depuis trois ans, par les dépenses extraordinaires de la guerre, les expositions, les grands travaux publics, etc. Quand on regarde à la manière dont il se distribue entre les départements, on trouve que ceux où l'État a le plus dépensé sont ceux où l'accroissement des recettes a été le plus marqué. L'excédant de 200 millions signalé entre 1851 et 1856 est presque complétement payé par huit ou dix départements : la Seine, la Seine-Inférieure, les Bouches-du-Rhône, le Nord, le Rhône, etc. Les départements dont la population a diminué et où l'État ne fait que très-peu de dépenses, ne présentent, au contraire, qu'un bénéfice insignifiant.

La nature même des recettes pourrait donner lieu à des observations. Ainsi il est impossible de considérer comme un signe de richesse l'augmentation vraiment prodigieuse dans la consommation du tabac. Voilà bien près de 200 millions qui s'en vont littéralement en fumée tous les ans, et qui ne servent qu'à empoisonner peu à peu une grande partie de la nation, car l'action délétère du tabac sur l'organisme n'est peut-être pas sans influence sur le ralentissement du travail et de la population. Je ne nie pas d'ailleurs la tendance à consommer; c'est la tendance à produire qui me paraît en déclin. Or l'une ne peut se satisfaire longtemps sans l'autre. Une nation peut vivre quelque temps, comme un particulier, en dissipant ses épargnes antérieures et en entamant son capital, mais un pareil jeu ne peut durer, et il arrive un moment où il faut compter, quoi qu'on fasse.

Voilà le mal : quels sont les remèdes? Quelques personnes dont les intentions valent mieux que les lumières persistent à demander une intervention plus active de l'État dans les intérêts agricoles. Dieu nous en garde ! C'est avec ces perpétuelles invocations à l'intervention de l'État qu'on nous a menés où nous en sommes. A part quelques concours et quelques fermes-écoles, l'État ne peut rien.

Une décision ministérielle vient de supprimer, je ne sais trop pourquoi, le troisième concours universel qui devait avoir lieu cette année. Ces brusques revirements ont des effets déplorables : beaucoup d'éleveurs s'étaient préparés, soit en France, soit au dehors, dont les dépenses vont être perdues ; il ne faut pourtant pas donner à ce concours plus de regrets qu'il n'en mérite. Ces pompeuses exhibitions n'avaient plus rien à prouver et ne pouvaient plus porter que bien peu de fruits, une de moins n'importe guère. Il y avait quelque chose de profondément faux dans cette apparition de l'agriculture, l'art le plus utile et le plus modeste, au milieu des splendeurs du luxe le plus éblouissant et le plus ruineux. Ces animaux, couchés sur leur fumier, si soigné qu'il fût, cadraient mal avec ces voûtes magnifiques, si bien que des maladies épidémiques se sont déclarées parmi eux et en ont emporté beaucoup ; le grand air des champs, avec ses rudesses salubres, leur convient mieux que la température chaude et malsaine des palais, même les plus immenses. Ce ne sont pas d'ailleurs les fêtes de ce genre qui nous manquent : le concours annuel de Poissy empruntera cette année un éclat particulier à la suppression de l'exposition universelle ; beaucoup d'animaux anglais y viendront, dit-on, et les concours régionaux, plus véritablement utiles que ceux de Paris, parce qu'ils sont plus près des cultivateurs, s'organisent en ce moment sur tous les points du territoire (1).

Un exemple nouveau montre combien il faut peu compter sur l'efficacité de certains remèdes. On sait qu'une loi récemment rendue a affecté 100 millions à des prêts publics pour travaux de drainage. Cette loi n'a pas encore pu s'exécuter soit que l'argent ait manqué, soit pour toute autre cause, et il en est résulté jusqu'à présent ce singulier effet, que la plupart des entreprises de drainage commencées ou en projet se sont arrêtées : tout le monde attend l'argent de l'État. Plus on veut venir au secours des intérêts privés, plus on s'expose à les rendre inertes.

D'autres proposent des mesures contre la spéculation : rêves impuissants! La spéculation est inévitable, elle a même son utilité. Tout ce qu'on peut faire, c'est de favoriser le moins possible l'aliment qui la nourrit, la variation excessive des valeurs de bourse. La spéculation a sans doute ruiné beaucoup de joueurs pour en enrichir quelques-uns ; elle a, par des fortunes subites sur un coup de dé, contribué à décourager le travail et l'économie, qui sont les seuls producteurs ; mais ce n'est pas elle qui a absorbé les capitaux dont l'agriculture déplore la perte. Ces capitaux sont venus s'enfouir dans les emprunts publics que la guerre a nécessités, et dans une foule d'autres dépenses également improductives. Depuis cinq ans, les che-

(1) Cette espérance s'est réalisée: le concours de Poissy a pris les proportions d'une solennité internationale; les Anglais y sont venus et ont obtenu des prix ; les concours régionaux ont eu aussi, pour la plupart, un succès réel; on a continué à en exclure les chevaux, mais sur plusieurs points, notamment à Pau et à Évreux, ils ont fait irruption malgré le programme.

mins de fer, par exemple, le principal aliment de la spéculation, ont absorbé 1,500 millions, tandis que la guerre a coûté deux milliards et la transformation de Paris un milliard, en tout trois milliards ou le double.

Le véritable remède est plus simple : il consiste tout uniment à ramener les dépenses publiques qui ont dépassé 2 milliards par an depuis trois ans, au chiffre de 1,500 millions, qui a suffi dans d'autres temps, et plus bas encore, s'il est possible, à suspendre tous les travaux publics sans utilité, en accroissant d'autant la dotation des plus utiles ; à éviter avec soin tout emprunt public nouveau, toute institution nouvelle de crédit, toute excitation artificielle au luxe ; à réduire les dépenses militaires au strict nécessaire, maintenant que la guerre est finie, Dieu merci ! et à attendre avec patience et confiance l'effet infaillible de ces mesures réparatrices.

J'ajouterais bien, si je l'osais, qu'une intervention plus active des citoyens, sinon dans la gestion de leurs intérêts politiques, puisque la constitution s'y oppose, du moins dans celle de leurs intérêts administratifs et financiers, me paraîtrait le plus sûr moyen de garantir ce retour vers une meilleure économie des forces publiques ; mais je ne me dissimule pas que la disposition universelle des esprits y est peu favorable, et je ne voudrais pas, en combattant les chimères d'autrui, proposer à mon tour la mienne. Après avoir abusé de la liberté jusqu'à la folie, la France ne veut même plus user de celle que lui laissent ses institutions nouvelles ; il faut pour le moment du moins, en prendre son parti. Le devoir n'en est que plus grand pour ceux qui la gouvernent de ménager cette nation, naguère intraitable, qui se livre aujourd'hui avec un si complet abandon.

Dans toutes nos grandes crises historiques, le paysan français, si bien personnifié par Jacques Bonhomme, a toujours fini par nous tirer d'affaire. Remontez aux croisades, aux guerres féodales, aux guerres contre les Anglais, aux guerres de religion, aux guerres d'Italie, aux guerres de Louis XIV, aux guerres de la révolution et de l'empire : c'est Jacques Bonhomme qui répare sans cesse le mal fait par d'autres. C'est encore Jacques Bonhomme qui a supporté tout le poids de la dernière révolution et de la dernière guerre, c'est lui qui a héroïquement subi sans se plaindre l'épreuve douloureuse de la disette, bien plus meurtrière dans les campagnes que dans les villes ; c'est lui qui ne se lasse pas de fouiller le sol natal *avec une opiniâtreté invincible*, comme dit la Bruyère, et qui en tirera certainement de nouveaux fruits. Ses rangs se sont bien éclaircis depuis quelque temps, mais il en reste assez, pourvu qu'on ne les disperse pas davantage. Il ignore les jouissances du luxe, les gains du jeu, les ambitions fiévreuses, et possède encore les mâles vertus et les instincts producteurs de ses pères. Laissez-le faire ; il vous rendra bien vite, sans faste et sans bruit, sinon ce que vous avez perdu, du moins ce que peuvent créer de richesses nouvelles le travail et l'économie. Si les autres classes de la société française, riches, bourgeois, artisans des villes, valaient pour leurs rôles ce que Jacques Bonhomme vaut pour le sien, ce n'est pas l'Angleterre, c'est la France qui serait depuis longtemps le premier peuple de l'univers.

VIII

RÉPONSE A QUELQUES CRITIQUES

A M. LE RÉDACTEUR DE L'ASSEMBLÉE NATIONALE.

Paris, 16 juin 1857.

J'arrive à Paris, Monsieur, après une absence de deux mois, nécessitée par un malheur de famille, et j'apprends en arrivant que ma dernière communication à l'Académie des sciences morales et politiques, sur les résultats du dénombrement de 1856, dont j'ai reproduit les principaux traits dans la *Revue des Deux Mondes* du 1er avril, a soulevé une assez vive polémique. Permettez-moi, bien qu'il soit un peu tard, de répondre quelques mots à ces attaques.

On m'a accusé d'avoir fait une œuvre de parti : on ne pouvait me faire de reproche qui me fût plus sensible. Je déteste l'exagération, l'esprit d'opposition, tous ces abus qui nous ont fait tant de mal et qui ont fini par ruiner en France la liberté de discussion. Si j'étais tombé dans ces déplorables écarts, après en avoir tant souffert, je ne me le pardonnerais pas ; heureusement, ma conscience me rend un autre témoignage. Chargé par l'Académie d'une sorte d'enquête sur la condition des classes rurales, j'aurais manqué à mon devoir, si j'avais négligé de lui signaler les faits révélés par le dernier dénombrement. Placé à un point de vue tout économique, j'ai cherché la vérité dans sa nuance la plus précise et la plus exacte, et si je ne suis pas parvenu à la trouver, c'est la faute de mes lumières, ce n'est pas celle de mes intentions.

Parmi les critiques dont j'ai été l'objet, il en est une qui m'a, je l'avoue, un peu surpris, c'est celle de M. Legoyt, chef de la statistique générale au ministère de l'agriculture et du commerce. Nul ne peut se flatter de connaître les chiffres officiels aussi bien que M. Legoyt, qui les fait, et nous ne savons guère, en fait de statistique nationale, que ce qu'il veut bien nous apprendre. Non-seulement j'avais dû lui emprunter la plupart des chiffres dont je m'étais servi, et qui prennent, en sortant de ses mains, un caractère authentique, mais j'avais cru en tirer des conclusions fort analogues à celles qu'il en tirait lui-même.

J'ouvre l'*Annuaire de l'économie politique* pour 1857, et j'y trouve, dans un article signé de M. Legoyt, les paroles suivantes à propos du mouvement de la population en 1854 : *Le fait le plus remarquable de cette année est l'excédant considérable des décès sur les naissances ; ce fait se produit en France pour la première fois depuis 54 ans ; trois causes ont concouru à ce résultat affligeant : 1° le choléra ; 2° les pertes subies par notre armée et notre flotte dans la guerre d'Orient ; 3° la cherté*. Telle est l'opinion de M. Legoyt, telle est aussi la mienne ; nous pensons également l'un et l'autre que ce fait est aussi nouveau qu'affligeant, plus nouveau encore pour M. Legoyt que pour moi, car je ne fais remonter l'équivalent qu'à 1814, et nous ne sommes pas moins d'accord sur les causes.

Nous ne différons que sur un point, l'analyse des causes spéciales qui ont produit la cherté : M. Legoyt n'en voit qu'une, les intempéries; moi, j'en vois deux, les intempéries d'abord, et ensuite le déplacement d'hommes et de capitaux amené par un accroissement considérable et subit des dépenses publiques. Je comprends la discussion sur ce point, mais sur ce point seulement, et à condition que la question sera posée dans ses véritables termes. Il semble aujourd'hui, en lisant mes critiques, que l'unique cause des faits affligeants que nous avons déplorés, M. Legoyt et moi, soit à mes yeux le déplacement ; c'est une erreur matérielle, je l'ai signalé comme une des causes de la cherté, non comme la seule.

Je demande la permission de citer les termes mêmes dont je me suis servi : « La diminution de production, *qui a été l'effet naturel des circonstances atmosphériques*, aurait certainement suffi pour exercer une action sur la population ; un concours particulier de circonstances a achevé de l'*aggraver*. Au moment où l'agriculture avait le plus besoin de toutes ses ressources pour lutter contre l'influence funeste des saisons, elle s'est vue privée à la fois de bras et de capitaux par la guerre et par le luxe. » Voilà ce que je maintiens, ni plus ni moins ; le mal vient avant tout des intempéries, la guerre et le luxe l'ont aggravé.

M. Legoyt qui, dans plusieurs publications antérieures, avait appelé la disette et la misère par leur nom, est pris aujourd'hui d'un tel accès d'optimisme qu'il va jusqu'à nier la diminution de la production agricole dans ces dernières années. Je ne m'arrêterai pas longtemps à discuter avec lui cette question ; les faits sont malheureusement trop évidents pour qu'il puisse les obscurcir après les avoir constatés. Quelles que soient les causes, et, encore un coup, nous sommes d'accord sur la principale, le mauvais temps, le déficit des récoltes depuis quatre ans, en céréales, vins, soies, pommes de terre et fourrages, ne se démontre que trop par lui-même ; si la statistique dit maintenant le contraire, j'en suis fâché pour la statistique.

Je veux seulement faire observer à M. Legoyt que le principal argument dont il se sert n'a rien de péremptoire. Ce qui prouve, dit-il, que la production agricole n'a pas diminué depuis quatre ans, c'est que l'étendue cultivée en froment s'est accrue. Je n'ai aucun moyen de contrôler les chiffres qu'il donne à ce sujet ; je suis forcé de les accepter sur parole, comme tous ceux qui émanent de lui ; mais en admettant qu'ils soient vrais, ce dont je ne doute pas, ils ne prouvent rien. Ce n'est pas ce qu'on sème qui importe, c'est ce qu'on récolte. Nous n'avons jamais péché en France par l'étendue cultivée, mais par le rendement moyen, et tous les agronomes sont unanimes pour conseiller de diminuer plutôt l'étendue afin d'augmenter le rendement. Au lieu d'être toujours un signe de progrès, l'extension des emblavures peut donc être un signe du contraire.

Il est vrai que, selon M. Legoyt, le rendement s'est accru aussi. « Nous croyons, dit-il, rester au-dessous de la vérité, en évaluant cet accroissement de 10 hectolitres 50 en 1821 à 14 hectolitres en 1856. » Il y a là une confusion qui m'étonne de la part d'un esprit aussi exact ; que le rendement moyen des terres se soit accru, en général, depuis 1821, c'est ce que je n'ai pas contesté, mais qu'il se soit accru spécialement depuis quatre ans, c'est insoutenable, puisque ces années ont été des années de disette et de mauvaise récolte.

Je lis dans un article publié par M. Legoyt dans le *Journal des Économistes* du mois de mars dernier : « En 1855, par suite de l'aggravation de la cherté, nous n'hésitons pas à porter à 80,000 *la mortalité due à ses ravages.* » Or, que peut-on entendre par les *ravages de la cherté*, si ce n'est le déficit de subsistances résultant d'une diminution de production ? Et un peu plus loin : « Le principal mobile des déplacements que nous étudions, *c'est la misère*, ce sont les souffrances résultant de cette cherté persistante. Les départements agricoles ont dû faire et ont fait, en effet, les pertes les plus sensibles, car, *en cas de déficit de récolte*, cette ressource unique de leurs habitants, *l'expatriation devient pour eux une impitoyable nécessité.* » Est-ce moi qui parle ainsi ? Non, c'est M. Legoyt. Même dans le travail auquel je réponds, il lui échappe à tout moment des mots tels que ceux-ci : *Insuffisance de récolte, crise des subsistances*, etc.

Le déficit de récolte, depuis 1853, une fois établi, et, en vérité, on perdrait son temps à le contester, la seule question est de savoir si la dérivation d'hommes et de capitaux produite par la guerre et par le luxe y a été pour quelque chose. Pour la guerre du moins, le fait est évident. M. Legoyt ne me chicane que sur la proportion. Il ne veut pas que la guerre d'Orient ait coûté 100,000 hommes à la France : l'administration de la guerre n'a, dit-il, déclaré qu'une perte de 70,000; soit. Je n'insisterai pas sur ce point délicat ; 70,000 hommes dans la force de l'âge, c'est déjà bien assez pour faire un vide sensible dans les champs et dans les ateliers. Outre ceux qui sont morts, combien ont été enlevés à leurs travaux ordinaires pour passer sous les drapeaux ! Je ne fixe aucun chiffre, de peur de m'exposer encore à des dénégations que je ne pourrais discuter, faute de preuves; chacun en pensera ce qu'il voudra.

L'honorable chef du bureau de statistique n'est pas de mon avis sur les conséquences de la concentration excessive des dépenses publiques ; mais alors comment explique-t-il ce fait si frappant que Paris ait gagné démesurément quand le reste de la France a perdu ? On comprend que la tête grossisse quand le corps s'accroît en proportion ; mais que la tête s'enfle ainsi tout d'un coup quand le corps entier diminue, voilà qui ne s'accorde guère avec les lois ordinaires de la physiologie. C'est l'esprit de parti, dit-on, qui me fait voir ce contraste anormal ; on ne songe pas que je ne suis pas le seul à le signaler. Les conseils généraux, qui ont exprimé à ce sujet, en termes si mesurés mais si nets, les appréhensions et les doléances de leurs départements, sont-ils donc inspirés par l'esprit de parti (1) ? Il faut bien que le gouvernement ait fini par s'en préoccuper, s'il est vrai, comme on l'assure, qu'une circulaire récente de M. le ministre de l'intérieur prescrive d'être fort sobre à l'avenir de passe-ports, aux ouvriers de province pour Paris ; je n'examine pas la valeur du remède, je dis qu'il atteste le mal.

M. Legoyt a recours à un moyen fort connu pour me donner tort; il affecte de me regarder comme l'ennemi systématique de la capitale, et il examine gravement ce qui arriverait *si Paris était anéanti*. On me permettra de ne pas prendre au sérieux cette manière de discuter. Quand Paris ne se

(1) Voir la note G à la fin du volume.

serait pas précisément accru de 300,000 âmes depuis 1851, il n'aurait pas, je suppose, cessé d'exister. M. Legoyt affirme que cette agglomération provient en grande partie d'étrangers et non de Français ; ce serait bien pis si c'était vrai, car une capitale où grossirait à ce point l'élément étranger serait une anomalie de plus; mais cette assertion doit être fort exagérée. Je ne conteste pas qu'il ne vienne à Paris beaucoup d'étrangers; s'il n'y venait pas encore plus de nationaux, que seraient devenus les habitants nombreux qu'ont perdus cinquante-quatre départements?

« Rien ne prouve, ajoute M. Legoyt, que ces 300,000 individus aient été enlevés à la culture ; ce sont des ouvriers, non des laboureurs. » A quoi je réponds toujours par la même question : si les campagnes ne les ont pas fournis, d'où vient qu'ils manquent dans les campagnes ? Que ce ne soient pas précisément les mêmes qui s'en vont d'un côté et qui affluent de l'autre, peu importe ; si les ouvriers des petites villes sont venus dans les grandes et surtout à Paris, il faut qu'ils aient été remplacés dans le lieu qu'ils ont quitté, puisque la population de toutes les villes s'est accrue, et par qui ont-ils pu l'être, si ce n'est par des ouvriers ruraux, puisque la population des campagnes a diminué?

Il ne faut pas, d'ailleurs, s'imaginer que la culture n'ait besoin que de laboureurs; il lui faut aussi des maçons, des couvreurs, des charpentiers, des forgerons, des terrassiers, des ouvriers d'art de toute sorte ; et tout le monde sait qu'il est devenu fort difficile à la campagne de bâtir, de réparer, d'ouvrir ou d'entretenir les chemins, de tenir en bon état son matériel, etc., ce qui nuit autant à la culture que le manque de cultivateurs proprement dits.

Ceci m'amène à une autre question soulevée après la publication du dénombrement, l'omission présumée d'une partie de l'armée d'Orient. J'ai dit à l'Académie des sciences morales, dans sa séance du 21 mars, ce que je pensais de cette omission ; j'attends toujours pour fixer mon jugement des publications véritablement officielles qui nous manquent. M. Legoyt parle d'un état communiqué par le ministère de la guerre, mais il ne le donne pas ; nous n'avons pas davantage la distinction entre les diverses catégories des populations flottantes portées au dénombrement. Tout ce que je puis dire dès à présent, c'est qu'il sera, dans tous les cas, difficile de concilier un pareil oubli avec le tableau des naissances et des décès, qui paraît devoir s'accorder assez exactement, quand il sera complet, avec le dénombrement lui-même. L'hésitation est ici d'autant plus permise que c'est encore là un de ces points où M. Legoyt n'est pas aujourd'hui d'accord avec ses premières publications, et il en convient, je dois le dire, avec une parfaite loyauté.

« Ce chiffre de 256,000, dit-il en parlant de l'accroissement de population depuis cinq ans, nous avait paru, *à un premier examen*, résulter clairement des documents publiés par l'administration. Nous hésitions d'autant moins à accepter ce nombre comme l'expression probable de la vérité, que les relevés des registres de l'état civil avaient révélé *une mortalité exceptionnelle*, en 1854 et 1855. Cependant, en examinant *de plus près* les publications du gouvernement, nous avons été amené depuis à nous demander si l'armée d'Orient avait ou non figuré *tout entière* au dénombrement, etc. » Il est toujours temps de s'éclairer, et je suis prêt, à mon tour, à revenir sur mes pas, mais quand le fait me sera démontré ; il n'a d'ailleurs que peu d'importance.

L'influence nuisible du luxe sur le développement de la production et de la population est, selon M. Legoyt, une *thèse nouvelle*. Ce mot m'étonne de sa part non moins que le reste. Versé par état et par goût dans les études économiques, il doit savoir parfaitement à quoi s'en tenir sur ce point capital, si souvent traité et mis en lumière par les maîtres de la science. La thèse peut être fausse, si l'on veut ; à coup sûr elle n'est pas nouvelle. J'ai cité à l'Académie, à l'appui de mes propres observations, un excellent article publié dans le *Journal des Économistes* du mois de février dernier, et ayant pour but de démontrer que la mortalité est plus forte et le progrès des naissances plus lent dans les villes que dans les campagnes, et à Paris que dans les autres villes. Quel en est l'auteur ? M. Legoyt lui-même, à qui je pourrais renvoyer le reproche qu'il m'adresse d'être l'ennemi de notre riche capitale.

Il insiste beaucoup aujourd'hui, pour suppléer à la désertion des bras dans les campagnes, sur les progrès du drainage, du chaulage, des engrais industriels, des machines aratoires, etc. Il me rendra, j'espère, la justice de reconnaître que je fais de mon mieux, dans mon humble sphère, pour seconder ces progrès ; mais il doit reconnaître aussi qu'ils ne sont que très-lents. Le drainage ne fait que s'introduire parmi nous, et, malgré tous les encouragements de l'administration, il n'a pas encore gagné le millième des terres arables ; même en admettant que ce travail difficile ait été partout bien fait, ce qui n'est malheureusement pas vrai, le résultat ne peut être encore qu'insensible sur l'ensemble de la production. Les effets obtenus par l'emploi de la chaux, du plâtre, du noir animal, sont plus grands, mais ils datent de plus loin. Quant aux machines, elles font sans doute leur chemin petit à petit, et si les bras continuent à manquer, elles pourront bien finir par se répandre. Le premier effet de la défection des travailleurs n'en aura pas moins été funeste, parce qu'on n'était pas prêt. C'est ici surtout que le manque d'ouvriers d'art se fait sentir ; il n'y a pas de perfectionnement agricole possible sans l'aide d'ouvriers habiles à travailler la pierre, le bois et le fer.

A Dieu ne plaise que je méconnaisse les efforts d'autant plus honorables qu'ils sont plus rares, des hommes qui concourent avec une si généreuse ardeur au progrès agricole ! Je dis seulement qu'ils travaillent plus pour l'avenir que pour le présent, et qu'il ne faut pas juger de l'ensemble de l'agriculture nationale d'après le spectacle que présentent quelques concours officiels.

J'augmenterais démesurément les bornes de cette lettre déjà bien longue, si je m'attachais à suivre M. Legoyt dans tous ses développements, si je cherchais, par exemple, à signaler les autres contradictions qui abondent dans son travail, conséquences inévitables de l'opposition entre ses chiffres et ses conclusions actuelles. Je veux seulement en indiquer encore une, fort singulière, à propos des mariages. « Le nombre de nos mariages, dit-il en propres termes, *s'accroît sans cesse*, et c'est l'un des signes les plus sûrs de notre excellente situation. »

Et quelques lignes plus bas, je trouve ce tableau des mariages en France depuis 1850, que je copie textuellement :

1850................	297,900 mariages.
1851................	286,884
1852................	281,460
1853................	280,689
1854................	270,906
1855................	212,773 (1)

Reste à expliquer comment le nombre des mariages *s'accroît sans cesse, ce qui est un des signes les plus sûrs de notre excellente situation,* quand il résulte du relevé officiel que M. Legoyt laisse échapper, que ce nombre a été toujours décroissant depuis 1850 ; cette décroissance graduelle des mariages me paraît un symptôme plus triste encore, s'il est possible, que l'excédant de mortalité.

Je ne suivrai pas davantage mon contradicteur dans le déluge de chiffres qu'il nous donne à propos du mouvement de la population dans les pays étrangers. Toute cette discussion est superflue. Je n'ai pas dit que les autres peuples n'avaient pas ressenti l'influence des mauvaises récoltes, j'ai dit qu'ils n'en avaient pas souffert autant que nous. Voici ma phrase : « Ce qui prouve que des causes particulières ont agi chez nous, c'est que le reste de l'Europe, malgré les mauvaises années qui ont été à peu près les mêmes partout, *n'en a pas également souffert.* » Or, ceci est incontestable, et M. Legoyt ne le conteste pas. Nulle part comme en France, d'après les chiffres connus jusqu'ici, les décès n'ont excédé les naissances depuis trois ans, et le progrès de la population depuis 1851, bien que ralenti quelquefois par la cherté, a dépassé généralement le nôtre dans une énorme proportion. Ce fait seul importe, et il ressort des chiffres mêmes que donne M. Legoyt.

Il paraît que quelques journaux étrangers, notamment

(1) Ce dernier chiffre n'est pas complet; il y manque seize départements.

des journaux anglais, ont cru pouvoir profiter de cette différence sensible entre nous et nos voisins, pour en conclure que la France était entrée dans une période de décadence. Je ne puis être responsable de ce qu'ont dit et diront tous les journaux de France et de l'étranger. Il m'a paru résulter des recensements de 1851 et de 1856 que mon pays était engagé dans une mauvaise voie matériellement et moralement ; j'ai cru utile de l'avertir pour qu'il eût à aviser, mais je n'ai point parlé de décadence, je n'ai point accusé les idées de 1789, que je respecte plus que personne ; chacun commente les faits à sa manière, je ne suis responsable que de la mienne (1).

Il y a loin d'une maladie qui peut n'être que passagère, à un épuisement final. Si j'avais cru le mal aussi grave, je me serais tu ; c'est parce qu'il me paraît assez facile de le corriger que j'ai élevé la voix. Les remèdes que j'ai indiqués, et qui ne sont autres que la paix et l'économie, prouvent que je suis loin de m'effrayer à l'excès. La paix est déjà venue, l'heure impérieuse de l'économie paraît venir aussi ; tout le monde à peu près sent la nécessité de faire de nouvelles épargnes, quand ce ne serait que pour avoir le plaisir de les dépenser après. Les dépenses publiques, qui ont atteint en 1855 2 milliards 380 millions, viennent d'être ramenées à 1,700 millions, du moins pour le

(1) A propos de l'un de ces journaux, *la Revue d'Édimbourg*, M. Legoyt affirme y avoir vu cette assertion étrange que : « *Désormais la France, épuisée d'hommes et d'argent, ne pourrait plus, sans un grand péril intérieur, armer un seul bâtiment et lever un nouveau bataillon.* » J'ai cherché dans la *Revue d'Édimbourg* cette phrase que M. Legoyt donne entre guillemets comme une citation textuelle, je ne l'ai pas trouvée. L'article est sévère, sans nul doute, mais il faut beaucoup forcer les termes pour en faire sortir une exagération aussi ridicule.

moment, par le budget de 1858, et il est permis d'espérer que ce n'est pas là un dernier mot. Le chiffre de 1,500 millions que j'ai indiqué, comme désirable, et que M. Legoyt me reproche si amèrement, n'a rien de radical et de chimérique ; il ne faut pas remonter bien haut pour le trouver ; c'est celui des budgets de 1852 et 1853.

Tout ne sera pas dit sans doute si les choses reprennent leur cours ordinaire ; il restera encore bien des problèmes à résoudre, soit dans l'ordre moral, soit dans l'ordre matériel ; on aura du moins vaqué au plus pressé, et pour répéter toujours les expressions dont je me suis servi, on aura pourvu à *ce qui a pu dépendre de la volonté humaine dans cette grave perturbation*. Qu'en même temps le cours des saisons, qui nous a été quatre ans si contraire, vienne à s'améliorer, et cette crise aiguë pourra bien marcher à sa fin.

Je ne sais où M. Legoyt a vu les *sombres pronostics*, les *sinistres prédictions* qu'il m'attribue ; j'ai parlé du passé, qui me paraît en effet fort grave malgré de brillantes apparences ; je n'ai pas parlé de l'avenir, que je ne connais pas, et si j'en ai dit quelques mots, c'est pour exprimer des espérances. Il est clair que si les mariages continuaient à décroître et les décès à excéder les naissances, la nation irait en s'éteignant ; rien n'annonce que ces phénomènes si douloureux mais si récents doivent nécessairement se prolonger. Il faut s'en préoccuper beaucoup et ne pas s'endormir dans les illusions d'un optimisme aveugle ; voilà tout. La France a traversé sans périr bien d'autres épreuves : le pays que n'ont pu épuiser les guerres de Louis XIV et de Napoléon, et toute une série de révolutions violentes, est doué d'une vitalité qui ne s'altère pas aisément ; il se doit seulement de veiller sur lui-même pour ne pas trop abuser de sa puissante constitution et pour mettre mieux à profit les dons admirables que lui a départis la Providence.

II

Un mot maintenant sur deux autres publications, émanées de deux conseillers d'État, à propos du dénombrement, M. le vicomte de la Guéronnière et M. Le Play. Tous deux reconnaissent pour vrais les faits que M. Legoyt a vainement essayé d'atténuer, ce qui me permet de m'appuyer sur leur autorité contre les dénégations du bureau de statistique ; M. de la Guéronnière arrive à la même conclusion que moi ; il croit que l'état stationnaire de la population tient à la gêne de l'agriculture ; seulement, il ne dit pas à quoi tient cette gêne ; M. Le Play va plus loin, il essaye d'indiquer les causes et les remèdes.

Les opinions de M. Le Play me paraissent justes sur beaucoup de points ; je ne puis, cependant, admettre la principale, celle qui sert de base à tout son travail.

« Le triste état de notre agriculture est, dit-il, un indice de cette décadence relative que plusieurs de nos rivaux signalent avec une satisfaction mal déguisée, et que notre patriotisme nous conseille de faire cesser. » Mais ce n'est, selon lui, qu'un indice, la cause du mal est plus haut, dans la constitution même de notre société ; et après s'être servi à tout moment de ce mot de *décadence*, que je n'ai jamais employé, bien qu'on me le reproche, il arrive à un mot plus gros encore, celui de *réforme sociale*. « Je pose ainsi, dit-il, la question de notre *réforme sociale :* la triste situation de l'agriculture n'engendre pas seule la *désorga-*

nisation de la famille, de la commune et de l'État, etc. » M. Le Play s'exagère la gravité du mal, il est inutile d'employer pour le guérir des remèdes aussi héroïques qu'un changement sérieux dans notre état social. Nous voici bien loin, en tout cas, de l'optimisme de M. Legoyt.

Pour faire en commun le procès à tout l'ensemble de la société française depuis 1789, on confond dans une seule periode tout le temps écoulé jusqu'à 1856, et on constate que, dans ces 66 ans, la population nationale n'a monté que de 9 millions et demi. Ce n'est pas ainsi qu'il me paraît juste de procéder ; il faut distinguer, comme j'ai eu soin de le faire, trois époques dans ce long intervalle de temps; l'une qui va de 1790 à 1815, l'autre de 1816 à 1846, la troisième de 1847 à 1856 ; dans la première, la population s'est accrue, en 25 ans, de 3 millions, ou de 120,000 âmes en moyenne par an ; dans la seconde, elle s'est accrue en 30 ans de 6 millions, ou de 200,000 âmes en moyenne par an ; dans la troisième, elle s'est accrue, en dix ans, de 600,000 ou de 60,000 âmes en moyenne par an. Il y a évidemment, entre ces trois époques, une différence fondamentale quant au progrès de la population.

Il y en a une plus grande encore, si c'est possible, quant à la longueur de la vie moyenne, qui est, plus que la densité même de la population, le signe de la condition des peuples : dans la première période, la longueur de la vie moyenne s'est faiblement accrue ; dans la seconde, elle s'est accrue rapidement ; dans la troisième, elle est restée stationnaire, ou a reculé.

Au premier rang des causes qui ont retardé parmi nous ces divers progrès, M. Le Play place la loi de succession ; je ne dis pas que cette loi n'ait pas eu une certaine influence, mais je ne crois pas que cette influence ait été bien sensible ; la loi de succession était la même quand la population s'accroissait en moyenne de 200,000 âmes par an, et quand elle s'accroissait de 60,000, quand les naissances excédaient les décès de 237,000 comme en 1845, et quand les décès excédaient les naissances de 70,000 comme en 1854.

Il est d'ailleurs, à remarquer que nous ne sommes pas les seuls que régisse la loi du partage égal ; cette loi est maintenant adoptée dans presque toute l'Europe ; elle existe en Belgique, en Hollande, dans l'Allemagne rhénane, c'est-à-dire dans les pays où la population est le plus nombreuse et s'accroît le plus vite ; l'Angleterre seule fait exception parmi les pays très-peuplés.

On ne comprend pas, au premier abord, comment la loi du partage égal peut nuire au développement de la population ; il semble, au contraire, qu'elle devrait le favoriser, elle le favorise, en effet, dans un grand nombre de cas. Il est assez naturel que le père de famille craigne moins d'avoir plusieurs enfants, quand la loi et la coutume lui permettent de laisser à chacun d'eux une part de son avoir, que lorsqu'il a le droit et l'intention de tout laisser à l'un et de ne rien donner aux autres. Il n'est pas moins naturel que ces enfants, qui ne viennent pas au monde déshérités d'avance, forment plus vite de nouvelles familles, avec les moyens d'existence que leur a préparés la sollicitude de la loi, parfaitement d'accord avec l'affection des parents. Si des effets contraires se sont produits, c'est par l'action d'autres causes, ou par voie de conséquences très-indirectes, les conséquences directes sont favorables à la population ; c'est ainsi que la loi du partage égal a toujours été considérée, soit par ceux qui l'ont soutenue, soit par ceux qui l'ont combattue; la thèse opposée est nouvelle; et si elle a quelques faits pour elle, elle en a contre elle encore plus.

L'expérience a révélé, dans l'application continue de cette loi, des inconvénients de détail; on peut les corriger. Il n'y a rien de parfait en ce monde : les meilleures institutions ont besoin d'être revisées de temps en temps. Mais le principe de l'égalité des partages, au lieu de reculer, fait tous les jours des progrès dans le monde; il pénètre même en Angleterre où les anciens préjugés sur la nécessité des substitutions et du droit d'aînesse sont maintenant bien ébranlés.

Le changement que propose M. Le Play n'aurait d'ailleurs aucune efficacité; ce n'est ni la substitution, ni le droit d'aînesse, c'est la liberté illimitée de tester; je ne puis mieux lui répondre que par l'opinion de son honorable collègue, M. de la Guéronnière : « Je n'hésite pas à dire que, s'il était possible de modifier l'article 745 du Code Napoléon, et de substituer le régime des partages libres à ce que l'on appelle le régime des partages forcés, l'autorité paternelle ne pourrait guère intervenir. Le père aurait-il le droit de disposer de sa fortune sans règle écrite, qu'il ne pourrait s'affranchir d'une règle morale qui l'enchaînerait encore plus qu'une prescription légale. Il ferait donc librement, par le commandement de la nature et du cœur, ce qu'il fait légalement par respect de la loi. En voulez-vous la preuve? la voici : Combien y a-t-il d'ascendants qui profitent de la latitude que leur confère l'article 913 du Code Napoléon? combien y en a-t-il qui constituent à leurs enfants un avantage de la moitié, du tiers, du quart de leur fortune? Il y en a sans doute, mais c'est l'exception. »

Après avoir dit, ce qui est vrai, que l'action *dissolvante* du Code civil s'exerce beaucoup moins sur la grande propriété que sur la petite, M. Le Play imagine un expédient. « Si un parti politique, dit-il, sacrifiant son intérêt à ses rancunes, voulait encore combattre avec l'arme du Code civil une certaine minorité de grands propriétaires, on pourrait lui laisser provisoirement cette satisfaction, en maintenant le régime actuel pour toute la grande propriété et en rendant la liberté testamentaire à nos paysans. Les grands propriétaires continueraient à se défendre par la stérilité du mariage ; les petits retrouveraient la force et la fécondité dès qu'on leur rendrait l'autorité paternelle, et l'on commencerait ainsi la réorganisation de notre société sans détruire aucun droit acquis, sans porter ombrage à des opinions invétérées et en laissant toute liberté aux familles qui voudraient suivre la tradition du partage forcé. »

Je ne comprends pas bien, je l'avoue, comment serait rédigée la loi qui donnerait aux *paysans* une liberté testamentaire qu'elle refuserait aux autres propriétaires ; si M. Le Play veut dire qu'au-dessous d'un certain minimum de valeur, on pourrait laisser au père de famille le droit de ne pas diviser sa propriété entre ses enfants, je serais assez porté à être de son avis; mais cette règle même présente dans la pratique de graves difficultés; je ne crois pas, d'ailleurs, aux effets décisifs qu'il paraît en attendre pour la *réorganisation de notre société*, pour le *rétablissement de l'autorité paternelle*, pour la *force et la fécondité* des individus: ce sont là de bien grands mots pour de bien petits effets, et il ne dépend pas de la loi, quelle qu'elle soit, d'opérer si aisément de semblables merveilles.

Outre la quotité disponible, le Code contient un principe qui permet déjà de réaliser dans la pratique presque tout ce qui est réellement désirable, c'est celui que pose en ces termes l'article 1075 : *Les père et mère et autres ascendants pourront faire entre leurs enfants et autres descendants la distribution et le partage de leurs biens.* Ce droit même, on en use fort peu, et on a tort, car en se combinant avec la portion disponible, il permet de tout arranger à peu près pour le mieux, sauf un petit nombre de cas ; la liberté illimitée de tester n'y ajouterait que fort peu de chose, et elle soulèverait, dans l'état actuel de nos mœurs et de nos idées, des objections exagérées sans doute, mais formidables.

Il importe en même temps de constater que, d'après M. Le Play lui-même, l'extension de la liberté testamentaire profiterait surtout à la petite propriété, ce qui écarte d'un seul coup toutes les raisons tirées de l'utilité d'une constitution aristocratique, de la supériorité de la grande propriété et de la grande culture pour la production agricole, etc. Je n'aborde donc pas ce côté de la question ; s'il se représente, il sera facile de démontrer encore une fois combien on s'en exagère l'importance.

Ce que M. Le Play persiste à appeler notre décadence, *se manifeste*, dit-il, *beaucoup plus dans l'ordre moral que dans l'ordre matériel ;* je ne dis pas non, mais il est plus facile d'agir sur l'ordre matériel que sur l'ordre moral ; l'un est tangible, l'autre ne l'est pas. Nous venons de voir ce qu'il faut penser du premier moyen qu'il propose pour la réforme des mœurs ; l'autre est plus vague encore, c'est la liberté religieuse. Qu'entend-il précisément par ce mot ? N'avons-nous donc pas la liberté religieuse ? Sans doute il a raison de chercher dans la foi un remède aux souffrances terrestres ; où Dieu manque, tout manque, et la supériorité matérielle des Anglais et des Américains sur nous tient en grande partie à leur supériorité religieuse. Mais comment réveiller chez nous l'esprit religieux qui paraît de plus en plus en déclin ?

Il faut rendre cette justice à M. Le Play qu'il ne paraît pas partisan des religions d'Etat et de la contrainte en matière de foi, au contraire. « *Renonçant aux moyens d'action d'un autre temps*, dit-il en s'adressant au clergé catholique, fondons notre succès sur la supériorité de notre principe, *sur les vertus et les lumières que fait éclore la libre discussion ;* réclamons surtout le *concours de l'esprit laïque* qui, ne devant pas rester en dehors de l'Église, renouera la chaîne des temps et consacrera le triomphe de la religion quand celle-ci *cherchera dans la liberté de conscience son principal soutien.* »

Autant que je puis comprendre ce passage et tout le morceau dont il fait partie, je ne puis qu'applaudir à l'idée première de M. Le Play ; je crois avec lui que l'esprit religieux ne peut faire de nos jours de sérieux progrès qu'autant qu'il s'appuiera sur le respect de la liberté de conscience et de la libre discussion ; là s'arrête pour moi l'idée claire et commence l'idée confuse. Qu'est-ce que cette intervention de la société laïque dans l'Église que paraît réclamer si vivement M. Le Play ? J'entrevois là quelqu'un de ces immenses problèmes qui s'agitent depuis des siècles et qui ne paraissent pas près de leur solution. Les questions économiques sont moins fondamentales, sans doute, mais elles ont l'avantage d'être plus précises et d'une solution plus facile, elles soulèvent moins de nuages et de tempêtes ; elles ne sont pas d'ailleurs sans effet sur l'ordre moral et religieux, par suite de la liaison étroite qui existe entre l'âme et le corps de l'homme.

M. Le Play met beaucoup plus sûrement le doigt sur le mal, quand il s'en prend à l'excès de la centralisation : ici, je suis complétement de son avis, et je ne saurais mieux faire que de reproduire les termes dont il s'est servi :

« Le fait le plus grave, dit-il, est l'affaiblissement *chaque jour plus marqué* chez nous de l'aptitude au *self-government*. On se tromperait gravement, si l'on pensait que cette décadence s'est seulement produite pendant l'époque où l'ancienne monarchie exagérait outre mesure son principe, en créant la centralisation. Les documents administratifs déposés dans nos archives prouvent qu'elle a été singulièrement accélérée dans la période révolutionnaire et qu'elle s'est continuée sous tous les gouvernements postérieurs. Nos diverses époques de gouvernement parlementaire ont assurément mis en lumière beaucoup d'hommes capables de diriger, dans des situations plus ou moins élevées, notre appareil de centralisation ; mais on ne voit pas qu'aucun d'eux ait songé à en ralentir l'énergie envahissante. Les circonstances ne leur ont pas permis de créer dans les moindres localités une représentation réelle des intérêts. Malgré certaines compensations plus apparentes que réelles, la perte de l'aptitude au *self-government* n'est pas seulement, comme l'état de la population et de l'agriculture, une décadence relative, elle doit être considérée comme une décadence absolue. »

Je pourrais discuter sur le passage relatif au gouvernement parlementaire ; je pourrais faire remarquer que les lois sur les conseils généraux, l'organisation municipale, l'instruction primaire, les chemins vicinaux, les seules qui aient fait quelque chose depuis longtemps pour porter la vie *dans les moindres localités*, ont été rendues sous le gouvernement parlementaire. Mais je ne veux pas épiloguer sur les détails ; au fond, M. Le Play a raison, tous les gouvernements se sont laissés aller plus ou moins sur cette pente ; seulement, comme il le dit, l'affaiblissement qu'il signale fait des progrès *chaque jour plus marqués*. Là est la vraie cause de cette torpeur qui glace les extrémités et de cette fièvre qui trouble la tête, de cette pauvreté tenace d'un côté et de ce luxe insensé de l'autre, de ces révolutions si facilement accomplies sur un point et si vite acceptées par tout le reste ; heureusement, il n'y a là qu'une question administrative et non sociale ; il est sans doute impossible de guérir tout à fait le mal, car le pli est pris maintenant, mais on peut travailler à l'atténuer et surtout à ne pas l'accroître.

Je suis d'autant plus heureux de voir M. Le Play partager ces idées qu'appartenant à un des premiers corps de l'État, il a plus que personne les moyens de résister au violent tourbillon qui nous entraîne. Sans négliger la question morale et religieuse, dont je ne conteste pas l'importance supérieure, mais qui exige beaucoup de temps et présente beaucoup de difficultés, il peut agir, dès à présent, sur l'organisation économique et administrative dont il a tous les jours à s'occuper et chercher ainsi à réveiller dans la nation l'aptitude au *self-government*. Qu'il applique dans un ordre moins élevé, mais plus immédiatement pratique, ses idées si vraies sur les avantages de la libre discussion en matière de foi, qu'il s'attache à contenir dans de justes limites ce budget central que le conseil d'État est annuellement chargé de préparer, et il aura beaucoup fait pour rendre la vie à nos campagnes épuisées, pour exciter le goût du travail et de la production, pour ramener le progrès de la richesse et de la population nationale. Que dis-je ? il aura fait beaucoup pour ce qui le touche le plus, pour rétablir le sentiment moral altéré à tous les degrés de la hiérarchie sociale par l'influence funeste des dépenses immodérées.

« Chacun peut constater, dit-il avec raison, les ravages moraux engendrés dans le peuple par une cynique passion du gain, les appétits grossiers qui dégradent plusieurs populations urbaines, et surtout ces brigades d'ouvriers nomades, allant par milliers tenir école de dépravation sur tous les points du territoire (et surtout, aurait-il pu ajouter, à Paris). Chacun peut apercevoir dans une sphère plus élevée, *avec des circonstances moins repoussantes peut-être, mais plus condamnables*, le même entraînement vers le gain et les jouissances matérielles. Chacun peut juger si, à défaut du bon exemple religieux, les classes dirigeantes donnent à leurs subordonnés *l'exemple de la modération des goûts et du dévouement à la chose publique.* »

Le *self-government*, appelons-le par son nom français, c'est la liberté, non cette liberté menteuse des révolutionnaires qui n'est qu'une forme de l'oppression, mais cette liberté naturelle, imprescriptible, qui consiste à user comme on l'entend de sa personne et de sa propriété, et dont l'expression la plus légitime est la surveillance qu'on exerce sur l'emploi de l'impôt. Cette liberté peut exister sous toutes les formes de gouvernement. Sous ce rapport, M. Le Play pense comme moi ; je puis donc mettre sous sa protection cette phrase de mon premier travail qu'on a dénoncée comme factieuse, et que je vais reproduire textuellement pour montrer au contraire qu'elle ne touche en rien aux institutions établies :

« J'ajouterais bien, si je l'osais, qu'une intervention plus active des citoyens, sinon dans la gestion de leurs intérêts politiques, puisque la constitution s'y oppose, du moins dans celle de leurs intérêts administratifs et financiers, me paraîtrait le plus sûr moyen de garantir le retour vers une meilleure économie des forces publiques ; mais je ne me dissimule pas que la disposition universelle des esprits y est peu favorable, et je ne voudrais pas, en combattant les chimères d'autrui, proposer à mon tour la mienne. Après avoir abusé de la liberté jusqu'à la folie, la France ne veut même plus user de celle que lui laissent ses institutions nouvelles ; il faut, pour le moment du moins, en prendre son parti. Le devoir n'en est que plus grand, pour ceux qui la gouvernent, de ménager cette nation naguère intraitable, qui se livre aujourd'hui avec un si complet abandon. »

Qu'est-ce que cette phrase, la seule de ce genre que je me sois permise, si ce n'est le regret qu'exprime aujourd'hui un membre du conseil d'État impérial sur la perte *chaque jour plus marquée* de l'aptitude au *self-government?*

M. Le Play a des termes sévères, mais justes, pour qualifier le despotisme de Louis XIV et de Louis XV. « Aucune cause de décadence, dit-il, n'a été épargnée à la France pendant la fin du dix-septième siècle et la première moitié du dix-huitième ; elles ont dégradé la cour, le clergé, la noblesse, l'administration publique, les sommités du tiers état ; elles ont fait perdre le fruit de la plupart des progrès matériels et moraux accomplis dans l'époque précédente ; elles ont produit l'ordre de choses le plus honteux que l'histoire moderne ait à constater. » Il attribue cette prostration universelle à la perte de la liberté religieuse, *qui entraîne bientôt la corruption des persécuteurs, la perte de la foi et l'oubli du devoir;* mais il admet certainement que la liberté religieuse n'est qu'une partie du *self-government*, et que toutes les libertés se touchent; si la France du dix-septième siècle avait eu les moyens de défendre ses intérêts matériels, elle aurait pu aussi défendre ses croyances; la persécution religieuse, que déplore à juste titre M. Le Play, n'a été, comme la ruine de l'agriculture et la dépopulation, qu'une conséquence de l'excès de la centralisation monarchique.

De ces temps malheureux, datent tous les maux dont nous souffrons et dont le principe a survécu à nos revirements. C'est l'excès de centralisation qui a produit tour à tour les gaspillages et les abus de l'ancien régime, les violences et les désordres de la révolution; c'est l'excès de centralisation qui, à force d'accumuler sur un point les ressources publiques, a fini par y produire l'illusion du socialisme, qui n'est autre chose que la prétention pour tout le monde de vivre aux dépens de tout le monde; c'est, enfin, l'excès de centralisation qui amène sous nos yeux la plupart des perturbations matérielles et morales révélées par le recensement de 1856. Il est bon, sans doute, de juger le passé avec sévérité, mais à condition d'en tirer des enseignements pour le présent.

POST-SCRIPTUM.

Juillet 1857.

Un nouveau fait, publié par le *Moniteur* du 10 juillet, vient à l'appui de tous ceux que l'on connaissait déjà pour faire mesurer l'intensité de la crise que nous venons de traverser. Le journal officiel donne ainsi le total des électeurs inscrits aux trois époques principales où a fonctionné le suffrage universel :

10 décembre 1848...........	9,977,000 inscrits.
21 novembre 1852..........	9,833,000
21 juin 1857...............	9,495,000

Ainsi, dans un intervalle de moins de dix ans, le nombre des électeurs, c'est-à-dire des hommes faits, aurait diminué d'environ 500,000. Ce résultat, qui serait désolant, s'il était vrai, s'atténue heureusement quand on songe que l'armée a voté en 1848 et n'a pas voté en 1857 ; mais on peut, je crois, affirmer sans exagération, tout compte fait, que si le nombre des hommes n'a pas diminué, il ne s'est pas accru ; les enfants parvenus à âge d'homme dans ces dix années n'ont fait que remplir les vides opérés dans la population virile. Voilà qui mérite d'autant plus d'attention, que cette partie de la population, qui paraît avoir été la plus frappée, constitue toute la force d'une nation.

Dans le même laps de temps, le nombre des hommes faits se serait accru d'environ 500,000, avant 1848.

Je trouve aussi dans un nouvel article de M. Legoyt, publié par le *Journal des Économistes* du 15 juillet, que le nombre des propriétés bâties nouvellement imposées, qui avait été, de 1842 à 1851, de 375,850, ne s'est plus élevé qu'à 112,499, de 1851 à 1855 (1). Ce renseignement, puisé aux sources officielles, ne s'accorde que trop avec tous ceux que nous devions déjà à M. Legoyt. Rien n'indique

(1) V. *Journal des Économistes*, p. 11.

plus un temps d'arrêt dans le progrès d'une nation qu'une réduction dans le nombre annuel des constructions nouvelles.

Pendant que les documents se multiplient pour constater les ravages rétrospectifs de la guerre et de la cherté, nous avons enfin à enregistrer une bonne nouvelle; le blé baisse sur tous les marchés. La récolte de 1857 paraît normale pour les céréales. Les pommes de terre semblent sortir décidément de leur longue épreuve. Deux produits souffrent encore, la soie et le vin, mais même pour eux, le mal diminue, et on peut compter sur une demi-récolte. Tout annonce que nous approchons de la fin.

La situation économique ne se rétablit pas aussi vite, les fonds publics ne se relèvent pas. Pendant que le trois pour cent anglais est à 92, le nôtre atteint à peine 67. La liquidation de la guerre, et des autres dépenses improductives pèse encore sur les cours. L'exécution des travaux publics utiles en est retardée. Il n'y a qu'un redoublement d'économie qui puisse solder définitivement les prodigalités du passé et nous remettre en marche vers l'avenir.

NOTES

Note A (page 20).

LES VACHES BRETONNES DANS LA CREUSE.

J'ai moi-même essayé d'introduire la vache bretonne dans les montagnes du département de la Creuse ; voici en quels termes j'ai rendu compte de cette tentative dans le *Journal d'agriculture pratique* du 20 février 1855.

« J'ai acheté à Vannes, au mois d'avril 1853, par l'intermédiaire de M. Ropert, vétérinaire, dix-sept petites vaches de 2 à 3 ans, pleines de leur premier veau et sur le point de mettre bas, avec un taureau de 2 ans. Elles m'ont coûté, à Vannes, 80 fr. l'une dans l'autre, et avec les frais de tout genre faits en route, tant pour l'aller que pour le retour de l'homme qui est allé les chercher, 108 fr. Ces pauvres bêtes ont fait, pour arriver chez moi, entre Limoges et la Souterraine, environ cent lieues à pied; trois ont fait veau en route, toutes sont arrivées à moitié estropiées par la fatigue du voyage, et parce qu'elles avaient été mal ferrées avant le départ. Les quatorze autres ont toutes mis bas dans les mois de mai et de juin; deux des veaux sont morts peu après leur naissance, par suite de l'état maladif des mères; j'en ai vendu ou donné quatre, et j'en ai gardé huit, dont quatre mâles et quatre femelles.

« Peu après son arrivée, tout le troupeau a commencé à reprendre, bien qu'il n'eût d'autre nourriture que nos pâturages ; depuis, vaches et taureau ont grossi sensiblement, et leur santé est devenue si vigoureuse que, sur un total qui s'élève maintenant à quarante têtes, il n'y a pas eu depuis une seule indisposition.

« Leur régime est des plus simples ; il se partage en six mois de pâturage, en six mois de stabulation. Du 1er mai au 1er novembre, on les conduit au pâturage deux fois par jour, et de cinq à six heures chaque fois ; elles passent à l'étable la nuit entière et le milieu du jour, sans nourriture additionnelle. L'étendue pâturée se compose, du 1er mai au 1er août, de 4 hectares de pacages humides, d'une étendue égale d'anciennes terres arables converties en pacages secs, et de 5 à 6 hectares de bruyères ou terres incultes ; et du 1er août au 1er novembre, de 15 hectares de prés dont la première herbe a été fauchée. Quand le 1er novembre est arrivé, on les nourrit à l'étable avec des raves et du foin ; elles mangent 16 livres de foin par jour ou l'équivalent. Nous n'avons ni son, ni betteraves, ni trèfle à leur donner.

« Dans les vingt mois qu'elles ont passés jusqu'ici chez moi, depuis le 1er mai 1853 jusqu'au 1er janvier 1855, elles ont donné en moyenne 1,500 litres de lait par tête, c'est-à-dire environ 800 par an. Ce résultat paraîtra sans doute bien faible, mais les vaches du pays en donnent ordinairement bien moins et sont beaucoup plus difficiles à nourrir. Je suppose que, quand elles auront quelques années de plus, et que j'aurai pu faire un choix parmi elles, elles me donneront 1,000 litres ; je ne leur demande pas davantage. Parmi les dix-sept, il y en a quatre bonnes laitières qui donnent après le vélage de 10 à 12 litres de lait ; dix sont moyennes laitières et donnent de 5 à 6 litres ; trois sont mauvaises et donnent de 3 à 4 litres.

« J'ai fait avec ce lait du beurre excellent et des fromages mi-gras qui se sont bien vendus ; j'ai calculé que je retirais de mon lait 10 centimes par litre.

« Mais le lait n'est pas le seul produit qu'il paraisse possible de retirer de cette petite race ; les veaux pèsent en naissant de 15 à 20 kilog , je les fais nourrir au seau, avec cinq litres de lait frais coupé d'eau tiède par jour pendant le premier mois, et la même quantité de lait écrémé mêlé de thé de foin pendant les suivants; ainsi nourris, ils pèsent 30 kilog. à un mois, 50 à deux, 70 à trois, et 90 à quatre. Je les vends 60 cent. le kilog. sur pied, pour la consommation locale. Je ne doute pas qu'en ajoutant à leur boisson de la farine et des œufs et en augmentant la proportion du lait non écrémé je n'arrive à les porter à 100 kilog. à quatre mois. Ce résultat me satisferait encore, car il serait obtenu avec bien peu de frais.

« Enfin, je ne serais pas surpris qu'il y eût aussi avantage à en faire des bœufs de boucherie. J'ai quatre veaux mâles de l'année dernière qui avaient au 1er janvier 1855 de 18 à 20 mois et qui pesaient en moyenne de 240 à 250 kilog. ; je veux voir ce qu'ils seront à 3 ou 4 ans. J'ai déjà un exemple encourageant. J'ai fait châtrer cet été le taureau que j'avais acheté l'année dernière, il a été au pâturage avec le reste du troupeau jusqu'au 25 octobre ; je l'ai fait engraisser à l'étable pendant deux mois, et je l'ai vendu pour le couteau, à la foire du 25 décembre, 253 fr. ; il avait 3 ans et demi, et pesait vivant 415 kilog., ce qui le met à 60 cent. le kilog., poids vif; il ne faut pas oublier que nous sommes à cent lieues de Paris. Voici tout ce qu'il a mangé dans ces deux mois d'engraissement :

120 kilog. de seigle.
3 quintaux métriques de foin.
540 kilog. de raves.

« Soit, par jour, 2 kilog. de seigle, 5 de foin et 9 de raves.

« J'ai goûté de la viande de mes veaux, et je l'ai trouvée parfaite ; c'était aussi le jugement du boucher qui les a tués. Je ne puis malheureusement pas dire mon avis sur la viande du bœuf, car je n'ai pu en avoir; j'ai seulement ouï dire par MM. Jamet et Baudement, d'accord cette fois, que la chair des bœufs bretons était la meilleure de toutes. Je ne puis non plus faire connaître son rendement, il n'a pas été abattu dans le pays. Je ne doute pas qu'il ne soit facile de porter le poids de ses pareils à 500 kilog. à quatre ans.

« Ce qu'il y a de plus agréable dans ces petites bêtes, c'est qu'elles ne perdent pas de temps; six semaines s'écoulent rarement après la mise bas sans qu'elles retournent au taureau; de sorte qu'on peut compter sur un veau par an avec une parfaite régularité, ce qui n'arrive jamais avec nos vaches de pays, souvent affligées de stérilité. Elles sont de plus très-précoces; mes génisses de l'année dernière n'avaient pas beaucoup plus d'un an quand elles ont pris le mâle; elles me donneront à 2 ans leur premier veau. Je n'ai pas voulu contrarier le vœu de la nature; je verrai plus tard s'il convient de les faire un peu attendre, ce que je ne crois pas.

« Le sol de la Creuse est granitique et maigre; l'altitude moyenne étant de 300 mètres au-dessus du niveau de la mer, l'air est vif et froid. La végétation des prés et pâtures commence tard et finit de bonne heure. La race limousine, déjà moins forte que la grande race agénoise, dont elle n'est qu'une variété, y a encore dégénéré, et ne donne que des produits insignifiants. J'espère que la race bretonne y grandira au contraire, et s'y fortifiera sans perdre ses avantages spéciaux; elle ne fournira probablement jamais des bœufs de travail, et par cette raison elle ne peut se substituer à la race locale; mais rien n'empêche, je crois, qu'elle ne se développe à côté, pour donner ce que l'autre donne peu.

« C'est encore la meilleure industrie du pays que celle qui consiste à produire ce qu'on appelle des *châtrons*, c'est-à-dire de jeunes bœufs de travail; mais s'il vaut mieux faire des *châtrons* qui donnent au moins un faible bénéfice que de faire du seigle qui n'en donne pas, je m'imagine qu'il y a un meilleur parti à tirer de l'espèce bovine, dans les conditions de sol et de climat où nous nous trouvons. J'espère nourrir abondamment deux bêtes où j'avais peine à en nourrir une, et tirer encore plus de profit de chaque tête en particulier.

« Dans tous les cas, rien n'est plus charmant, au milieu de nos prés, de nos bois, de nos rochers et de nos bruyères, que ce troupeau bariolé de noir et de blanc, qui ressemble de loin à de grosses chèvres et qui en a presque la vivacité; leurs petits pieds passent légèrement partout et ne font presque pas de mal dans nos pacages. Comme ornement du parc le plus élégant, rien ne vaut la vache bretonne, avec sa tête de chevreuil, sa taille gracieuse, son humeur douce, ses allures agiles, son pelage riant; quand même elle ne se recommanderait pas par ses produits, je l'aimerais encore pour ses agréments, et au milieu des agitations de la ville, je ne vois pas venir sans regret cette heure paisible du soir où nous nous disions si joyeusement à la campagne : *Allons voir rentrer les vaches.* »

Je n'ai que bien peu de chose à ajouter aujourd'hui à cet article écrit il y a plus de deux ans; les deux nouvelles années qui viennent de s'écouler n'ont été ni plus ni moins favorables que les deux premières à mon expérience. Le rendement moyen en lait ne s'est pas beaucoup accru, mais il n'a pas diminué, quoique la moitié de mes vaches soient aujourd'hui nées chez moi, et n'aient conséquemment que deux, trois ou quatre ans.

J'ai été obligé de renoncer à nourrir les veaux au seau, à cause de l'inexpérience et de la négligence des domestiques chargés de ce soin. C'est le seul mécompte que j'aie essuyé dans ces quatre ans. Je le considère comme bien peu de chose, en comparaison des tribulations de tout genre qui attendent quiconque veut faire un peu de nouveau.

J'ai envoyé un échantillon de mon beurre au concours régional qui a eu lieu à Tulle en 1856, pour les onze départements des montagnes du Centre, et j'ai obtenu la médaille. Ces onze départements, bien qu'ils possèdent beaucoup de bétail, manquent de beurre et n'en ont en général que de très-mauvais, les vaches ayant à peine assez de lait pour nourrir leur veau. En rendant compte du concours de Tulle, le *Journal d'agriculture pratique* s'exprime ainsi, dans son numéro du 5 juin 1856. « Le beurre primé, qui avait cependant plus de huit jours, a fourni un excellent déjeuner à MM. les membres du jury; la pâte en était fine, grasse, savoureuse, d'un goût exquis. »

Note B (page 80).

L'AGRICULTURE AUX ÉTATS-UNIS.

Rapport lu à la société centrale d'agriculture, dans sa séance du 9 avril 1856.

La Société m'a fait l'honneur de me demander un rapport sur une statistique de l'agriculture aux États-Unis en 1853, qui lui a été offerte l'année dernière, au nom du gouvernement américain, par M. Vattemare. Je viens un peu tard m'acquitter de cette dette. Une circonstance récente va heureusement me permettre de donner à ce rapport un peu plus de nouveauté. Un des derniers numéros du *Courrier des États-Unis* nous a apporté un résumé de la statistique agricole de 1855, tel qu'il résulte des registres du département de l'agriculture, à Washington. Nous pourrons ainsi comparer dans leurs résultats les années 1853 et 1855.

Commençons par le gros bétail. Les deux statistiques en accusent 20 millions de têtes en 1853 et 21 millions en 1855. Proportionnellement à l'étendue du sol, les États-Unis en possèdent beaucoup moins que nous, puisque leur territoire est dix-huit fois plus grand que le nôtre, tandis qu'ils n'ont que le double de notre bétail ; mais proportionnellement à la population, ils en possèdent beaucoup plus, car nous n'avons que 30 têtes par 100 habitants, et ils en ont 75, notre population étant comptée à 36 millions d'âmes et la leur à 28.

Dans ce nombre de 21 millions, les bœufs comptent pour 2, les vaches pour 8, les élèves pour 11. La production annuelle de la viande de boucherie est évaluée à 2 milliards de livres anglaises ou 900 millions de kilog. soit le double environ de ce que nous produisons.

La laiterie donne des produits beaucoup plus considérables relativement ; chaque vache a, dit-on, en moyenne, 1,000 litres de lait, ce qui fait un total de 8 milliards de litres ; en supposant le tiers absorbé par les veaux, il en reste 5 à 6 milliards pour la nourriture de l'homme, ou cinq ou six fois plus qu'en France, et pour une population moindre. Les deux tiers de ce lait servent à faire du beurre et du fromage, dont on estime la quantité totale à 500 millions de livres anglaises de 453 gr.

Avec de pareils produits, il semblerait que l'exportation devrait être considérable ; il n'en est rien. La statistique de 1853 fait connaître l'exportation annuelle, depuis 1820, en animaux vivants, bœuf salé, cuirs, beurre et fromage ; le tout s'est élevé, en 1820, à une valeur de 900,000 dollars ou 4 millions et demi de fr. ; et en 1853, à 3 millions de dollars ou 15 millions de fr. ; somme absolument insignifiante quand il s'agit d'une aussi énorme production. Le dollar vaut 5 fr. 20 centimes, mais pour simplifier les calculs, je le compte à 5 fr.

L'exportation annuelle du beurre et du fromage, en particulier, n'excède pas un million de dollars.

Il est d'ailleurs à remarquer que cette exportation tend plutôt, depuis quelque temps, à se réduire qu'à s'accroître ; de 1820 à 1845, elle a été grandissant, elle a atteint dans cette dernière année son maximum de 3 millions et demi de dollars ;

à partir de 1846, elle reste stationnaire ou entre en décroissance; en 1852, elle dépasse à peine 2 millions de dollars ou 10 millions de fr. La consommation intérieure absorbe donc de plus en plus la totalité de la production : cette consommation en viande et laitage est très-supérieure à tout ce que nous connaissons en Europe, même en Angleterre.

Un nouveau fait sert à démontrer que l'exportation ne peut pas prendre à l'avenir de grandes proportions : le bétail s'accroît moins vite que la population humaine. La population monte de *quatre pour cent* par an et le bétail de *deux pour cent* seulement. En France, c'est le mouvement inverse qui se produit; tout annonce que le bétail s'accroît d'*un pour cent* par an, tandis que la population ne s'accroît que de *six dixièmes*. Si les choses marchaient toujours du même pas, le rapport serait, au bout d'un siècle, à peu près le même dans les deux pays.

Je n'ai pas trouvé, dans les documents que j'ai sous les yeux, la répartition du bétail entre les différentes parties des États Unis; mais j'ai recueilli dans quelques extraits de correspondances annexés à la statistique de 1853, des renseignements de détail qui peuvent, jusqu'à un certain point, suppléer à ce qui nous manque.

On sait que, pour se faire une idée juste de l'Union américaine, il faut la diviser en trois parties : les États les plus anciens, qui bordent la côte et qui présentent déjà des conditions de population assez analogues à celles de l'Europe ; les États de la vallée du Mississipi, qui sont encore loin de contenir une population pressée, mais qui ont fait d'énormes progrès depuis le commencement du siècle, et les États nouveaux, qui ne sont encore que des déserts à peine abordés par la civilisation. Le tout forme, en étendue, l'équivalent de l'Europe entière.

Dans le Connecticut, qui appartient aux États de la côte, le prix d'une paire de bœufs de trois ans est de 100 à 150 dollars, ou de 500 à 750 fr. Une vache en lait coûte de 30 à 80 dollars, ou de 150 à 400 fr. A New-York, le prix ordinaire de la viande de bœuf est de 10 cents ou 50 centimes la livre anglaise ; il est même monté dans ces derniers temps jusqu'à 16 cents ou 80 centimes. La livre de beurre se vend, dans la même ville, jusqu'à 1 fr. 50 ; le lait vaut 18 cents le gallon de 4 litres et demi, ou 20 centimes le litre.

Dans l'intérieur, les prix sont généralement moins élevés, mais partout ils étaient en hausse en 1853, et ils n'ont probablement pas cessé de monter depuis. La viande s'y vendait sur pied 40 centimes la livre anglaise ou un dollar le quintal. Dans certaines parties du Kentucky, nous la trouvons à 30 centimes ; mais dans l'Orégon, où elle semblerait devoir être commune, elle monte jusqu'à un franc.

Ces prix expliquent parfaitement pourquoi l'exportation a si peu d'importance ; si la viande et le lait sont plus abondants aux États-Unis qu'en France, ils sont en même temps plus demandés, ils commencent même à être au-dessous de la consommation, puisque leur prix s'élève, et dans tous les cas se maintient, à peu près au même niveau qu'en Europe.

Les moutons sont infiniment moins nombreux que le gros bétail ; on n'en compte en tout que 23 millions de têtes, c'est-à-dire les deux tiers seulement de ce qu'en possède la France, ce qui amène un déficit en viande et surtout en laine. La production totale de la laine est évaluée à 60 millions de livres anglaises, estimée en gros 35 cents ou 1 fr. 75 cent. la livre ; cette quantité ne suffit pas, on est obligé d'en importer.

Les porcs forment la plus grande richesse animale ; on en abat annuellement de 15 à 20 millions de têtes, donnant en tout 1,600 millions de kilog. de viande ; c'est deux fois la production des îles Britanniques et quatre fois celle de la France. Ces porcs fourmillent surtout dans la vallée du Mississipi ; c'est grâce à cette industrie que les États de la vallée ont pu prendre si rapidement un grand essor ; l'Ohio, qui n'était qu'un désert au commencement du siècle, compte aujourd'hui 2 millions d'habitants, et sa ville principale, Cincinnati, centre du commerce du porc salé, a déjà plus de 100,000 âmes.

Comme pour les autres produits animaux, la consommation intérieure absorbe presque complétement cette gigantesque provende. Le maximum de l'exportation en porc salé, lard, saindoux, etc., a été atteint en 1848, il a été de 9 millions de dollars ou 45 millions de fr. ; depuis, cette exportation a diminué, elle a été en 1852 de 4 millions de dollars, et en 1853 de 6 millions. La viande de porc se vend 20 centimes la livre dans le Missouri et 45 dans le Maine.

Pour en finir avec les animaux domestiques, je n'ai plus qu'un mot à dire des chevaux et des volailles. L'Union possède 5 millions de chevaux, ânes et mulets, c'est-à-dire autant que la France et l'Angleterre réunies ; ces animaux sont estimés en moyenne 60 dollars ou 300 fr. Malgré ce grand nombre de têtes, l'exportation est nulle ; elle s'est élevée en 1853, sur une valeur totale de 1,500 millions, à 240,000 dollars ou 1,230,000 fr. Comme pour les autres branches, elle est plutôt en déclin qu'en progrès ; le maximum a été obtenu en 1845, et il n'a été que de 385,000 dollars ou 1,925,000 fr.

Le produit annuel des basses-cours est estimé, en volailles et œufs, à 100 millions de fr. La seule ville de New-York consomme pour plus de 7 millions d'œufs par an.

Passons maintenant aux cultures. La première que nous rencontrons, la plus importante de toutes, est celle du maïs ; on l'appelle en Amérique le grain par excellence, *corn*. On en récolte annuellement 600 millions de boisseaux de 36 litres, ou 216 millions d'hectolitres ; à raison de 60 cents ou de 3 fr. le boisseau, c'est-à-dire un peu moins de 9 fr. l'hectolitre, on arrive à une valeur totale de 1,800 millions ; aucun pays au monde ne produit autant avec une seule céréale.

Ce qui n'est pas moins extraordinaire que cette immense

production, c'est qu'elle se consomme presque tout entière sur place; les porcs en absorbent la plus grande partie, car on les nourrit généralement avec ce grain; le reste forme la base principale de la nourriture des hommes.

L'exportation du maïs a atteint, en 1847, année de la grande famine irlandaise, le chiffre exceptionnel de 18,696,000 dollars, ou près de 100 millions de fr.; depuis elle est retombée progressivement jusqu'à 10 millions de fr. en 1853. Nous ne savons pas encore ce qu'elle aura été en 1854 et 1855. Le prix du maïs varie beaucoup en temps ordinaire, suivant les localités. Nous le trouvons dans le Maine et les autres États de la côte à 90 cents le boisseau ou 13 fr. 50 l'hectolitre, tandis que dans l'Illinois il n'est qu'à 30 cents le boisseau, ou 4 fr. 50 l'hectolitre; cette différence s'explique par les frais de transport et de commerce, ces deux points étant à cinq cents lieues environ l'un de l'autre.

La production du maïs paraît stationnaire, car les deux documents de 1853 et de 1855 accusent le même chiffre de 600 millions de boisseaux; celle du froment paraît faire, au contraire, des progrès rapides; le document de 1853 n'en accuse que 110 millions de boisseaux ou 40 millions d'hectolitres, tandis que celui de 1855 en porte 165 millions de boisseaux, ou 60 millions d'hectolitres : le prix monte en même temps que la quantité, le document de 1853 l'évalue en gros à 90 cents le boisseau ou 13 fr. 50 l'hectolitre, et celui de 1855 à un dollar et demi le boisseau ou 22 fr. 50 l'hectolitre. Dans l'un et l'autre cas, ces prix ne sont que des moyennes, car ils sont plus élevés sur la côte et moins dans l'intérieur. En 1855, le blé a valu à New-York jusqu'à 30 fr.

Quoique moins abondant que le maïs, le froment donne lieu à une exportation plus considérable ; le total de cette exportation, en grain, farine et biscuit, a atteint son *maximum* en 1847, où elle s'est élevée à une valeur de 160 millions de fr.;

elle est retombée à 40 millions en 1850, pour remonter à 100 en 1853; je ne connais pas les chiffres de 1854 et 1855.

Les autres céréales, comme le seigle, l'orge et le sarrasin, ne donnent que peu de produits; 5 millions d'hectolitres de seigle, 3 millions d'hectolitres de sarrasin, 2 millions seulement d'hectolitres d'orge; ces quantités insignifiantes ne prêtent à aucune exportation. L'avoine est cultivée plus en grand; on n'en produit cependant que 60 millions d'hectolitres, ce qui n'est pas fort au-dessus de notre propre production. Le prix moyen ordinaire de l'avoine est de 6 fr. l'hectolitre; on n'en exporte pas.

Les États du Midi cultivent le riz et en récoltent 250 millions de livres à 4 cents ou 20 centimes la livre, c'est-à-dire pour une valeur de 50 millions de fr. On en exporte en moyenne pour 10 millions par an.

Tous les autres produits comestibles du sol américain, comme les pommes de terre, qui ne s'élèvent en tout qu'à 30 millions d'hectolitres, les légumes frais ou secs, les fruits, le sucre de canne et d'érable, le vin qui n'arrive en tout qu'à 12,000 hectolitres, sont facilement consommés et ne peuvent donner lieu à aucune exportation.

L'exportation totale des produits alimentaires de l'Union peut donc être considérée comme composée de six articles et flottant entre les deux extrêmes suivants :

	Minimum.	Maximum.
1. Viande, suifs et cuirs.... .	7,000 000 fr.	12,000,000 fr.
2. Beurre et fromage.........	2,000.000	10,000,000
3. Viande et lard de porc... .	10,000,000	50,000,000
4. Maïs en grains et farines. .	5,000,000	100 000,000
5. Froment..................	25,000,000	160,000,000
6. Riz......................	1,000,000	18,000,000
	50,000,000	350,000,000

La moyenne des exportations annuelles peut donc être établie ainsi qu'il suit :

Viande, suif et cuir de bœuf..........	10,000,000 fr.
Beurre et fromage........................	5,000,000
Viande et lard de porc....................	35,000,000
Maïs.....................................	20,000,000
Froment..................................	70,000.000
Riz......................	10,000,000
	150,000,000

100 millions de céréales et 50 millions de produits animaux, qui se triplent dans les années de disette européenne, et se réduisent des deux tiers dans nos années d'abondance, voilà tout ce que les États-Unis, dans leur état actuel, peuvent vendre au reste du monde, en fait de produits alimentaires; je n'ai pas besoin de faire remarquer combien cette ressource est peu importante; l'Angleterre et la France consomment annuellement à elles seules, d'après les estimations les plus réduites, 8 à 10 milliards de ces mêmes produits.

Deux produits agricoles non alimentaires fournissent au contraire à une immense exportation : le coton et le tabac. Les États-Unis produisent annuellement 1,700 millions de livres de coton, qui, à 40 centimes la livre, chez le producteur, font un total de 680 millions; on en exporte tous les ans pour un demi-milliard. La production annuelle du tabac est de 200 millions de livres, qui, à 50 centimes , font 100 millions : on en exporte environ la moitié.

Le chanvre et le lin n'arrivent qu'à des quantités insignifiantes, une vingtaine de millions en tout. On ne cultive ni le colza ni la betterave à sucre.

Somme toute, la production totale peut être évaluée à 7 milliards, dont 2 en produits animaux et 5 en produits végétaux, à quoi il faut ajouter les revenus des forêts qui doivent être énormes, mais que je ne trouve portés nulle part.

A leur tour, les importations des denrées agricoles atteignent 250 millions par an; les principaux articles sont : 1° les sucres, rhums et mélasses, qui y figurent pour 100 millions; 2° les cuirs, 30 millions; 3° les tabacs, 20 millions; 4° les vins, 15 millions; 5° les laines, 12 millions; 6° les chanvres et lins, 10 millions, etc. L'importation des tissus de laine, de coton, de soie, de lin et de chanvre, atteint l'énorme somme de 100 millions de dollars ou 500 millions de fr.; ce qui établit la balance avec les exportations de denrées agricoles.

Voici maintenant quelques faits accessoires, qui m'ont paru de nature à compléter ce tableau sommaire de l'agriculture américaine.

Dans les États de la côte, le sol commence à s'épuiser, le besoin d'engrais supplémentaires se fait sentir. Les États-Unis comptent déjà parmi les plus grands acheteurs du guano péruvien; ils en ont importé en 1854 100 millions de tonnes, ou quinze ou vingt fois plus que nous, et presque autant que l'Angleterre elle-même. La chaux, les superphosphates, le plâtre, deviennent d'un usage général, et les cultivateurs portent de plus en plus leur attention sur le bon emploi du fumier de ferme. Sur le bord de la mer, on fait un grand usage des poissons pour engrais.

On estime que l'Union a produit, en 1855, 16 millions de tonnes de foins et fourrages, évalués en gros par le département de l'agriculture 50 fr. la tonne ou 5 fr. les 100 kilog.; on voit que le prix du foin n'est pas différent aux États-Unis de ce qu'il est en France. Les prairies artificielles font des progrès constants, les plantes dont on se sert le plus sont le timothy (*phleum pratense*) et le trèfle. Le produit du pâturage est estimé 700 millions de France.

La récolte moyenne du maïs est, dans le Connecticut et autres États de la côte, de 18 hectolitres par hectare sans engrais et 36 avec engrais; dans la vallée du Mississipi, où la fertilité native n'a pas encore sensiblement diminué, on en obtient en moyenne 50. On y lâche les porcs dans les champs de maïs sur pied, pour qu'ils y prennent eux-mêmes leur nourriture ; 40 hectares doivent engraisser ainsi en trois mois 350 porcs.

Dans les États de la côte, le grain est distribué aux porcs avec plus de soin, parce qu'il est plus cher ; on calcule que 10 boisseaux de maïs ou 360 litres doivent produire 100 livres ou 45 kilog. de viande.

La récolte moyenne du froment est, comme en France, de 14 hectolitres à l'hectare ou 15 boisseaux par acre.

On introduit à grands frais, depuis quelques années, les races perfectionnées de l'Angleterre, notamment les *durham* ; dans les ventes publiques d'animaux anglais, ce sont presque toujours les Américains qui achètent les plus beaux reproducteurs. Dans ces derniers temps, ils ont payé des taureaux durham jusqu'à 26,000 fr. pour leur faire passer l'Océan. On commence aussi à introduire avec succès des béliers mérinos français pour accroître, par des croisements, la taille des moutons indigènes, ainsi que la quantité et la qualité de la laine.

Ce qu'il y a de plus remarquable dans le prix des différentes denrées agricoles, c'est que l'impôt et la rente des terres, qui sont généralement considérés en Europe comme contribuant à les élever, n'ont ici qu'une influence peu sensible. On sait, en effet, que l'impôt est généralement très-faible aux États-Unis ; quant à la rente, si elle atteint quelquefois sur la côte le même taux qu'en Europe, elle descend à mesure qu'on pénètre dans l'intérieur, et dans les nouveaux territoires, où l'État vend les terres un dollar l'acre ou 12 fr. 50 l'hectare, elle est nulle.

Presque tous les cultivateurs américains sont propriétaires du sol qu'ils cultivent ; on ne trouve de fermiers que dans les anciens États, et là même en petit nombre.

Note C (page 180).

DÉBOISEMENT DE LA HAUTE PROVENCE.

Extrait du Journal d'agriculture pratique du 20 juin 1857.

M. Charles de Ribbe, avocat à Aix, vient de publier un travail intéressant sous ce titre : *La Provence au point de vue des bois, des torrents et des inondations avant et après* 1789. L'auteur y insiste sur les ravages du déboisement en Provence, et appelle sur ce point l'attention du gouvernement Au moment où il s'agit plus que jamais d'une loi définitive sur la question si controversée de la liberté de défrichement, cet écrit a une opportunité incontestable. Il est d'ailleurs fait avec talent, et, bien qu'un peu exagérées de temps en temps, ses conclusions sont, en général, justes et frappantes.

Il résulte de la manière la plus évidente, des faits recueillis et exposés par M. de Ribbe, que la zone des torrents de la haute Provence doit être placée sous un régime spécial, si l'on veut préserver de la destruction ce qui reste de terre végétale, et défendre les plaines elles-mêmes de la stérilité dont les menace la ruine des montagnes.

Les mesures législatives proposées par M. de Ribbe sont les suivantes : 1° faire classer par des commissions mixtes, où tous les intérêts et tous les droits seraient représentés, les terrains placés en Provence dans la zone des torrents ; 2° interdire absolument dans cette zone les défrichements et nettoiements par arrachis avec cultures temporaires ; 3° y prohiber complétement les chèvres et n'admettre l'introduction des bêtes à laine que dans les parties déclarées défensables ; 4° dans les parties entièrement dénudées, adopter des mesures d'utilité publique, à l'exemple du décret de 1810 sur les dunes de Gascogne, pour les reboiser ou les gazonner ; 5° en cas de bonne volonté de la part du propriétaire, lui accorder une exemption d'impôt pour soixante ans, des primes, des graines ou des plants, et, s'il le fallait, des avances d'argent, remboursables par annuités ; 6° en cas de résistance, recourir à l'expropriation pour cause d'utilité publique, et mettre l'administration des forêts aux lieu et place du propriétaire ; 7° obliger les communes et les établissements publics à reboiser ou à regazonner successivement les terrains désignés à cet effet, sauf à leur accorder une indemnité, s'il y a lieu.

Quelques-unes de ces propositions peuvent donner lieu à des critiques de détail ; mais, dans l'ensemble, le système me paraît bon, et je m'associe de grand cœur à M. de Ribbe pour le recommander à l'attention publique.

Seulement ce n'est pas une prime qu'il faudrait donner aux propriétaires des terrains compris dans la zone spéciale, c'est une juste et préalable indemnité pour le dommage qu'on leur occasionnerait en leur enlevant la libre disposition de leur chose, ou, pour mieux dire, cette indemnité elle-même ne serait, dans le plus grand nombre de cas, qu'un palliatif insuffisant, et le plus sûr moyen de concilier tous les intérêts serait d'en venir tout de suite à l'expropriation pure et simple, moyennant expertise et indemnité, afin de mettre aussi complétement que possible dans cette zone l'intérêt public à la place de l'intérêt privé. Pour que la mesure proposée soit efficace, il faut qu'elle soit exécutée d'ensemble et avec énergie. Sous ce rapport, je serais de l'avis de M. de Ribbe plus que M. de Ribbe lui-même.

Je n'en dirai pas autant des dispositions secondaires proposées par lui pour les terrains qui seraient laissés en dehors du classement. M. de Ribbe demande que, pour ces terrains, l'administration des eaux et forêts soit investie du droit *d'intervenir dans les exploitations vicieuses et abusives, d'interdire les défrichements, de régler à son gré les cultures temporaires*, etc. S'il en était ainsi, je ne vois pas trop à quoi servirait le classement demandé, puisque les terrains placés en dehors de la zone seraient soumis à peu près aux mêmes servitudes que ceux qui y seraient compris. Le droit de propriété ne doit souffrir que les exceptions rigoureusement nécessaires. De deux choses l'une : ou l'utilité publique du boisement et du gazonnement est éclatante et manifeste, ou elle ne l'est pas. Dans le premier cas, les terrains doivent être placés dans la zone spéciale; dans le second, ils doivent être libres.

Il manque quelque chose au travail, d'ailleurs remarquable, de M. de Ribbe : c'est l'étendue approximative des terrains qu'il serait bon de comprendre dans la zone des torrents; l'estimation de leur valeur actuelle ; l'aperçu des dépenses qu'entraînerait l'application du système proposé et des bénéfices qu'on en devrait attendre ; l'état de la propriété ; le nombre et la condition des habitants; les effets probables de la mesure sur eux; l'importance des troupeaux et des cultures à supprimer, etc. Ces données sont indispensables. Je ne puis que conseiller à M. de Ribbe d'en faire l'objet d'un travail supplémentaire. Je ne doute pas qu'après examen on n'arrive à démontrer le peu de valeur actuelle de la zone dont il s'agit, la pauvreté excessive de ses produits, la rareté et la misère de la population, et, par conséquent, la faiblesse des sacrifices qui suffiraient pour y créer une richesse plus grande, tout en préservant les plaines inférieures ; mais ce qui n'est encore qu'une supposition doit devenir un fait.

M. Delafond, inspecteur des forêts à Gap (Hautes-Alpes), a fait à peu près ce travail pour les montagnes du Dauphiné qui touchent à celles de la Provence, et il est arrivé à des résultats qui étonnent par leur simplicité.

Si des études du même genre avaient lieu sur tous les points du territoire où le boisement est réellement d'intérêt public, on réduirait bientôt à leur juste valeur les exigences vagues et les confusions de toutes sortes qui font peser sur la totalité des bois français une servitude sans efficacité comme sans utilité. M. de Ribbe lui-même, bien que partisan de l'interdiction de défrichement sans autorisation, fait remarquer que cette interdiction n'empêche rien et n'a jamais rien empêché, et qu'il faut des mesures plus sérieuses pour remédier au mal qu'il signale. Il me permettra d'ajouter qu'il est tout à fait illogique de mettre des obstacles au défrichement des bois dans les plaines humides et fertiles de la Seine-Inférieure, du Pas-de-Calais ou du Nord, parce que les montagnes de la haute Provence se déboisent, et qu'il devient de plus en plus urgent d'y arrêter les ravages des torrents et de la dépaissance.

M. de Ribbe constate avec douleur une diminution progressive de population dans les deux départements des Hautes et Basses-Alpes. Je partage ses regrets à cet égard ; je lui signalerai cependant une distinction qu'il paraît n'avoir pas faite : il y a dans ces deux départements, d'après lui-même, deux parties à distinguer : l'une formée des montagnes escarpées, l'autre des plateaux et des vallées. Dans la première, n'est-il pas heureux que la population diminue ? N'est-ce pas à cette population misérable qu'il faut attribuer la plupart des ravages dont il se plaint, et les règlements qu'il propose ne doivent-ils pas avoir pour effet de la raréfier encore ? N'est-ce pas vers les vallées qu'il faut chercher à l'attirer par des irrigations et d'autres travaux qui s'enchaînent avec le reboisement et le dépeuplement des hauteurs ? La tendance de ces montagnards à émigrer n'est-elle pas un indice de ce qu'il faut faire pour les retenir le plus près possible de leur pays natal, tout en donnant satisfaction au besoin réel qui les pousse à en sortir, et qui s'accorde parfaitement avec l'intérêt général ?

Je livre ces idées à la réflexion de tous ceux que préoccupe la situation actuelle de la haute Provence et des pays de hautes montagnes en général. Quand il serait nécessaire d'exproprier en bloc quelques villages perchés sur des points inaccessibles, ce ne serait pas une grande perte. A défaut de la très-grande propriété qui nous manque, l'administration des eaux et forêts ne ferait que ce qu'ont fait les grands seigneurs d'Écosse et même d'Angleterre, quand ils ont dépeuplé des montagnes, où un tout autre intérêt que la recherche du bien-être, un intérêt de guerre et de défense, avait multiplié outre mesure de pauvres familles. L'opération n'a pas été seulement profitable au point de vue de leur intérêt personnel ; la somme de la production nationale s'en est accrue, et les populations déplacées ne sont pas celles qui ont le moins gagné.

Supposons que, pour couper court aux abus véritablement dangereux, il soit nécessaire de faire entrer dans le domaine public et de reboiser 200,000 hectares de montagnes, répartis sur les quatre départements provençaux ; à 100 fr. par hectare, c'est de 20 millions qu'il s'agit, à répartir sur plusieurs années. Ce n'est pas énorme, surtout s'il est probable que, dans cinquante ans, ces 20 millions en vaudront 200. Supposons que ces 200,000 hectares nourrissent une population de 5 à 6,000 âmes et 40 ou 50,000 moutons transhumants, voilà une perte qu'il s'agit d'évaluer ; mais si les bois valent mieux et rapportent davantage ; si les gazons s'améliorent par le repos et deviennent propres à nourrir plus tard plus de moutons sans inconvénient ; si, en un mot, le nouveau mode d'exploitation est plus fructueux ; si les mêmes bras peuvent s'employer ailleurs avec plus d'avantage, moyennant l'indemnité qui leur sera donnée ; si enfin les plaines s'enrichissent en échappant à des dévastations, il n'y a pas à hésiter.

TABLEAU.

Note D (page 314).

POPULATION DE 1851 ET DE 1856.

DÉPARTEMENTS.	POPULATION		AUGMENTAT.	DIMINUTION.
	EN 1851.	EN 1856.		
Ain	372,939	370.919	»	2.020
Aisne	558,989	555,539	»	3,450
Allier	336,758	352.241	15,483	»
Alpes (Basses-)	152,070	149,670	»	2,400
Alpes (Hautes-)	132.038	129,556	»	2,482
Ardèche	386 505	385,835	»	670
Ardennes	331,296	322,138	»	9.158
Ariège	267.435	251,318	»	16,117
Aube	265,247	261,673	»	3,574
Aude	289,747	282,833	»	6,914
Aveyron	394 183	393,890	»	293
Bouches-du-Rhône	428,989	473,365	44,376	»
Calvados	491.210	478,397	»	12,813
Cantal	253,329	247,665	»	5,664
Charente	382 912	378 721	»	4,191
Charente-Inférieure	469,992	474,828	4.836	»
Cher	306.261	314,844	8,583	»
Corrèze	320,864	314,982	»	5.882
Corse	236,251	240.183	3,932	»
Côte-d'Or	400.297	385,131	»	15,166
Côtes-du-Nord	632 613	621,573	»	11.040
Creuse	287.075	278.889	»	8,186
Dordogne	505 789	504,651	»	1.138
Doubs	296.679	286,888	»	9,791
Drôme	326,846	324 760	»	2,086
Eure	415,777	404 665	»	11,112
Eure-et-Loir	294,892	291,074	»	3,818
Finistère	617.710	606 552	»	11.158
Gard	408,163	419.697	11,534	»
Garonne (Haute-)	480,794	481,[illegible]47	»	363
Gers	307,479	304 497	»	2,982
Gironde	614.387	640.757	26,370	»
Hérault	389.286	400 424	11,138	»
Ille-et-Vilaine	574 618	580,898	6.280	»
Indre	271 938	273 479	1 541	»
Indre-et-Loire	315.641	318,442	2,801	»
Isère	603 497	576,637	»	26,860 (1)
Jura	313,299	296,701	»	16,598
Landes	302.196	309.832	7.636	»
Loir-et-Cher	261,892	264,043	2,151	»

(1) Cette différence provient en partie d'un changement de circonscription qui a détaché des communes de l'Isère pour les ajouter au Rhône.

DÉPARTEMENTS.	POPULATION EN 1851.	POPULATION EN 1856.	AUGMENTAT.	DIMINUTION.
Loire	472 588	505.260	32,672	»
Loire (Haute-)	304,615	300,994	»	3,621
Loire-Inférieure	535,664	555,996	20 332	»
Loiret	341,029	345 115	4,086	»
Lot	296 224	293,753	»	2,471
Lot-et-Garonne	341,345	340.041	»	1,304
Lozère	144,705	140,819	»	3,886
Maine-et-Loire	515,452	524,387	8,935	»
Manche	600.882	595,202	»	5,680
Marne	373.302	372 050	»	1,252
Marne (Haute-)	268.398	256,512	»	11,886
Mayenne	374,566	373,841	»	725
Meurthe	450,423	424,373	»	26.050
Meuse	328,657	305,727	»	22,930
Morbihan	478,172	473,932	»	4,240
Moselle	459,684	451,152	»	8,532
Nièvre	327,161	326,086	»	1,075
Nord	1,158,285	1,212 353	54,068	»
Oise	403,857	396,085	»	7,772
Orne	439.884	430,127	»	9,757
Pas-de-Calais	692,994	712,846	19,852	»
Puy-de-Dôme	596,897	590,062	»	6,835
Pyrénées (Basses-)	446.997	436.442	»	10,545
Pyrénées (Hautes-)	250 934	245.856	»	5,078
Pyrénées-Orientales	181,955	183,056	1,101	»
Rhin (Bas-)	587,434	563.855	»	23,579
Rhin (Haut-)	494.147	499,442	5,295	»
Rhône	574,745	625,991	51,246	»
Saône (Haute-)	347 469	312,397	»	35,072
Saône-et-Loire	574.720	575,018	298	»
Sarthe	473.071	467,193	»	5,878
Seine	1,422,065	1,727,419	305,354	»
Seine-Inférieure	762,039	769,450	7,411	»
Seine-et-Marne	345 076	341 382	»	3,694
Seine-et-Oise	471,882	484.179	12 297	»
Sèvres (Deux-)	323,615	327.846	4,231	»
Somme	570,641	566,619	»	4.022
Tarn	363,073	354 832	»	8,241
Tarn-et-Garonne	237,553	234.782	»	2,771
Var	357,967	371,820	13,853	»
Vaucluse	264 618	268,994	4,376	»
Vendée	383,734	389,683	5,949	»
Vienne	317 305	322,585	5,280	»
Vienne (Haute-)	319,379	319 787	408	»
Vosges	427,409	405,708	»	21,701
Yonne	381,133	368,901	»	12,232
TOTAUX	35,781,628	36,039,364	»	»
Des rectifications postérieures au décret du 10 mai 1852 ont porté ce total à	35,783,170	»	1,442	»

Note E (page 319).

RÉPARTITION DES DÉPENSES PUBLIQUES EN 1850 ET 1855.

Le tableau suivant est emprunté au *compte général de l'administration des finances*, publié tous les ans par le gouvernement ; j'ai seulement divisé la France, pour faire mieux sentir la portée des chiffres, en six groupes ou régions d'égale superficie, le nord-ouest, le nord-est, l'ouest, le sud-est, le sud-ouest et le centre ; on y verra :

1° Que le total des dépenses publiques sur le continent national, sans compter celles du dehors pour les armées expéditionnaires, qui avait été, en 1850, de 1,375 millions, a été, en 1855, de 2,102 millions ;

2° Que le département de la Seine, qui figurait en 1850, dans le total des paiements, pour 497 millions, y a figuré, en 1855, pour la somme bien autrement énorme de 877 millions ;

3° Que le reste des départements français, à l'exception de ceux des Bouches-du-Rhône, du Var, du Finistère, où les dépenses de la marine ont pris un grand accroissement pendant la guerre, et de quelques autres qui ont pour chefs-lieux de très-grandes villes, ont peu profité de l'augmentation générale des dépenses ;

4° Que les dépenses publiques se sont élevées dans les deux dernières régions, le sud-ouest et le centre, c'est-à-dire dans un tiers de la France, à 210 millions en tout, c'est-à-dire *à moins du quart* de ce qu'a absorbé le seul département de la Seine.

J'ai dû m'arrêter à 1855, parce que le *compte général des finances* pour cette année est le dernier qui ait paru ; nous ne connaîtrons que plus tard les dépenses de 1856.

DÉPENSES PUBLIQUES.

N° 1. — Région du Nord-Ouest.

DÉPARTEMENTS.	1850	1855
Nord	32,531,000	50,211,000
Pas-de-Calais	16,176,000	36,806,000
Somme	12,859,000	13,303,000
Aisne	13,151,000	15,878,000
Oise	10,193,000	12,067,000
Seine	497,355,000	877,107,000
Seine-et-Oise	21,852,000	29,075,000
Seine-et-Marne	14,550,080	16,068,000
Seine Inférieure	23,995,000	37,053,000
Calvados	13,550,000	16,258,000
Eure	9,098,000	11,874,000
Orne	6,880,000	7,182,000
Manche	19,768,000	30,305,000
Eure-et-Loir	6,747,000	7,291,000
Loiret	8,385,000	8,823,000
	707,090,000	1,169,301,000

N° 2. — Région du Nord-Est.

DÉPARTEMENTS.	1850	1855
Ardennes	8,867,000	11,626,000
Aube	7,295,000	7,415,000
Marne	12,438,000	12,350,000
Haute-Marne	5,844,000	6,000,000
Meuse	11,642,000	10,781,000
Moselle	18,776,000	24,495,000
Meurthe	15,930,000	18,043,000
Vosges	4,813,000	5,853,000
Yonne	12,664,000	9,225,000
Côte-d'Or	20,769,000	10,843,000
Bas-Rhin	22,991,000	32,015,000
Haut-Rhin	10,368,000	11,494,000
Doubs	8,800,000	12,177,000
Jura	5,679,000	6,263,000
Haute-Saône	4,853,000	6,313,000
	171,729,000	184,893,000

N° 3. — Région de l'Ouest.

DÉPARTEMENTS.	1850	1855
Indre-et-Loire.............	9,965.000	9,800,000
Mayenne...................	4,998.000	7,625,000
Sarthe......................	6,653,000	9,098,000
Maine-et-Loire.............	13,986,000	12,414,000
Ille-et-Vilaine.............	13,316 000	15,720 000
Côtes du-Nord............	6,872,000	7,487,000
Finistère....................	23,388,000	33,931,000
Morbihan..................	12,693,000	19,139,000
Loire-Inférieure...........	14,066,000	20,023.000
Vendée....................	6.602,000	7,405,000
Deux-Sèvres...............	4,960,000	6,545,000
Vienne.....................	6,786,000	7,035,000
Charente..................	6,174,000	6,747,000
Charente-Inférieure........	15,658,000	22,317,000
	146,117,000	185,983,000

N° 4. — Région du Sud-Est.

DÉPARTEMENTS.	1850	1855
Saône-et-Loire............	7,811,000	8,371,000
Ain.........................	5,789,000	6,789 000
Rhône.....................	23,491,000	39,009.000
Loire.......................	6,965,000	7,954,000
Isère................. ..	12,139,000	14,501,000
Drôme.........	6,385,000	9,657,000
Hautes-Alpes..............	3,885,000	4,691,000
Vaucluse..................	5,583,000	7,322,000
Gard.......	8,249,000	9,868,000
Hérault...................	12,090,000	19,048,000
Basses-Alpes.............	3,661,000	4,272.000
Bouches-du-Rhône.........	39,255,000	141,076,000
Var........................	28,387,000	69,153,000
Corse...........	6.553,000	8,826,000
	170,215,000	350,726,000

N° 5. — Région du Sud-Ouest.

DÉPARTEMENTS.	1850	1855
Gironde	23,523,000	31,798,000
Lot-et-Garonne............	8,178,000	8,456,000
Lot......................	5,175,000	5,825,000
Tarn-et-Garonne...........	4,449,000	4,184,000
Landes...................	3,505,000	4,200,000
Gers.....................	5,193,000	5,890,000
Haute-Garonne	13,611,000	14,641,000
Tarn	5,399,000	5,947,000
Aveyron..................	4,815,000	5,578,000
Basses-Pyrénées...........	12,261,000	12,317,000
Hautes-Pyrénées...........	4,586,000	6,035,000
Ariége...................	3,246,000	3,798,000
Aude	5,972,000	6,912,000
Pyrénées-Orientales........	6,159,000	6,035,000
	106,072,000	121,625,000

N° 6. — Région du Centre.

DÉPARTEMENTS.	1850	1855
Loir-et-Cher..............	5,686,000	8,342,000
Cher.....................	8,103,000	7,616,000
Indre....................	5,159,000	7,330,000
Nièvre	8,842,000	9,649,000
Allier...................	5,126,000	9,535,000
Creuse...................	3,194,000	3,767,000
Haute-Vienne..............	6,157,000	8,114,000
Corrèze	3,582,000	4,500,000
Dordogne	6,042,000	6,910,000
Puy-de-Dôme	7,823,000	9,569,000
Cantal...................	3,692,000	3,733,000
Lozère...................	2,297,000	2,694,000
Ardèche..................	4,141,000	4,448,000
Haute-Loire..............	4,324,000	3,680,000
	74,168,000	89,887,000

RÉCAPITULATION.

	1850	1855	Différence.
Région du Nord-Ouest...	707,090,000	1,169,301,000	462,211,000
— du Nord-Est.....	171.729.000	184,893,000	13,164,000
— de l'Ouest.......	146,117,000	185,983.000	39,866,000
— du Sud-Est......	170,213,000	350,726,000	180.513,000
— du Sud-Ouest....	106,072,000	121,625,000	15,553,000
— du Centre.......	74,168,000	89,887,000	15,719,000
	1,375,389,000	2,102,415,000	727,026,000
Hors continent :			
Algérie............	74.000,000	93,354,000	19,354,000
Italie et Orient....... ..	6,000,000	184.354,000	178,354,000
TOTAL GÉNÉRAL.....	1,455,389,000	2,380,123,000	924,734,900

Note F (page 321).

LES CONSOMMATIONS DE PARIS.

On peut consulter, pour connaître les consommations de Paris, un très-curieux livre publié sous ce titre par M. Husson, chef de division à la préfecture de la Seine, en 1856; j'en ai rendu compte dans le *Journal des économistes* du mois de juin 1856 : voici ce compte rendu.

« Paris, dit en commençant l'auteur de ce livre, est après Londres et Pékin le plus grand foyer de consommation de l'univers. Toutes les parties du vaste territoire qui entoure cette capitale de la France lui envoient à l'envi les riches productions de leurs plaines fertiles, de leurs coteaux, de leurs verts pâturages, tandis que de nombreuses barques, guidées par les intrépides pêcheurs de nos côtes, sillonnent l'étendue des mers et leur ravissent à notre profit les poissons délicats qui peuplent leurs eaux. Les contrées étrangères et lointaines sont aussi nos tributaires de chaque jour pour les produits qui leur sont propres. Lorsqu'on songe à la masse énorme de denrées qui s'acheminent de toutes parts vers Paris, et que l'on y absorbe dans le cours d'une année, l'imagination reste surprise. »

Après ce début, l'auteur passe en revue les diverses branches de la consommation parisienne, en pain, viande de boucherie et de porc, volaille, gibier, poisson, lait, œufs, sucre, thé, café, chocolat, vin, cidre, bière, alcool, fruits, légumes, condiments et tabac, et il arrive à l'énorme total de 500 millions de francs pour la valeur de cette consommation annuelle estimée en argent; il serait possible de signaler dans son compte quelques exagérations, mais on pourrait en même temps indiquer des lacunes, comme le bois, la paille, le foin et l'avoine; le résultat final n'en serait pas sensiblement altéré.

La plupart de ces faits n'avaient pas encore été aussi bien rassemblés. On y trouve des renseignements curieux et nouveaux. Ainsi, M. Husson fait remarquer que Paris a toujours eu le privilége de nourrir ses habitants d'un pain fabriqué avec les plus belles farines. Le Parisien ne mange que du pain de froment, et il le lui faut de première qualité; les secondes et les troisièmes farines n'entrent pas à Paris, ou en sortent pour se consommer ailleurs. Le pauvre lui-même ne veut que ce qu'il y a de mieux; l'administration municipale, qui, chaque année, avait coutume de distribuer aux bureaux de bienfaisance la farine nécessaire à la confection d'un excellent pain bis destiné aux indigents, a dû renoncer à cette dotation en nature; ceux à qui l'on donne des bons de pain de seconde qualité y ajoutent ce qui est nécessaire pour avoir du pain blanc. Ce pain n'est pas aussi nourrissant que l'autre, ainsi que M. Payen l'a démontré, mais il est plus blanc et plus appétissant. On s'occupe aujourd'hui d'en fabriquer d'une autre espèce, dit pain *réglementaire*, parce qu'il doit être de toute farine blutée à 25 pour 100; il est plus nourrissant et à meilleur marché, mais il a une couleur moins agréable et il aura quelque peine à entrer dans les habitudes.

La délicatesse du goût va plus loin, elle ne se contente pas du gros pain blanc; M. Husson constate que les pains de luxe et de fantaisie figurent *pour plus du tiers* dans la consommation totale.

Non-seulement Paris ne mange que du pain de choix, mais on y paye le pain, en temps de disette, moins cher qu'il ne vaut. « L'administration municipale, dit M. Husson, dans un intérêt d'humanité et d'ordre public, a décidé, en 1853, que le pain serait livré aux consommateurs à un taux inférieur au prix de revient. Pour que la différence entre le prix de taxe et la valeur réelle dont il fallait tenir compte à la boulangerie ne fût pas une perte sèche pour la ville, il a été arrêté que celle-ci avancerait le montant de cette différence, sauf à le recouvrer sur les consommateurs, lorsque le retour des prix modérés permettrait de taxer le pain au-dessus des mercuriales. » Tant que le blé a été d'une cherté exceptionnelle, cette faveur faite aux consommateurs de la capitale a grevé la caisse municipale d'une dépense de 52 millions; le moment étant venu où le prix semblait près de baisser, on s'attendait à voir commencer dans toute sa rigueur le système de compensation, mais il paraît qu'il va être considérablement modifié, car la ville contracte un emprunt de 40 millions pour couvrir la plus grande partie du déficit; tout annonce donc que le privilége dont a joui la population de Paris pendant la cherté n'entrainera pas pour elle un sacrifice ultérieur équivalent, et que la plus grande partie des 52 millions seront supportés par le trésor municipal.

La condition des Parisiens n'est pas tout à fait aussi bonne pour la viande que pour le pain, mais peu s'en faut. On ne leur donne pas encore la viande *au-dessous du prix de revient*, excepté cependant dans les fourneaux économiques, mais on fait tous les efforts imaginables pour qu'ils la payent le moins cher possible. Sous la république, on avait supprimé les droits d'octroi; aujourd'hui on a recours à la taxe. M. Husson approuve cette dernière mesure : on ne peut au moins lui contester l'intention de réduire le prix. En viendra-t-elle à bout? c'est une autre affaire. On se demande beaucoup pourquoi la viande est si chère à Paris ; la cause n'est pas difficile à trouver. Avant 1830, on y consommait 600,000 têtes de bétail, on en consomme 1,200,000 aujourd'hui. Quand la demande double ainsi sur un seul point en trente ans, et qu'elle porte sur des quantités aussi considérables, il est difficile que la production puisse suivre le mouvement.

Paris absorbe à lui seul le dixième de la viande produite en France, et sans comparaison le meilleur; il prend au moins la moitié des bœufs gras, et n'accepte que le centième des vaches abattues; ce choix sur les animaux ne lui suffit pas, il choisit encore sur les viandes elles-mêmes, et renvoie à l'extérieur les basses viandes comme les basses farines; et même après ce choix, un habitant de Paris mange autant de viande que dix de la Lozère, de la Creuse, de la Corrèze ou du Morbihan.

Cinquante-cinq départements et trois pays étrangers concourent à cet immense approvisionnement. Pour les bœufs, les départements du Calvados, de Maine-et-Loire, de l'Orne et de la Vendée figurent au premier rang; puis viennent ceux de la Haute-Vienne, de la Charente, de la Sarthe, de la Dordogne; c'est un rayon de plus de cent lieues. Pour les moutons, le département de Seine-et-Oise est de beaucoup le plus grand fournisseur; mais ces moutons ne sont pas tous nés dans le pays, on les achète de divers côtés pour les engraisser; il en arrive de Lot-et-Garonne. La Hollande, la Belgique et l'Allemagne sont les trois pays étrangers importateurs. L'Allemagne envoie environ 100,000 moutons par an.

Un fait assez singulier, qui résulte des recherches de M. Husson, c'est que la zone d'approvisionnement ne s'est pas sensiblement agrandie depuis l'établissement des chemins de fer; les producteurs n'ont pas encore eu le temps de se mettre en mesure sur les points les plus éloignés. C'est, dans tous les cas, une explication suffisante de la cherté que cette nécessité où se trouve Paris de faire venir la viande de cent et même cent cinquante lieues et d'aller en chercher jusque dans le Wurtemberg, tout en épuisant la plupart des pays qui lui en fournissent et en privant de viande la population locale.

Les autres consommations de Paris sont en parfait rapport avec les deux premières. Ainsi, malgré l'élévation des droits qui frappent les vins à leur entrée, chaque habitant en consomme par an plus d'un hectolitre, sans compter la bière, le cidre et l'alcool. La plus grande partie des vins fins que produisent la Bourgogne et le Bordelais s'écoulent vers la capitale. On y mange en moyenne par tête et par an 10 kilogr. de volaille et de gibier; la volaille vient des dix ou douze départements environnants; on va chercher le gibier jusque dans le Haut et Bas-Rhin, dans les grands-duchés de Luxemboug et de Bade. L'approvisionnement en poisson absorbe presque tout ce que produit la pêche sur les côtes de l'Océan; il en reste fort peu dans les ports; et quand on veut avoir un beau poisson au Havre, on est forcé de le faire venir de Paris. « On est sûr, dit M. Husson, de trouver toujours sur les marchés parisiens le poisson qui convient à toutes les bourses et à tous les estomacs, depuis l'humble hareng et le congre charnu, nourriture des petits ménages, jusqu'au blanc et large turbot, jusqu'au saumon à la chair rosée, que l'on sert sur les tables somptueuses. La rapidité des transports unie à la science culinaire permet de réexpédier tout cuits les plus succulents de ces poissons dans nos provinces les plus éloignées, et jusque dans les pays étrangers. »

Les huîtres, denrée de luxe par excellence, ne sont nulle part aussi abondantes; Paris en consomme tous les ans pour 2 millions.

La consommation du lait fait toujours des progrès; dans toutes les familles, le déjeuner se termine par une tasse de café au lait. On en emploie environ 100 litres par tête, et à des prix très-élevés. Le lait écrémé et étendu d'eau se vend au détail 25 centimes le litre; le lait non écrémé ou réputé tel, 30, 40 et jusqu'à 50 centimes. Autrefois, le lait n'était fourni que par les environs immédiats de Paris; aujourd'hui, grâce aux chemins de fer, il en arrive de cinquante lieues, et les exigences de la consommation sont telles que, malgré ce surcroît, le prix n'a pas sensiblement baissé. On consomme dix fois plus de lait à Paris que dans tout le Midi. Vingt départements environ contribuent à l'approvisionnement de Paris en beurre; les meilleurs beurres du monde lui arrivent de la Normandie et de la Bretagne. La consommation individuelle du beurre a doublé depuis un demi-siècle, ce que M. Husson attribue à l'usage croissant des légumes dans la nourriture. Les fromages suivent à peu près la même progression.

Toujours préoccupé du désir fort naturel d'amener la baisse des prix, M. Husson exprime le vœu que les fermiers s'entendent pour former un établissement central, où le lait serait vendu directement; l'exemple des hospices, qui achètent le lait en gros 14 centimes et demi le litre, plaide en faveur de cette idée. Elle permettrait d'éviter les fraudes que commettent les revendeurs.

Le nombre des œufs s'élève à 175 millions; ils se vendent en gros 50 francs le mille, ou 5 centimes la pièce.

Parmi les fruits, M. Husson distingue d'abord les primeurs. « Les fraises de primeur arrivent à maturité du 15 février au

20 juin. On vend alors ces produits rares dans de petits pots en grès, dont le nombre est annuellement de 150,000. Les fraises anglaises viennent les premières; chaque petit pot contient cinq à six de ces fruits. En général, un pot de fraises de primeur coûte un franc ; *le prix des premières atteint souvent un franc la pièce*. La première récolte du raisin se fait vers le 25 mars ; de ce moment, jusqu'à la fin de juin, les jardiniers primeuristes produisent 500 kilos de raisin, principalement chasselas, *qu'ils ne vendent pas moins de 24 francs le kilo*. Les serres de Montreuil, de Meudon et de Versailles, livrent environ 3,000 ananas, au prix moyen de 10 francs la livre : lorsque ce fruit de luxe est rare, le prix s'élève à des taux excessifs. »

Tout le monde sait que les fruits de saison abondent à Paris ; aucune autre ville n'en reçoit autant et d'aussi bons, depuis surtout que la locomotive à vapeur se multiplie dans toutes les directions. La consommation moyenne des fruits frais, telle qu'elle résulte des documents officiels, a surpris M. Husson lui-même ; elle dépasserait un kilogramme par tête et par jour, en pommes, poires, prunes, pêches, abricots, raisin, châtaignes, noix, fraises, etc. ; les fruits secs sont en sus, ainsi que les citrons et les oranges. Il y a sans doute là quelque erreur.

C'est à la culture forcée que l'on doit les légumes nouveaux qui, pendant la rigueur de l'hiver, et sans aucune interruption, figurent dans les dîners de la société parisienne. L'asperge verte commence en octobre et peut être considérée comme primeur jusqu'à la fin de mars. Un peu après, en novembre, apparaît l'asperge blanche, dont la culture se continue jusqu'aux premiers jours d'avril. Les haricots verts sont haute primeur du 10 février au 30 mai, les haricots en grains, ou flageolets, du 1er mai au 15 juillet. La culture forcée des petits pois est aujourd'hui à peu près abandonnée, depuis qu'on peut manger à Paris des pois venant de l'Algérie dès la seconde quinzaine de janvier. On évalue à 30 millions environ la valeur des légumes de saison consommés annuellement. Puis viennent les légumes secs et les conserves ; en tout, la ration moyenne des Parisiens, en substances légumineuses, est de bien près d'un demi-kilo par jour. « On doit reconnaître par là, dit avec raison M. Husson, que la nourriture ordinaire des classes laborieuses, à Paris, se rapproche beaucoup, par la variété et la proportionnalité des substances du régime pondéré que la science regarde comme le plus favorable à l'entretien de la vie et de la santé. »

La consommation des truffes dépasse 25 millions de kilos. Si l'on n'en consomme pas davantage, c'est qu'il n'y en a pas beaucoup plus, Paris achetant presque toutes les truffes récoltées, soit en nature, soit sous forme de pâtés et autres préparations.

Quand on ajoute à ce qui précède le café, le chocolat, le thé, le sucre et une foule de friandises confectionnées avec ces divers éléments, comme les pâtisseries, les bonbons, les glaces, on a une idée à peu près complète du régime exceptionnel de la population parisienne. La glace seule s'élève à 7 millions et demi de kilos, le chocolat à un million de kilos, ou le cinquième environ de la consommation totale de la France, le sucre à 10 millions de kilos, etc. Paris achète pour 2 millions de gâteaux, pour 7 millions de confiseries, pour 2 millions de glace, pour 2 millions de liqueurs, pour 8 millions de café, pour 12 millions de sucre, tandis que le reste des Français, excepté dans les grandes villes, connaît à peine ces superfluités. M. Husson a été curieux d'y joindre le tabac; il a trouvé que la consommation moyenne de tabac, à Paris, s'élevait aujourd'hui à 18 millions ou 18 francs par tête. Dans le seul intervalle de 1839 à 1854, la vente du tabac, sous toutes les formes, a doublé, *celle des cigares a quintuplé.*

Un fait récent peut donner une idée de ce qu'est la consommation de ces objets de luxe par le peuple proprement dit : c'est l'histoire de ce café populaire du boulevard du Temple, qui vient d'être exproprié pour bâtir une nouvelle caserne, et qui a reçu du jury 750,000 fr. d'indemnité en sus du prix du terrain, pour représenter uniquement sa clientèle.

Tel est, en résumé, ce curieux tableau; il en résulte que le million d'habitants qui vit à Paris consomme à lui seul le dixième de la production totale, et que par conséquent la ration moyenne y est quadruple de la ration moyenne des Français. L'auteur ne tire pas lui-même cette conclusion, mais elle ressort de toutes les pages de son livre.

M. Husson consacre un chapitre spécial à comparer la consommation des principales villes de l'étranger avec celle de de Paris. La première qui se présente est Londres; il insiste avec raison sur la difficulté de connaître avec quelque précision la véritable alimentation d'une ville qui n'a pas d'octroi, ni de limites bien déterminées; il arrive cependant, à l'aide des documents qu'il a pu recueillir, à une estimation approximative de la consommation moyenne de Londres, et il ne la trouve pas très-supérieure à celle de Paris. Il aurait pu aller plus loin et affirmer hardiment qu'elle était inférieure. Je ne puise pas seulement cette opinion dans l'étude de renseignements statistiques, toujours contestables, mais dans la comparaison positive du régime des deux populations.

Je considère la nourriture moyenne des Anglais en général comme supérieure à celle des Français, surtout en viande, mais il n'en est pas de même des deux capitales. Le quart de l'immense population de Londres se compose d'indigents; les trois autres sont des ouvriers, des marins, des commerçants, des petits bourgeois, qui vivent, en général, moins bien que ceux de Paris; la classe véritablement riche ne forme qu'une minorité peu sensible au milieu de cet océan, et qui ne passe à Londres que deux ou trois mois de l'année au plus. Il y a très-peu d'étrangers, très-peu de fonctionnaires, très-peu de garnison.

D'après M. Husson, chaque habitant de Paris consomme 73 kilos par an de viande, et chaque habitant de Londres 93; cette différence n'est pas exacte, même à son compte, car il porte ailleurs 10 kilos de volaille par tête, qu'il faut ajouter à la ration parisienne. Il me paraît d'ailleurs évident que la consommation de Londres a été exagérée. Mac Culloch qui, comme tous les Anglais, est plutôt porté à grossir qu'à réduire les chiffres relatifs à son pays, a estimé que la consommation moyenne de Londres *en viande* était inférieure à celle de Paris. Je serais assez porté à être de son avis. J'ai trouvé, quand je me suis livré à ces recherches, 60 kilos de viande pour la ration moyenne des Anglais; je ne crois pas que celle des habitants de Londres la dépasse de beaucoup. Admettons que la quantité soit égale dans les deux villes ou 80 kilos environ, c'est tout ce qu'il est raisonnable d'accorder.

Pour la qualité, Paris a l'avantage. Il suffit, pour s'en convaincre, de comparer les viandes étalées chez les bouchers; Londres a le dessus pour le mouton, Paris pour le bœuf et pour le veau. Les basses viandes qui sortent de Paris, faute d'acheteurs, se consomment à Londres, et il en vient du dehors en supplément.

Le pain de Londres est aussi mauvais que celui de Paris est excellent. M. Husson estime la consommation moyenne de Paris à 180 kilos et celle de Londres à 148; je crois la différence plus grande; un Anglais ne consomme en pain que les deux tiers environ de ce que consomme un Français. Pour le poisson, les deux capitales pêchent au même réservoir, le canal de la Manche. On ne peut comparer la bière anglaise aux vins de France. Pour les légumes et les fruits, la différence est incommensurable. Pour l'art de préparer et de varier les mets, elle n'est pas moindre. L'Angleterre est peut-être le pays où le régime alimentaire de toutes les classes se ressemble le plus ; le dîner d'un duc et pair ne diffère pas sensiblement de celui d'un bourgeois et d'un ouvrier ; partout de la viande rôtie, du poisson bouilli, des pommes de terre cuites à l'eau. Il y a beaucoup plus de différence entre le dîner d'un ouvrier de Paris et celui d'un cultivateur breton. Les autres villes de l'Europe peuvent encore moins soutenir la comparaison. Paris est la ville du monde où l'on vit le mieux; et je ne veux pas seulement parler du café de Paris ou de Chevet, mais de la table du moindre bourgeois et des cabarets où se prépare l'alimentation populaire ; vous y trouverez de meilleure viande, de meilleur pain, une plus grande variété de plats que nulle part ailleurs.

Quand on essaye de décomposer les revenus de la population parisienne, on trouve qu'ils se puisent à trois sources principales. Le commerce et l'industrie produisent une valeur annuelle d'un milliard environ; c'est beaucoup sans doute, ce n'est pourtant que la moitié du revenu total. Le budget de l'État y ajoute une somme d'un demi-milliard tous les ans, soit par la liste civile, soit par les fonctionnaires de tout ordre payés sur le Trésor, soit par les travaux publics et la garnison. Cette multitude d'étrangers, que le luxe et les plaisirs attirent, et qui ne forment pas moins d'un total flottant de 60,000 têtes, y laissent au moins autant. La population de Londres produit beaucoup plus au point de vue industriel et commercial, mais ces deux dernières branches de profits lui manquent presque complétement; en somme, elle est moins riche. Le reste de l'Angleterre y gagne, la richesse se répartit plus également, plus fructueusement, et il n'y a nulle part, sur le sol anglais, le même contraste qu'entre Paris et une petite ville de province ; mais Londres y perd. Si Paris cessait d'être la capitale de la

France, il subirait une énorme dépréciation ; si Londres n'était plus une capitale, la population ne s'en apercevrait presque pas.

L'Angleterre a *huit fois* plus de chemins de fer ouverts que nous, 10,000 kilomètres sur 12 millions d'hectares, tandis que nous n'en avons que 5,000 kilomètres sur 50 millions d'hectares ; mais Paris en a plus que Londres. Plusieurs sont tout à fait de luxe, comme ceux d'Auteuil, d'Argenteuil, de Saint-Germain, de Sceaux, de Versailles (rive droite), et nous ne sommes pas au bout, on en fait et on en fera d'autres, tandis que la moitié de la France en manque. Les chemins transversaux, si nécessaires pour établir des communications entre les grandes lignes, n'existent pas. La circulation, au lieu d'être partout facile, comme en Angleterre, se concentre sur un point, où les marchandises arrivent de tous les coins de l'horizon et produisent un encombrement prodigieux, aussi dangereux pour les personnes que nuisible à la prompte expédition des affaires. Les beaux travaux pour l'amélioration de la Seine, dans la traversée de Paris, ont un autre défaut : tout a été prodigué pour une navigation peu active, tandis qu'il y a en France vingt rivières où la même somme, dépensée à propos, aurait répondu à de véritables besoins.

Quand M. Husson compare la consommation de Paris à celle des autres villes de France, il n'a pas de peine à signaler des différences qui sont quelquefois de plus de 50 pour 100. Si l'habitant du Mans ou de Caen mange 28 kilos de viande de boucherie dans son année, celui de Paris en mange 62 ; si l'habitant de Lille ou d'Amiens boit 20 litres de vin, celui de Paris en boit 113. Et cependant, ainsi que l'observe M. Husson, la consommation de ces villes est fort au-dessus de celle des campagnes qui les environnent. Si la nourriture moyenne des Parisiens l'emporte sur celle de toutes les grandes villes d'Europe, la nourriture de la plupart de nos paysans est inférieure à celle de presque tous les peuples. Ni viande, ni froment, ni vin ; du seigle, du blé noir, des pommes de terre et de l'eau, voilà de quoi se nourrit le tiers des Français. Il est vrai que, selon M. Husson, ils trouvent dans la pureté de l'air atmosphérique, dans l'exercice modéré de la force musculaire, dans l'habitude des repas réguliers et sobres, des éléments très-utiles à l'équilibre des fonctions vitales. Grand merci ! mais si à ces avantages ils pouvaient ajouter un peu de viande et de vin, il est probable qu'ils ne s'en trouveraient pas plus mal ; cet air lui-même, dont on leur vante la pureté, est souvent vicié par des habitations basses et étroites, par le voisinage du tas de fumier, par des marais insalubres.

Autrefois, l'intérieur de Paris était obscur, étouffé, gorgé de population, malsain ; aujourd'hui, de vastes *squares* ornés d'arbres et de fraîches pelouses, des voies longues et spacieuses, s'ouvrent dans les quartiers les plus populeux et mettent presque l'excès du vide à la place de l'excès du plein. Bientôt, sans doute, on verra, comme à Londres, la campagne se mêler de toutes parts à la ville, et les habitations s'entourer de gazons, de fleurs et d'ombrages. Un paysage artificiel, imité de Hyde-Park, mais supérieur à son modèle, offre déjà un immense et charmant théâtre de plaisir. A l'aspect de ces splendeurs, on oublie ce qu'elles ont coûté aux contribuables de nos campagnes, qui n'en jouissent pas ; mais sortez de Paris, allez seulement à quelques lieues, et vous verrez la différence, tandis que l'Angleterre entière ressemble à Hyde-Park. Jusque dans les montagnes les plus reculées du Westmoreland, tout est soigné, coquet, bien tenu, comme dans les environs de la capitale.

Tout le monde se demande si la cherté des vivres à Paris doit durer ou si elle provient de circonstances accidentelles. La cherté actuelle tient à deux causes : la diminution de la production, par suite des mauvaises années que nous venons de traverser, et l'augmentation de la consommation locale par suite de l'accumulation des dépenses publiques, et notamment des travaux extraordinaires qui ont attiré dans la capitale un nombre considérable d'ouvriers bien payés. De ces deux causes, l'une cessera probablement bientôt d'elle-même, l'autre dépend des pouvoirs publics. Si la population de Paris s'accroît encore artificiellement, la cherté persistera.

Essayez de compter les fonctionnaires que renferme Paris, vous arriverez à des chiffres qui vous étonneront. 50,000 employés avec leurs familles, 30,000 hommes de garnison, 10,000 agents de la Préfecture de police, 100,000 indigents ou malades, 15,000 enfants trouvés, 5,000 prisonniers, vivent aux dépens du public : c'est le tiers environ de la population. A quoi il faut joindre les ouvriers employés en sus des besoins, dans de véritables ateliers nationaux ouverts de tout temps *pour donner du travail*. La seule charité dispose d'un budget annuel énorme, la condition des indigents est meilleure à Paris que celle de bien des ouvriers laborieux en province.

A Dieu ne plaise que je fasse des vœux pour rien changer brusquement à cet état de choses! Quoique j'aime peu les inégalités en général, je respecte toutes celles que le temps a fondées, et je sais que le remède serait pire que le mal; si jamais les sources artificielles de la richesse de Paris venaient à s'arrêter ou seulement à se réduire, nous verrions un effroyable bouleversement. Tout ce qu'on peut désirer, c'est que cette inégalité, qui serait monstrueuse si elle se produisait tout d'un coup, n'aille pas en augmentant. La cherté a, sous ce rapport, son utilité économique; elle contient le flot qui tend vers Paris, et répand sur les régions qui contribuent à l'approvisionnement une partie de cette richesse centralisée.

Parmi les grandes villes de l'Europe et du monde, Paris

est loin d'être celle où la population s'accroît le plus vite (1). D'après le dénombrement de 1694, elle avait alors 720,000 âmes. Vauban, qui cite ce chiffre, le croit exagéré, et sans doute avec raison; en le réduisant à 600,000, la population n'aurait fait que doubler depuis un siècle et demi, même en ajoutant la banlieue, ce qui porte le total à 1,200,000 âmes. Dans le même laps de temps, celle de Londres a quintuplé; il n'y avait pas plus de 500,000 habitants, d'après Macaulay, à la fin du règne de Charles II, il y en a aujourd'hui 2 millions et demi. Depuis le commencement du siècle actuel, Paris n'a gagné que 500,000 âmes; dans le même temps, New-York a passé de 60,000 habitants à un million. Depuis vingt-cinq ans, Paris ne s'est accru que d'un quart, tandis que Bruxelles a plus que doublé. Ces différences s'expliquent parfaitement. Londres, New-York, Bruxelles, s'agrandissent naturellement, par le progrès général des nations qu'elles représentent; Paris, au contraire, doit une partie de sa prospérité à des causes factices, qui nuisent au développement national. La population de la France entière fait moins de progrès que celle de l'Angleterre, de l'Amérique ou de la Belgique, et l'effet s'en fait sentir dans la capitale. Toute dépense de luxe faite à Paris aux dépens des provinces, appauvrit d'autant la nation tout entière, et, par suite, Paris; la même dépense faite utilement aurait augmenté le fonds commun.

De tout temps les grandes villes ont attiré à elles cette population parasite qui vit, sans travail et sans patrimoine, du luxe et des vices d'autrui. Je sais qu'il est impossible de la détruire et que le plus sévère moraliste doit y renoncer, mais elle peut pulluler plus ou moins, et il faut avouer qu'elle déborde aujourd'hui. Les Champs-Élysées, les boulevards, le bois de

(1) Ceci était écrit avant le dénombrement de 1856, qui a fait connaître un accroissement énorme et subit.

Boulogne, présentent un magnifique spectacle d'opulence; mais ne regardez pas trop dans ces élégantes voitures qui se croisent de tous côtés; ce que vous y verriez n'est pas toujours de nature à donner une haute idée de la moralité publique. Nulle ville n'a et probablement n'a jamais eu autant de ces existences brillantes, sorties de la corruption et du jeu. Ce sont elles qui donnent le ton. Les fortunes faciles amènent des dépenses immodérées, c'est tout simple. Non-seulement cette population ne produit pas, mais elle empêche de produire. La plus grande partie de ses dépenses ne porte pas sur les objets de première nécessité, et les vivres ne sont pas ce qui a le plus haussé, bien s'en faut. C'est le luxe qui monte toujours et qui exerce son influence délétère sur la richesse comme sur les mœurs.

M. Husson cite, en finissant, un document souvent cité, pour faire connaître les dépenses d'une grande maison sous le règne de Louis XIV; c'est la lettre de madame de Maintenon à son frère, le comte d'Aubigné, en 1678, sur la tenue de son ménage. Suivant lui, il résulte des chiffres de madame de Maintenon que le prix des denrées nécessaires à la vie a beaucoup haussé depuis le dix-septième siècle. Je ne suis pas tout à fait de cet avis, et je m'appuie sur le même document. Madame de Maintenon compte la viande à 5 sous la livre; mais 5 sous d'alors valaient près de 50 centimes d'aujourd'hui, puisque le même poids d'argent, le marc, qui donne aujourd'hui 54 francs, ne donnait alors que 29 livres; tous les prix indiqués doivent être à peu près doublés, pour tenir compte de cette différence intrinsèque entre la livre et le franc, même indépendamment de toute considération sur la valeur relative de l'argent à l'égard des autres denrées. De plus, la livre de poids n'était alors que de 489 grammes, d'où il suit que le prix ressort à un franc environ le kilogramme. La différence est-elle bien grande, non pas avec le prix d'aujourd'hui, qui est excessif, mais avec le prix courant de ces vingt dernières années? Je ne le crois pas, d'autant plus que les droits d'abattoir et d'octroi, les frais considérables de loyer et d'étal, qui enchérissent aujourd'hui la viande dans Paris, n'existaient pas au même degré. Je crois à une hausse réelle depuis 1678 et même depuis 1789, mais je ne la crois pas aussi forte que pourrait le faire supposer au premier abord ce prix de 5 *sous* la livre.

Il est d'ailleurs à remarquer que madame de Maintenon compte le rôti en sus; elle n'en dit pas le poids, mais elle l'estime 2 livres 10 sous ou 5 fr. Ce rôti devait être composé de viande de choix ou de volaille; en supposant qu'il pesât 5 livres, la livre ressortirait à 1 franc. Au total, elle compte pour la viande de chaque jour, la maison se composant de douze personnes, M. et madame d'Aubigné et dix domestiques, dont trois femmes, 6 livres 5 sous ou 12 francs, c'est-à-dire 1 franc par tête; je doute fort que, dans les meilleures maisons de Paris, cette dépense soit aujourd'hui dépassée. M. Husson dit que le régime du comte d'Aubigné paraîtrait mesquin à beaucoup de nos Parisiennes; je ne vois pas qu'il soit si mesquin, pour la nourriture du moins, car il se compose de plus d'une livre et demie de viande par tête, ce qui est beaucoup. Le pain est compté à 1 livre 10 sous ou 3 fr., ce qui donne 25 cent. par personne. Le vin compte pour 2 livres 10 sous, ou près de 5 fr. par jour; le bois pour 2 livres, ou près de 4 fr.; le fruit pour 30 sous, ou près de 3 fr.; l'éclairage en chandelle et bougie pour 18 sous, ou 1 fr. 80 c.

Ce dernier article est le seul qui serait au-dessous de la dépense actuelle; mais ce n'est pas le prix intrinsèque des choses qui a changé. Madame de Maintenon compte une livre de chandelle par jour à 80 c. pour l'éclairage des domestiques et une livre de bougie de 3 fr. en trois jours pour celui des maîtres; on en emploie aujourd'hui bien davantage, mais on ne les paye pas plus cher.

En tout, elle met, pour les dépenses *de bouche* 6,000 livres ou

12,000 francs par an. Une maison composée d'un égal nombre de maîtres et de domestiques ne consomme pas aujourd'hui beaucoup plus. La vraie différence consiste dans les dépenses qui étaient alors considérées comme accessoires, et qui figurent de notre temps parmi les principales. Ainsi elle ne compte que 1,000 livres ou 2,000 francs pour le loyer de la maison ; ce seul article exigerait aujourd'hui au moins 12,000 francs. Il est vrai que dans une ville mal éclairée, mal pavée, malpropre et malsaine, comme l'était le Paris de Louis XIV, en comparaison des magnificences qui rendent la ville actuelle si belle et si commode, le loyer ne représentait pas exactement la même chose ; mais la maison occupée par M. d'Aubigné regagnait sans doute en étendue ce qui lui manquait à d'autres égards, et la différence entre les deux époques, pour le prix réel des loyers, demeure toujours considérable.

Madame de Maintenon porte 1,000 livres, ou 2,000 francs, pour les gages et les habits des dix domestiques : cette dépense serait aujourd'hui au moins triplée. Enfin, elle compte 1,000 livres, ou 2,000 francs, pour la toilette de Madame d'Aubigné ; je ne traite pas ce sujet délicat, je laisse aux dames qui liront ceci, s'il en est, le soin de décider ce qu'il en faut penser ; une égale somme de 1,000 livres pour les habits du comte, *et le reste*, sans dire combien, pour les chevaux, les carrosses, les meubles, etc.

Ce reste-là serait aujourd'hui fort important, à cause du luxe de tout genre qui est entré dans nos habitudes et qui n'était pas poussé aussi loin en 1678, même chez le frère de la femme du roi. M. d'Aubigné dépensait en réalité 500 écus par mois ou 18,000 livres par an, soit 36,000 francs ; il lui en faudrait aujourd'hui au moins 50,000 pour mener le même train, mais la différence porterait tout entière sur les dépenses de luxe, il n'y aurait pas un sou de plus pour les choses de première nécessité. On économise plutôt aujourd'hui sur le nécessaire, pour ajouter au superflu. Un chef de famille ayant 36,000 francs de rente aurait une maison autrement tenue que celle du comte d'Aubigné ; grâce aux facilités que donne, à Paris, l'arrangement de la vie commune, il n'aurait pas besoin de deux carrosses et de dix domestiques; et en fin de compte, il aurait au moins autant de jouissances pour le même revenu, malgré la différence dans le taux des loyers et les gages des domestiques, les seuls prix qui aient sensiblement changé ; mais ce qu'il faut ajouter, c'est qu'il ne s'en contenterait pas, et qu'il voudrait dépenser dix fois plus en prodigalités fastueuses.

Note G. (Page 338.)

RAPPORT AU CONSEIL GÉNÉRAL DE LA HAUTE-SAONE.

Voici entre autres un extrait d'un rapport fait au conseil général de la Haute-Saône dans la session de 1857 ; ce rapport donne une importance plus grande à l'émigration à l'extérieur qu'elle n'en a en général, parce que la Haute-Saône est un de nos départements où l'on émigre le plus ; pour tout le reste, il n'a rien que de conforme aux faits généraux.

« Ainsi que vous venez de le voir, Messieurs, le rapport de M. le préfet vous fait connaître que les résultats du dénombrement de la population accusent une diminution de 35,072 habitants, du 1er janvier 1851 au 1er janvier 1855.

« Comparant la population de 1855 à celle de 1812, M. le préfet trouve un nouveau déficit de 489 habitants.

« Ainsi le département a perdu tout le terrain qu'il avait gagné depuis 44 années ; bien plus, il a diminué d'importance depuis 1812.

« Quelles sont les causes qui ont amené un pareil résultat, malgré le progrès de l'industrie, du commerce et de l'agriculture ?

« M. le préfet en assigne quatre :

1° Excédant des décès sur les naissances		9,654
2° Total des émigrations		
en Amérique.	1,123	
en Algérie.	4,010	5,133
3° Excédant des contingents militaires.		3,913
4° Emigration intérieure des populations rurales sur les grandes villes, et notamment sur Paris, évaluée à		16,372
	Total égal :	35,072

« En étudiant cette diminution de la population au point de vue de la population urbaine, de la population rurale et de la classification, votre commission a reconnu que la population des villes du département et des centres d'industrie a augmenté, tandis que toutes les pertes ont porté sur les cantons ruraux.

« L'abandon de l'agriculture et le déclassement des populations rurales, tels sont les divers faits principaux auxquels votre commission a été amenée à attribuer la cause de la dépopulation du département.

« Cet état de choses, Messieurs, lui a inspiré les réflexions les plus sérieuses.

« En tenant un compte légitime des conditions épidémiques dans lesquelles le pays s'est trouvé depuis plusieurs années, et dont les conséquences tendent à s'effacer par un plus grand nombre de mariages et de naissances, votre commission a pensé que vous deviez appeler l'attention du gouvernement sur une situation d'autant plus digne de son intérêt que, si elle est bien renseignée, elle s'est partout produite.

« Rien de plus important que la colonisation de nos possessions d'Afrique; rien de plus digne de la pensée du gouvernement que de détourner au profit de ses possessions le courant de l'émigration qui l'emporte dans les deux Amériques.

« Rien également de plus considérable, aux yeux du gouvernement d'un pays comme la France, que le développement des travaux, l'embellissement et la grandeur de sa capitale et de ses grandes villes.

« Mais, Messieurs, une colonisation qui s'opérerait avec la force seule de la mère-patrie, où déjà les bras manquent, serait-elle autre chose qu'un déplacement de forces, que l'énervation même du pays, qui croirait avoir gagné en puissance quand il n'aurait fait que s'appauvrir par son extension?

« Un développement exagéré des travaux publics, hors de proportion avec les forces du pays, développement qui ferait déserter l'agriculture, ne serait-il pas semblable à l'état d'un homme dont le cœur absorberait le sang et la vie, aux dépens des extrémités?

« En posant ces questions, votre commission estime que le conseil général doit les renvoyer au gouvernement, convaincue que, quelque bien conseillé qu'il soit, quelque bien renseigné qu'il puisse être, il est du devoir de ceux qui vivent au milieu des populations de l'avertir des signes fâcheux qu'ils découvrent à l'horizon, bien sûre en même temps qu'il verra dans ces avertissements la confiance qu'un danger qui lui est signalé est à moitié conjuré. »

Ces conclusions ont été adoptées.

Note H.

DÉTAILS STATISTIQUES SUR 1855 ET 1856.

Je n'ai pu donner dans le texte (page 298) le tableau des naissances et des décès que jusqu'à 1854, les chiffres de 1855 et 1856 n'étant pas encore connus ; nous avons aujourd'hui ceux de 1855, et comme j'avais été conduit à le présumer (page 299), ils donnent encore pour cette année un excédant de décès ; les voici :

1855.

Décès	936,333
Naissances	899,759
Excédant de décès	37,074
Mort-nés comptés à part	37,878

Ainsi, dans les deux années 1854 et 1855, la population a diminué de 106,000 ; l'excédant des naissances qui était pour 1852, 1853 et 1854, de 227,000, se trouve ramené à 190,000 par 1855 ; nous ne connaissons pas encore les chiffres de 1856, mais pour que le tableau des naissances et des décès ne soit pas inférieur au dénombrement, même sans compter l'armée d'Orient, il faut que l'excédant des naissances ait été pour cette année de 66,000.

Autre fait. Pour se faire une idée de ce qu'a été, dans ces dernières années, le déficit de notre production agricole, il suffit de jeter un coup d'œil sur le tableau suivant des denrées similaires, importées et mises en consommation dans la seule année 1856 :

IMPORTATIONS DE 1856.

Céréales	303	millions.
Riz	35	—
Légumes secs et autres farineux.	7	—

Bestiaux	56	millions.
Viandes fraîches et salées	8	—
Beurre et fromage	11	—
Vin, eau-de-vie, bière	54	—
Fruits de table	18	—
Huile d'olive	25	—
Soie	247	—
TOTAL	761	millions.

L'importation ne remplissant jamais qu'une partie du déficit, comme on a pu s'en apercevoir à l'élévation soutenue des prix, on voit que ce n'est pas exagérer que d'évaluer le déficit annuel à un milliard (page 312).

FIN.

TABLE DES MATIÈRES

NOTES.

FIN DE LA TABLE.

— Corbeil. — Imprimerie de Crété. —

www.ingramcontent.com/pod-product-compliance
Lightning Source LLC
Chambersburg PA
CBHW071546030726
47593CB00001BA/53

9782011792976